4 항공산업기사 항공장비

과년도 출제문제 해설집

항공산업기사 검정연구회 편저

개정증보판
Fourth Edition

이 책의 특징
- 최종 마무리를 위한 핵심내용을 요약정리, 수록하였습니다.
- 중요한 문항마다 정확한 해설을 게재하였습니다.
- 과년도 항공산업기사 문제를 빠짐없이 수록하였습니다.

연경문화사

머리말

100년 전 라이트형제가 제작한 항공기와 현재 첨단 산업기술력으로 제작 된 항공기는 그 제작에서부터 활용에 이르기까지 전혀 다른 개념이 되었고, 멀지 않은 미래에는 더욱 다르게 변화할 것이 분명합니다.

또한, 50여 년의 길지 않은 우리나라 항공산업의 역사를 돌이켜 볼 때 항공기 제작분야와 사용사업분야에 있어 눈부신 발전을 보았다고 할 수 있으며 앞으로도 그 이상의 발전을 예상할 수 있습니다.

어떠한 분야도 그러하지만 현재까지의 항공산업 발전의 근간에는 항공기술인력의 양적, 질적 발전이 있었기에 가능하였으며 앞으로도 항공 기술인력의 개발만이 선진 항공기술국가의 대열에 설 수 있는 길일 것입니다.

우리나라 항공산업 발전을 위한 항공 기술인력 양성의 첫 번째는 가장 기초적이고 실무적인 항공관련 자격 취득자의 양적인 증가일 것입니다. 기초 항공 기술인력의 양적인 증가야말로 든든한 항공분야의 저변을 확대할 수 있으며, 이러한 견고한 바탕에서만이 질적으로도 우수한 인재의 양성도 가능할 것입니다.

기초 항공기술 인력을 양성하는 항공관련 학교 및 사설 교육기관은 항공산업의 저변 확대를 위해 많은 노력을 기울여 왔으며 기여해 왔습니다. 그러나 다양한 항공관련 도서의 개발과 보급은 다른 노력에 비해 큰 변화가 없는 것은 안타까운 일입니다. 항공분야를 접하며 어려움을 겪는 일 중 하나가 빈곤한 학습서이며, 시간이 흘러도 여전히 크게 변함이 없는 빈곤한 항공관련 도서 역시 항공산업의 발전을 저해하는 요소일 것입니다. 이에 비추어 다양한 항공관련 도서의 개발과 보급은 시급하고도 중요한 일로 항공관련 분야의 전문가들은 보다 많은 노력이 필요할 것입니다.

항공산업기사 자격 검정의 시행 이후 출제되었던 기출문제의 정리와 정확한 해설집을 발간하여 자격 취득을 준비하는 분들에게 도움이 되길 희망하며, 나가서는 국가 항공기술인력의 양적인 증가에도 작게나마 도움이 되기를 바랍니다.

Contents

항공장비

핵심 내용 정리 • 7
1995년도 기능사1급 1회 • 43
1995년도 기능사1급 2회 • 46
1995년도 기능사1급 3회 • 48
1995년도 기능사1급 4회 • 51
1996년도 기능사1급 1회 • 54
1996년도 기능사1급 2회 • 57
1996년도 기능사1급 3회 • 60
1996년도 기능사1급 4회 • 63
1996년도 기능사1급 5회 • 66
1997년도 기능사1급 1회 • 69
1997년도 기능사1급 2회 • 72
1997년도 기능사1급 3회 • 74
1997년도 기능사1급 4회 • 77
1997년도 기능사1급 5회 • 80
1998년도 기능사1급 1회 • 83
1998년도 기능사1급 2회 • 86
1998년도 기능사1급 3회 • 89
1998년도 기능사1급 4회 • 92
1999년도 산업기사 1회 • 94
1999년도 산업기사 2회 • 98

1999년도 산업기사 3회 • 101
2000년도 산업기사 1회 • 104
2000년도 산업기사 2회 • 107
2000년도 산업기사 3회 • 110
2001년도 산업기사 1회 • 113
2001년도 산업기사 2회 • 116
2001년도 산업기사 3회 • 119
2002년도 산업기사 1회 • 122
2002년도 산업기사 2회 • 126
2002년도 산업기사 3회 • 129
2003년도 산업기사 1회 • 133
2003년도 산업기사 2회 • 136
2003년도 산업기사 3회 • 139
2004년도 산업기사 1회 • 142
2004년도 산업기사 2회 • 145
2004년도 산업기사 3회 • 148
2005년도 산업기사 1회 • 151
2005년도 산업기사 2회 • 154
2005년도 산업기사 3회 • 157
2006년도 산업기사 1회 • 160
2006년도 산업기사 2회 • 163

2006년도 산업기사 3회 • 166
2007년도 산업기사 1회 • 169
2007년도 산업기사 2회 • 173
2007년도 산업기사 4회 • 177
2008년도 산업기사 1회 • 180
2008년도 산업기사 2회 • 184
2008년도 산업기사 4회 • 187
2009년도 산업기사 1회 • 190
2009년도 산업기사 2회 • 193
2009년도 산업기사 4회 • 196
2010년도 산업기사 1회 • 199
2010년도 산업기사 2회 • 203
2010년도 산업기사 4회 • 207
2011년도 산업기사 1회 • 211
2011년도 산업기사 2회 • 214
2011년도 산업기사 4회 • 217
2012년도 산업기사 1회 • 220
2012년도 산업기사 2회 • 224
2012년도 산업기사 4회 • 227
2013년도 산업기사 1회 • 231
2013년도 산업기사 2회 • 234
2013년도 산업기사 4회 • 237

핵심내용

항공장비

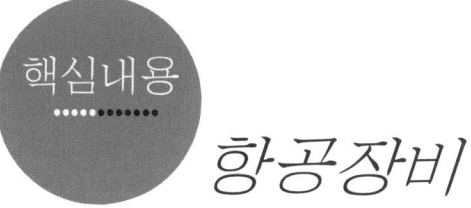
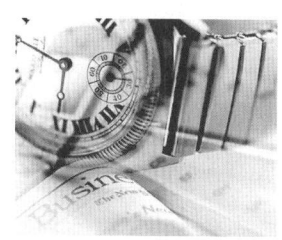

I. 항공기 전기계통

1 항공기 전기 일반

㉮ 전기의 종류

(1) 직류(D.C) : 12Volt, 24Volt, 단선방식
(2) 교류(A.C) : 115Volt, 400Hz, 3상 전기

㉯ 전원 발생장치의 종류

(1) 축전지(battery)
(2) 발전기(generator) : 직류 발전기, 교류 발전기

㉰ 전기 회로 일반

(1) 도체의 저항은 일반적으로 네 가지 요소
  - 물질의 성질, 도체의 길이, 도체의 단면적, 온도
  - 탄소 등과 같은 써미스터(thermister)라고 불리는 몇 가지 물질은 온도가 증가하면 저항이 감소하지만, 그 밖의 대부분의 물질들은 온도가 증가하면 저항도 증가한다.
  - 도체의 저항은 길이에 비례하고 단면적에 반비례하며, 도체의 재질에 따라 달라진다.
$$R = \rho \frac{L}{A}$$
  - 비저항 : 도체의 고유 저항 또는 비저항(specific resistance)이라 하며, 단위는 ohm-cir mil/ft

(2) 전력(electric power) : 전기가 단위시간에 할 수 있는 일로 단위는 와트(W)
$$P = EI \ [\text{W}]$$

(3) 키르히호프의 법칙
  - 제1법칙 : 도선의 접합점으로 흘러들어온 전류의 합은 0이다.
  - 제2법칙 : 어느 폐회로를 따라 특정한 방향으로 취한 전압 상승의 합은 0이다.

㉱ 교류

(1) 교류의 표시
  - 자장 내에서 도선을 운동시키면 자력선과 상대 운동을 하게 되므로 유도 기전력이 발생.
  - $e = E_m \sin(\omega t + \theta)$: 삼각 함수 표시법, 교류를 그림으로 최급할 때 사용.

- $e = E_m^{\angle \theta}$: 극좌표 표시법
- $e = E_m e^{j\theta}$: 지수 함수 표시법, 극좌표 표시법과 지수 함수 표시법은 2개 이상의 교류를 곱하거나 나누는 계산.
- $e = E_m(\cos\theta + j\sin\theta)$: 복소수 표시법, 더하고 빼는 계산에 사용.

(2) 교류의 저항
- 총 교류 저항(Z)을 임피이던스(impedance)라 하며, 저항 R과 리액턴스 X로 구성되며 단위는 Ω
- 교류 회로에 저항으로 작용하는 요소는 저항 R(resistance : Ω)

(3) 교류의 전력
- 유효전력(active power) : 저항에서 흡수되어 실제로 소비한 전력. 와트(W)로 표시.
- 무효전력(reactive power) : 리액턴스의 성질상 전장 및 자장의 변화에 의하여 흡수, 반환 현상을 되풀이. 단위는 바(var).
- 피상전력(apparent power) : 교류의 총전력. 단위는 볼트-암페어(VA)로 표시.

(4) 3상회로
  (가) 회로의 식별 : A상(붉은색), B상(노란색), C상(파란색)
  (나) 3상 교류 Y결선 : 전압을 증폭시키는 결선
   - 선간전압 = $\sqrt{3}$ × 상전압
   - 선간전류의 크기와 위상은 상전류와 같다.
   - 선간전압은 상전압의 $\sqrt{3}$ 배이고 위상이 30° 앞선다.
  (다) 3상 교류 Δ결선 : 전류를 증폭시키는 결선
   - 선간 전압의 크기와 위상은 상전압과 같다.
   - 선간전류 = $\sqrt{3}$ × 상전류
   - 선전류는 상전류의 $\sqrt{3}$ 배이고 위상이 30° 뒤진다.

마 회로 보호 장치(Circuit Protective Device)
- 규정 용량 이상의 전기가 계통에 흘러 각종 기기에 발생되는 손상을 방지하기 위한 장치.
- 퓨우즈(fuse) : 규정 용량 이상의 전류가 흐르면 녹아 끊어지도록 함으로써 회로에 흐르는 전류를 차단.
- 회로 차단기(circuit breaker) : 퓨우즈 대신 많이 사용하며, 스위치 역할 다시 접속(자석식, 열식).
- 열보호 장치(thermal protector) : 열스위치(thermal switch)라고도 하는데, 전동기를 보호하기 위하여 사용.

바 회로 제어 장치

- 필요로 하는 시간 동안만 일정한 조건에서 작동하게 된다.
- 스위치 : 회로의 개폐 및 방향전환(토글 스위치(toggle switch), 푸시버튼스위치(push button switch), 마이크로스위치(micro switch), 회전선택스위치(rotary selector switch))
- 계전기 : 스위치에 의하여 간접적으로 작동. 큰 전류가 흐르는 회로를 제어하기 위해 사용. 전선의 무게감소, 사용자의 위험성 제거.

2 항공기용 축전지

가 역할

- 발전기가 작동하지 않을 때 예비 전원으로 사용.
- 발전기가 너무 늦은 속도로 작동하여 항공기 전원을 공급하기 힘들 때, 전원을 공급하는 비상 전원 공급 장치.

나 납산 축전지

(1) 구조
- 전극은 양극판(PbO_2), 음극판(Pb)으로 구성되고, 축전지 셀당 전압은 2Volt
- 음극판의 수가 양극판보다 1개 더 많다.
- 전해액은 묽은 황산($2H_2SO_4$)이고 충·방전 상태는 비중계로 전해액의 비중을 측정(완전 충전시 전해액의 비중 : 1.275~1.300).

양극판	전해액	음극판	양극판		음극판
PbO_2 +	$2H_2SO_4$ +	Pb =	$PbSO_4$ +	$2H_2O$ +	$PbSO_4$
과산화납	묽은황산	해면상납	황산납	물	황산납

(2) 점검 사항
- 전해액의 양을 측정하여 부족하면 순수한 증류수로 보충.
- 표면의 오염 상태를 점검하여 오염 시, 마른걸레로 닦아준다.
- 침전물 축적 상태를 점검하여 침전물이 발견될 때에는 전해액을 빼고 증류수로 닦아준 다음 다시 전해액을 충전시켜서 충전 후 비중을 조절.
- 극판의 색깔 및 접속 단자의 결함을 확인.
- 증류수와 황산을 섞는 방법 : 증류수에 황산을 조금씩 넣으며 섞는다.
- 축전지 장탈 : 먼저 (-)선을 제거하고, (+)선을 나중에 분리.
- 세척액 : 20% 희석된 중탄산나트륨(소다)과 물로 먼저 중화 후 세척한다.

다 니켈-카드뮴 축전지(알칼리 축전지)

(1) 구조
- 전극은 양극판($Ni(OH)_3$), 음극판(Cd), 축전지 셀 당 전압 1.25Volt
- 전해액은 3%의 KOH로 전해액의 비중은 1.240~1.300
- 충·방전 상태 확인 방법 : 전해액의 비중이 일정하므로 비중을 측정하여 충·방전 상태를 알 수 없고, 단지 전압계로만 측정 가능.

$$\underset{\text{수산화제2니켈}}{\underset{\text{양극판}}{Ni(OH)_3}} + \underset{\text{카드뮴}}{\underset{\text{음극판}}{Cd}} = \underset{\text{수산화제1니켈}}{\underset{\text{양극판}}{Ni(OH)_2}} + \underset{\text{수산화카드늄}}{\underset{\text{음극판}}{Cd(OH)}}$$

- 증류수에 수산화칼륨을 조금씩 추가하며 혼합.
- 축전지가 완전 충전된 후 3~4시간 이후에 증류수 보충.

(2) 알칼리 축전지의 장점
- 충·방전 시, 화학 반응이 전해액의 비중에 변화를 주지 않음.
- 수명이 길며, 처음의 용량을 거의 변함없이 유지.
- 큰 전류의 부하에도 용량은 줄지 않음.
- 사용 중 가스 발생이 거의 없고, 증류수의 보충을 자주하지 않아도 됨.
- 내구성이 좋고, 빙점이 낮다.
- 용량의 90%까지 방전되어도 일정 전압 유지.

(3) 사용시 주의사항
- 니켈카드뮴 축전지와 납산 축전지는 따로 보관 사용.
- 취급용 도구도 함께 사용 금지.
- 수산화칼륨 용액은 부식성이 강하므로 반드시 보호 장구착용.
- 전해액이 피부에 묻었을 때에는 붕산염, 아세트산 및 물 등으로 씻어낸다.
- 축전지에 탄산칼륨의 결정체가 형성되었을 때에는 전압 조절기의 조절이 잘못되어 축전지가 과충전 되었음을 의미함.
- 세척 시는 반드시 벤트 플러그를 막고 산성 용매나 화학 용액으로 세척금지.
- 충전 전에 각 셀을 단락시킨 뒤, 완전 방전시켜 전위차를 없앤 후 충전.
- 알칼리 축전지 세척액 : 3%의 희석된 붕산으로 세척.
- 알칼리 축전지의 종류 : 니켈-카드뮴 축전지, 에디슨 축전지, 납-은 축전지, 수은 축전지 등.

라 축전지 충전법

(1) 정전류 충전법 : 전류를 일정하게 유지하면서 충전하는 방법.
- 충전 시간이 길며, 과충전의 위험이 있고, 수소와 산소의 발생이 많아 폭발의 위험.
- 여러 개의 축전지를 동시에 충전하고자 할 때는 전압에 관계없이 용량을 구별하여 직렬로 연결.
- 충전 시작 전에 캡을 열어서 발생되는 가스를 배출. 또한 주위에 스파크 및 발화의 원인 제거.

(2) 정전압 충전법 : 전압을 일정하게 유지하면서 충전하는 방법(항공기에서 주로 사용).
- 짧은 시간에 충전할 수 있고, 과충전의 위험이 없다.
- 전류에 관계없이 전압별로 병렬연결.

(3) 용량의 검사
- 축전지의 용량 : AH(Ampere Hour)
- 일반적으로 5시간 방전율로 검사.

3 항공기용 발전기

가 직류 발전기

(1) 작동원리 : 플레밍의 오른손 법칙
(2) 출력 전압 : 14Volt, 28Volt
(3) 구성
- 계자 : 자장을 만들어주는 장치.
- 전기자 : 전압이 유기되는 코일.
- 정류자편 : 교류를 직류로 바꿔주는 장치로 브러쉬와 접촉.
- 브러쉬 : 정류자와 접촉되어 직류를 발생시키고, 고단위 탄소로 제작. 부드럽고 단단하여 오래 쓸 수 있어야 하며, 브러쉬 홀더에 의해 지지.
- 전압 조절기 : 계자 코일의 전류를 조절해 전기자의 회전수와 부하의 변동에 관계없이 일정 출력 전압 유지(진동형, 카본 파일형).
- 이퀄라이저 회로 : 2대 이상의 발전기를 병렬로 연결하여 작동시킬 때 어느 한쪽 발전기의 출력이 높아져 다른 발전기에 부하 발생 방지를 위해 각 발전기의 출력을 일정하게 조절해 주는 장치.
- 역전류 차단 장치 : 발전기 출력 전압이 낮을 때 축전지로부터 발전기로 역전류가 흐르는

것을 방지하는 장치.

(4) 종류
- 직권형 직류 발전기 : 전기자와 계자 코일이 직렬로 연결된 방식(전압 조절이 어려워 항공기에는 잘 사용하지 않음).
- 분권형 직류 발전기 : 전기자와 계자 코일이 병렬로 연결된 방식(전압 조절기 사용으로 출력 전압 일정).
- 복권형 직류 발전기 : 직권형과 분권형의 장점을 살린 것으로 많이 사용.

(5) 발전기의 시험
   (가) 전기자 시험 : 절연을 위해 칠해 놓은 절연체인 니스 상태를 검사.
   - 고전위 시험 : 교류 시험 램프의 한쪽 선을 전기자축에 연결하고, 다른 한쪽 끝은 정류자편에 교대로 연결하여 시험 램프에 불이 들어오면 전기자가 손상되어 단락된 것임.
   - 그롤러 시험 : V자형 연철심편 위에 전기자를 올려놓고 110V 또는 220V의 교류를 접속.
   - 단선 회로시험 : 위의 두 가지 시험에 이상이 없는 경우 실시하며, 그롤러 시험기 위에 올려놓고 교류를 접속하여 정류자편 사이에 쇠톱 날을 끼워서 강한 불꽃이 튀면 단락되지 않은 것임.
   (나) 계자 시험
   - 고전위 시험 : 교류 시험 램프의 한쪽 선을 발전기의 페인트칠이 되어 있지 않은 프레임에 연결하고, 다른 한쪽은 계자의 A, B, C 및 D의 단자에 연결하여 시험 램프에 불이 들어오면 회로에 접지된 부분이 있는 것이므로 계자 부분을 수리 또는 교환.
   - 분권 계자 저항 시험 : 저항계의 한 단자를 계자의 C단자에 연결하고 다른 한쪽은 A단자에 연결해서 저항 값이 최소 규정 값보다 낮을 때 분권계자 회로가 단락되었음을 의미.

[나] 교류 발전기

(1) 여자 방법에 따른 종류
- 교류 발전기 축에 직접 연결되어 있는 직류 발전기.
- 교류 발전기의 출력 전압을 변압기로 전압을 낮춘 후 직류로 정류.
- 브러쉬가 없는 것으로서 영구 자석 발전기를 이용.

(2) 출력 전압의 위상에 따른 종류
  (가) 단상 발전기 : 전자유도에 의해 사인파의 교류 전기를 발전시키며, 전기자는 고정되어 있고 계자가 회전한다.
  (나) 3상 발전기의 장점
    • 브러쉬, 슬립 링 또는 정류자가 없어 마멸이 없고, 정비 유지비가 저렴하다.
    • 정류자와 브러쉬 간의 저항 및 전도율의 변화가 없다.
    • 브러쉬가 없어 고공비행 시, 아크가 발생하지 않는다.

(3) 교류 전압 조절기
  • 구동축의 회전수가 변하더라도 발전기 출력 전압은 항상 일정하게 유지하고, 여러 개의 발전기를 병렬 운전 시, 각 발전기가 부담하는 전류를 같게 한다.
  • 카본 파일형 전압 조절기, 자장 증폭형 전압 조절기, 트랜지스터형 전압 조절기

(4) 주파수 조정
  • 주파수 $f = \dfrac{PN}{120}$ (Hz, cps),　(P : 계자 극수, N : 분당 회전수)
  • 정속 구동 장치(CSD : Constant Speed Drive) : 기관의 회전수가 변하더라도 이전한 회전수를 발전기 축에 전달하여 항상 일전한 주파수를 얻을 수 있도록 만들어 주는 장치(위치 : 항공기 기관의 구동축과 발전기 사이).
  • 병렬운전의 기본조건 : 전압, 주파수, 위상이 같아야 하고, 400±1Hz로 두 발전기의 주파수 차이가 2Hz를 넘어서는 안 된다.

4 항공기용 전동기

가 직류 전동기

(1) 작동 원리 : 플레밍의 왼손 법칙
(2) 용도 : 기관의 시동, 조종면의 작동을 위한 서보모터, 다이너모터 및 인버터 구동.
(3) 속도 특성 : 단자 전압, 계자 회로의 저항을 일정하게 유지하였을 때, 부하 전류와 회전 속도 사이의 관계를 나타낸 것.
(4) 토크 특성 : 부하에 따른 전기자 전류와 토크 사이의 관계를 나타낸 것.
(5) 종류
  • 분권전동기 : 부하 변동에 관계없이 일정 회전 속도가 요구되는 곳에 사용.
  • 직권전동기 : 시동 토크가 커서 시동장치로 사용.

- 복권전동기 : 화동 복권전동기, 차동 복권전동기 등이 있으며, 역회전의 염려가 있어 시동기에 사용 금지.
(6) 가역 전동기 : 스위치 조작에 의해 회전 방향을 임의로 바꿀 수 있는 전동기.

나 교류 전동기

(1) 전원 : 교류(AC115~208V, 3Φ, 400Hz)
(2) 장점 : 정류자나 브러쉬가 필요 없고 가격이 저렴하며 고장이 없다. 신뢰도가 높다.
(3) 종류
- 유니버셜 전동기 : 직류와 교류의 병행 사용이 가능한 전동기로 항공기에는 사용 불가.
- 유도 전동기 : 3상 이상의 다상에서도 사용이 가능하고, 부하의 담당 범위가 넓으며, 일정 회전수를 요구하지 않을 때 비교적 큰 부하를 담당할 수 있다.
- 동기 전동기 : 전동기의 회전을 정확하게 발전기의 회전과 동기 시킬 수 있는 전동기.

5 부하계통

가 시동계통

(1) 역할 : 기관이 자력으로 운전될 수 있을 때까지 강제로 기관을 회전시킨다.
(2) 왕복 기관의 시동계통 : 직권식 전동기 사용
(3) 제트 기관의 시동계통 : 시동시의 큰 부하로 회로보호 장치가 설치되어 있지 않음.

나 화재 탐지 및 소화계통

(1) 화재 탐지계통
 (가) 설치 위치 : 기관 주위 또는 화재의 위험성이 있는 곳.
 (나) 종류
  - 열전쌍식 화재 탐지장치 : 열에너지를 전기적 에너지로 변환하는 열전쌍 사용.
  - 광전지식 화재 탐지장치 : 빛을 받으면 전류를 발생하는 전자관을 이용하여 화재를 탐지.
  - 열 스위치식 화재 탐지장치 : 열 스위치에 의해 화재를 탐지(bimetal type).
(2) 소화계통
 (가) 작동 : 조종석의 소화 스위치에 의해서 작동.
 (나) 기능 : 소화 카트리지에 의해 다이어프램이 터지면서 소화액 분사.

(다) 소화액이 선택된 위치에 공급될 수 있도록 소화 회로를 형성시키면서 연료, 윤활유 및 작동유 등의 각종 유류와 전원이 차단됨.

(3) 화재 격리 장치 : 화재가 발생하여 소화될 때까지 화재 지역이 확대되는 것을 방지하는 장치.

댜 방빙 및 제빙계통

- 고공비행하는 항공기의 주요 부분에 얼음이 형성되면 항공기의 성능을 저하시키므로 결빙을 억제 또는 제거하는 역할.
- 설치 장소 : 날개, 공기 흡입구, 프로펠러 깃, 윈드실드
- 전기 가열식 방빙 및 제빙 장치 : 가열부분, 조정부분, 보호 및 지시부분으로 구성.

랴 조명 및 경고계통

(1) 조명 계통 : 계기등, 조종실 및 객실 조명등, 착륙등, 항법등 및 그 밖의 등.
(2) 외부 조명계통
  - 기능 : 야간 착륙, 결빙 상태의 검사, 충돌 방지 및 운항에 필요한 것.
  - 항법등 : 항공기의 위치를 알려주는 등(청색등, 붉은색등, 흰색등).
(3) 충돌 방지등 : 야간이나 구름 속을 비행할 때 충돌을 방지하기 위한 등으로 동체의 가장 위쪽이나 수직 안정판 꼭대기에 설치. 붉은색등으로 회전하는 2개의 오목 거울에 의해 반사.
(4) 착륙등 : 야간 이착륙 시 사용.
(5) 내부 조명 계통 : 조종실, 객실등의 조명과 각종 계기등.

II. 항공기 계기 계통

1 항공기용 계기의 구조 및 작동

갸 항공계기의 특징

- 무게 : 가벼워야 한다.
- 크기 : 소형화 되어야 한다.
- 내구성 : 정밀도를 오랫동안 유지할 수 있어야 한다.

- 정확도 : 오차가 적어야 한다.
- 외부 조건의 영향 : 외부 온도와 압력, 진동의 심한 변화에 영향이 적어야 한다.
- 누설 : 누설이 없어야 한다.
- 마찰 : 가능한 한 적어야 한다.
- 온도 보정 : -65~70℃의 온도 범위에 대하여 자동적으로 온도가 보정.
- 진동 : 계기판에 방진 장치가 설치되어야 한다(제트 항공기는 진동기 부착).
- 습도 : 방습 처리되어야 하며, 전기계기는 완전 밀봉 후 불활성 가스 주입.
- 염무 : 계기의 안쪽과 바깥쪽에 방염처리를 해야 한다.
- 곰팡이 : 중요 부분에 항균 도료 도장.
- 기압 보정 : 계기 내부에 기압 공함을 설치하여 기압 변화에 따라 자동적으로 보정.
- 댐핑 장치 : 미세한 변화는 제동시키고, 연속적으로 지시.

나 항공기 계기의 배열 및 계기판

(1) 배열 방법
- 계기판에 T형 배열법으로 장착.
- 고도계, 속도계, 자세계는 T형 위쪽에 우선 배열.
- 컴퍼스 계기는 자세 지시계 바로 밑에 배열.
- T형 중심은 조종사 앞 방향의 시선과 일치되게 배열.

(2) 계기판
- 주계기판 : 정조종사 부분, 중앙부분, 부조종사 부분으로 나뉨. 자기 컴퍼스를 제외한 항법 계기는 정조종사 및 부조종사 부분에 1개씩 장착.
- 상부 계기판 : 윈드실드 위쪽.
- 기관 계기판 : 주로 기관, 전기 및 윤활유와 연료, 온도계기 등.
- 계기 조명 : 백열등 또는 형광등으로 조명, 계기의 눈금과 바늘에 형광물질로 표시.

(3) 항공계기의 색표지
- 붉은색 방사선 : 최소 및 최대 운전 또는 운용한계 표시.
- 노란색 호선 : 경계 또는 경고 범위.
- 초록색 호선 : 상용 안전 운용 범위 또는 계속적인 운전범위.
- 푸른색 호선 : 기화기를 장비한 엔진에서 연료 공기 혼합비가 희박한 경우 상용 안전 운용 범위.
- 백색 호선 : 최대 착륙 하중 시의 실속속도에서 플랩을 내릴 수 있는 속도까지의 범위.

(4) 고도계
    (가) 고도의 종류
        • 절대고도 : 항공기로부터 그 당시 지형까지의 거리.
        • 진고도 : 해면상으로부터 항공기까지의 거리.
        • 기압고도 : 표준 대기압(29.92inHg)인 해면부터 항공기까지의 거리.
    (나) 고도계 세팅법
        • QFE 방식 : 임의의 지정된 지형(일반적으로 활주로)의 기압을 기압의 눈금에 맞추어 그 지형으로부터 고도 측정(단거리 비행이나 계기 착륙 시 사용).
        • QNH 방식 : 타워와 교신에 의해 그 당시 해면 기압의 눈금에 맞추어 해발고도(진고도)를 얻을 수 있는 방식.
        • QNE 방식 : 해면상 표준 대기압인 29.92inHg로 맞추어 기압고도를 얻을 수 있는 방식.

(5) 승강계
    (가) 항공기의 수직 속도를 분당 피트(ft/min)로 측정 지시하는 계기.
    (나) 작동원리 : 다이어프램에 작은 구멍을 뚫어 놓아 양쪽 부분의 압력이 같아지는 시간을 측정하여 승강률을 지시.
        • 다이어프램의 구멍 크기가 작은 경우 : 민감하나 지시 속도가 느리게 지시.
        • 다이어프램의 구멍 크기가 큰 경우 : 지시 속도는 빠르나 둔하다.

(6) 속도계
    (가) 전압과 정압의 차인 동압을 측정하여 항공기의 대기에 대한 상대 속도, 즉 대기 속도를 지시하는 계기.
    (나) 기본 방식 : 전압과 정압의 차에 의해 속도, 즉 동압을 지시한다.
    (다) 일반적으로 사용되는 피토정압식속도계는 기체에 평행하게 흐르는 공기가 피토관에 작용하여 나타나는 전압과 정압을 수감하는 방식.
    (라) 종류 : IAS, CAS, EAS, TAS

(7) 자이로 계기
    (가) 자이로의 특성
        • 강직성 : 자이로의 축이 항상 우주에 대하여 일정한 방향을 유지하려는 성질.
        • 섭동성 : 외부에서 가해진 착력점으로부터 로터의 회전방향 쪽으로 힘이 작용하는 성질.
    (나) 자이로의 특성을 이용한 계기
        • 강직성을 이용한 계기 : 방향 자이로 지시계(정침의)

- 섭동성을 이용한 계기 : 선회계
- 강직성과 섭동성을 이용한 계기 : 자이로 수평 지시계(인공 수평의)

(다) 방향 자이로 지시계
- 자이로의 강직성을 이용, 항공기의 기수 방위와 선회 비행 시의 정확한 선회각을 지시.
- 자이로는 3축에 대하여 자유로이 회전할 수 있고, 자이로의 회전축은 항공기 기수 방향에 수평으로 놓여있으며, 강직성에 의한 공간에 대하여 일정 방향유지.

(라) 선회계
- 자이로의 섭동성만을 이용.
- 선회 각속도(180°/min, 360°/min, 2분계), 선회 각속도(90°/min, 180°/min, 4분계)

(마) 자이로 수평 지시계
- 3축 자이로로서 항공기 기수 방향에 수직인 축 이용, 강직성과 섭동성을 이용한 직립 장치에 의해 지표에 대한 자세, 즉 피치와 경사를 알 수 있게 하는 계기.
- 장거리 항법 장치에는 로란, 도플러, 관성항법 장치, 오메가 항법 장치 등이 있으나 현대 항공기에서는 레이저 자이로를 사용하는 장거리 항법장치(IRS)가 널리 이용됨.

(8) 회전 계기
(가) 엔진축의 회전수를 지시하는 계기로 왕복 기관에서는 크랭크축의 회전을 분당 회전수(RPM)로 나타내고, 제트 엔진에서는 압축기의 회전수를 백분율(%)로 나타낸다.
(나) 종류
- 발전기 전압계형 회전계 : 직류 발전기에서 발전된 전압을 직류 전압계로 측정하여 회전수를 다시 환산, 계기에 표시.
- 전동기 발전기형 회전계(전기식) : 기관의 회전으로 작동되는 3상 교류 유도 발전기로부터 유도된 전압과 주파수에 의한 전기적 에너지를 기계적 에너지로 변환시키는 동기 전동기로 구성(보통 대형 항공기에 많이 사용).
- 와전류식 회전계 : 와전류 효과를 이용한 회전계(소형기에 사용).
- 원심력식 회전계 : 기관에 연결된 구동축에 달려 연동되는 플라이 웨이트의 원심력 이용.

(9) 압력계기
(가) 액체 또는 기체의 압력을 기계적인 변위로 변환시킨 다음, 압력 단위로 수정하여 압력 값을 읽을 수 있도록 한다.
(나) 압력의 종류
- 게이지 압력(psi) : 대기압보다 얼마나 높고 낮은가에 따라 정압과 부압으로 구분.
- 절대 압력(inHg) : 대기압±게이지 압력

(다) 압력을 기계적으로 변환시키는 장치 : 버든 튜브, 벨로우즈, 아네로이드와 다이어프램 등.
(라) 압력계기의 종류
- 윤활유 압력계 : 윤활유의 압력과 대기 압력의 차인 게이지 압력을 나타냄.
- 연료 압력계 : 기화기나 연료 조정 장치로 공급되는 연료의 게이지 압력과 흡입 공기 압력의 차를 이용(다이어프램 또는 2개의 벨로우즈로 구성).
- 흡입 압력계 : 매니폴드 압력계라고도 하며, 정속 프로펠러를 갖춘 항공기에 필요한 필수 계기로 실린더에 흡입되는 공기압을 아네로이드와 다이어프램에 의해 절대 압력으로 측정.
- EPR 계기 : 가스터빈 기관의 흡입 공기압과 배기 가스압을 각각 해당 부분에서 감지하여 그 압력비를 지시.
- 작동유 압력계 : 버든 튜브를 이용하여 압력을 지시하는 계기로 지시범위는 0~1,000, 0~2,000, 0~4,000psi 정도이다.
- 제빙 압력계 : 항공기 날개에 제빙 장치가 설치된 항공기에 사용하는 것으로 버든 튜브 이용, 압력 단위는 psi 사용.

(10) 온도계기
(가) 바이메탈 온도계 : 열팽창 계수가 서로 다른 2개의 이질 금속(황동-철)을 서로 맞붙여 온도변화에 따라 그 휘는 정도로 온도를 측정하며, 경비행기에 많이 이용.
(나) 증기압식 온도계 : 염화메틸과 같이 증발성이 강한 액체를 밀폐구에 가득 채우고 버든 튜브 압력계와 모세관으로 연결시켜 일체가 되도록 한 일종의 압력 지시기.
(다) 전기 저항식 온도계 : 대향형 항공기에 많이 사용되며 금속선의 온도에 따른 전기 저항 변화로 인한 전류량의 변화량을 휘스톤 브리지를 사용하여 이에 상응하는 온도를 측정.
(라) 열전쌍식 온도계 : 2개의 이질 금속선으로 양 끝을 서로 접합하여 회로를 구성한 다음 2개의 접점(열점과 냉점)에 온도차를 주면 기전력이 발생하여 전류가 흐르는 것을 이용한 계기.
- 철-콘스탄탄 : 왕복기관의 실린더 온도 측정에 사용(-200~250℃에 사용).
- 알루멜-크로멜 : 가스터빈 기관의 배기가스 온도 측정에 사용(70~1,000℃).
- 구리-콘스탄탄 : -200~250℃에 사용.

(11) 자동 동기 계기
(가) 항공기의 대형화로 인하여 수감부와 지시부 간의 거리가 멀어짐에 따라 개발된 원격 지시계기의 일종.

(나) 직류 셀신 : 소형기나 중형기 연료 등의 액량계 또는 대형기에서의 플랩, 탭 등 위치 계기로 이용.
(다) 교류 셀신 : 대형기의 플랩 위치 지시계, 제트 기관의 연료 지시계로 사용(마그네신, 오토신).

(12) 연료량계
(가) 소형 항공기용 : 직독식, Sight Glass Gauge, Deep Stick, Float 식
(나) 대형 항공기용(원격 지시식)
- 직류 셀신 연료량계 : 연료의 량을 갤론으로 표시, 액면의 높고 낮음에 따른 플로트의 기계적인 변위를 이에 상당하는 전기적인 신호로 변환하여 지시계에 전달.
- 전기 용량식 연료량계 : 연료의 체적은 비행 고도와 온도에 따라 영향을 받으므로 이들 영향을 받지 않는 중량을 지시식으로 측정하는 계기로 대형 항공기, 고공 항공기에 적합.

III. 공기 및 유압 계통

1 공기 및 유압계통

㉮ 항공기의 각 계통을 작동시키기 위해서 기관의 동력을 간접적으로 전달할 수 있는 장치.

㉯ 공기 및 유압 계통 일반

(1) 항공기의 동력 전달 방법 : 전기, 공기압, 작동유압
- 유압식 : 신뢰성, 경제성, 안전성, 확실성, 간결성 등으로 가장 많이 사용.
- 전기 및 공기압 : 유압 계통의 고장에 대비하여 보조로 쓰임.

(2) 작동유의 성질과 전달
- 비압축성 유체
- 파스칼의 원리 : 밀폐 용기에 채워진 유체에 가해진 압력은 유체의 모든 방향과 용기의 벽에 동일하게 전달된다.

(3) 기계적 이득
- 작은 힘으로 큰 힘을 얻기 위한 장치 : 지렛대, 잭, 도르래, 유압 등.
- 작은 힘으로 많은 행정거리를 움직이게 하여 짧은 행정거리를 움직이는 큰 힘이 발생.

(4) 운동 중의 작동유
- 마찰 손실 : 유체가 관의 안쪽 표면과 마찰을 일으켜 압력 손실이 생김.
- 오리피스(orifice) : 관 안에 오리피스를 설치함으로서 오리피스의 전후에 압력차 발생.

(5) 공기압
- 장점 : 가볍고, 화재의 위험이 없으며, 저장이 불필요.
- 단점 : 압축성이므로 흐름량의 조절이 없고, 신뢰성이 떨어짐.
- 유압 계통과 복합적으로 되어 있고, 셔틀 밸브(shuttle valve)에 의해 유압 고장 시 비상 압력으로 사용.
- 플랩, 착륙장치 및 브레이크 계통에 사용.

다 작동유

(1) 작동유의 구비 조건
- 마찰 손실이 적어야 한다.
- 점성이 낮아야 한다.
- 온도 변화에 따른 성질 변화가 적어야 한다.
- 화학적 안정성이 높아야 한다.
- 인화점이 높아야 한다.
- 비등점이 높아야 한다.
- 부식성이 낮아야 한다.

(2) 작동유의 기능
- 동력을 전달한다.
- 움직이는 기계요소를 윤활 시킨다.
- 필요한 요소 사이를 밀봉한다.
- 열을 흡수한다.

(3) 작동유의 종류
- 식물성유 : 아주까리기름과 알코올의 혼합물로 파란색이며, 부식성과 산화성이 있다.
- 광물성유 : 원유로부터 제조되고, 붉은색이며, -54℃~71℃의 사용 온도 범위를 갖고 있고, 화재의 위험이 있다.
- 합성유 : 인산염과 에스테르의 혼합물로 자주색이고, -54℃~115℃의 사용 온도 범위를 갖고 있으며, 독성이 있어 눈에 들어가면 실명의 위험도 있음. 화학적인 안정성이 크고, 현대 항공기의 유압계통에 사용.

라 유압 동력계통 및 장치

(1) 저장 탱크
- 재질 : 알루미늄 합금 또는 마그네슘 합금.
- 저장소 및 공기, 각종 불순물 제거.
- 탱크 용량 : 38℃(100℉)에서 축압기를 제외한 전 유압계통에 필요로 하는 용량의 150% 이상 또는 축압기를 포함한 모든 계통이 필요로 하는 용량의 120% 이상.
- 여압구 : 고공에서 작동유에 생기는 거품 방지 및 저장 탱크를 여압 시키는 압축 공기 연결구.
- 사이트 게이지 : 저장 탱크 안의 작동유의 양을 확인할 수 있는 장치.
- 귀환관 : 저장 탱크의 전상 유면 아래에 위치하며, 귀환 작동유는 원주의 접선 방향으로 들어와 거품을 방지.
- 배플(baffle)과 핀(pin) : 탱크 안의 거품 및 기포를 제거하여 펌프로 유입되는 것을 방지.
- 바이패스 밸브(by-pass valve) : 필터가 막혔을 때 작동유가 정상 공급되게 해주는 장치.
- 스탠드 파이프(stand pipe) : 비상 시 사용할 작동유의 저장 및 탱크로부터의 이물질 혼입 방지.

(2) 동력 펌프
- 구동 방법 : 기관, 공기 터빈, 전동기, 유압 모터
- 종류 : 기어형 펌프, 제로터형 펌프, 베인형 펌프, 피스톤 펌프

(3) 수동 펌프
- 용도 : 비상용, 유압계통 지상 점검 시 사용.
- 종류 : 싱글 액팅식 수동 펌프, 더블 액팅식 수동 펌프

(4) 축압기(accumulator)
- 기능 : 동력펌프 고장 시 유압 공급, 계통압력의 서지(surge) 방지, 계통의 충격적인 압력 흡수, 압력 조절기의 개폐 빈도 감소.
- 종류 : 다이어프램형 축압기, 브래더형 축압기, 피스톤형 축압기

마 압력 조절, 제한 및 제어 장치

(1) 기능 : 유압계통의 압력이 한계치를 유지하도록 하며, 승압·강압 및 기포 제거.

(2) 압력 조절기
- 기능 : 작동유의 압력을 규정 범위로 조절 및 계통에 압력이 요구되지 않을 때 펌프에 부하가 걸리지 않게 함.
- Kick-In : 계통 압력이 낮을 때 → 바이패스 밸브가 닫히고 체크 밸브 열림.
- Kick-Out : 계통 압력이 높을 때 → 바이패스 밸브는 열리고 체크 밸브는 닫혀서 높은 압력의 유압은 저장 탱크로 귀환시킴.

(3) 릴리프 밸브(relief valve)
- 시스템 릴리프 밸브 : 압력 조절기 및 계통 고장 등으로 계통 내의 압력이 규정 값 이상이 되는 것을 방지.
  ㉠ 크랭킹 압력(cranking pressure) : 계통내의 압력이 규정값 이상으로 상승하여, 볼이 시트로부터 벌어지기 시작하면서 작동유가 귀환관으로 흐르게 될 때 압력.
  ㉡ 풀드로 압력(full draw pressure) : 볼이 완전히 시트에서 떨어져 릴리프 밸브에서 최대의 작동유량이 통과할 때의 압력. 풀드로 압력은 스프링을 압축시켜야하기 때문에 크랭킹 압력보다 10%정도 높아야 한다.
  ㉢ 리시팅 압력(reseating pressure) : 시트로 되돌아와서 귀환되는 작동유의 흐름을 중단할 때의 압력. 리시팅 압력은 크랭킹 압력보다 10% 낮아야 하는데 한번 흐르기 시작한 작동유의 흐름은 계속하려는 성질을 가지고 있어서 크랭킹 압력보다 10%가 낮을 때까지 스프링의 힘은 볼이 시트에 되돌아갈 수 없기 때문이다.
- 서멀 릴리프 밸브 : 온도 증가에 따른 유압계통의 압력 팽창을 막아주는 역할.

(4) 프라이오리티 밸브 : 계통의 압력이 정상보다 낮아졌거나 펌프의 고장일 때 축압기의 압력을 사용하여 가장 필요한 계통에만 우선 공급해야 하는 경우에 사용.

(5) 퍼지 밸브(purge valve) : 공기가 섞여 거품이 생긴 작동유를 저장 탱크로 빠지게 한다.

(6) 감압 밸브(pressure reducing valve) : 계통의 압력보다 낮은 압력이 필요할 때 사용하며, 일부 계통의 압력을 요구하는 수준까지 낮추어 준다.

(7) 디부스터 밸브(de-booster valve) : 피스톤형 밸브로서 브레이크의 작동을 신속하게 하기 위한 것으로 브레이크를 작동할 때 일시적으로 작동유의 공급량을 증가시켜 신속한 제동을 도와준다.

㈅ 흐름 방향 및 유량 제어 장치
(1) 방향 제어 장치 : 선택 밸브, 체크 밸브, 시퀀스 밸브, 바이패스 밸브, 셔틀 밸브
  (가) 선택 밸브(selector valve) : 유로를 선정해주는 밸브(회전형 선택 밸브, 포핏형 선택 밸브, 스풀형 선택 밸브, 피스톤형 및 플런저형 선택 밸브 등).
  (나) 체크 밸브(check valve) : 작동유의 흐름 방향을 한쪽 방향으로만 흐르고 반대 방향은 흐르지 못하게 하는 밸브.

(다) 시퀀스 밸브(sequence valve) : 2개 이상의 작동기를 정해진 순서에 따라 작동되도록 유압을 공급하기 위한 밸브로 타이밍 밸브라고도 함(착륙 장치의 접개 들이 계통에 사용).
(라) 셔틀 밸브(shuttle valve) : 정상 유압 동력계통에 고장이 발생했을 때, 비상계통을 사용할 수 있도록 해주는 밸브.
(마) 수동 체크 밸브(metering check valve) : 정상 시에는 체크 밸브 역할을 수행하지만, 필요 시 수동으로 핸들을 조작하여 양쪽 방향으로 흐르도록 하는 밸브.

(2) 유량 제어 장치
(가) 흐름 평형기(flow equalizer) : 선택 밸브로부터 공급된 작동유가 2개 이상의 작동기를 같은 속도로 움직이게 하기 위해 각 작동기에 공급되는 또는 작동기로부터 귀환되는 작동유의 유량을 같게 해주는 장치.
(나) 흐름 조절기(flow regulator) : 흐름 제어 밸브라고도 함. 계통 압력의 변화에 관계없이 작동유의 흐름을 일정하게 해주는 장치.
(다) 유압 퓨즈(hydraulic fuse) : 유압 계통의 파이프나 호스가 파손되거나 기기의 시일 손상이 생겼을 때 작동유의 누설을 방지.
(라) 오리피스(orifice) : 흐름율을 제한하며 흐름 제한기(flow restrictor)라 한다.
(마) 오리피스 체크 밸브(orifice check valve) : 오리피스와 체크 밸브의 기능을 합한 것. 작동유가 오른쪽에서 왼쪽으로 흐를 때 정상 공급, 반대로 흐를 때는 흐름 제한.
(바) 미터링 체크 밸브 : 오리피스 체크 밸브와 같으나 흐름 조절 가능.
(사) 유압관 분리 밸브 : 유압 펌프나 브레이크와 같은 유압 기기를 장탈 할 때 작동유가 외부로 유출되는 것을 방지.

사 유압 작동기 및 작동계통

(1) 유압 작동기 : 동력계통에서 발생한 작동유의 압력을 받아 계적 운동으로 바꿔주는 장치.
(가) 직선 운동 작동기
- 싱글 액팅 작동기(single acting actuator) : 한쪽 방향으로는 유압에 의해서 작동되고 반대쪽 방향으로는 스프링에 의해 귀환되는 형식으로 브레이크 계통에 쓰인다.
- 더블 액팅 작동기(double acting actuator) : 피스톤의 양쪽에 모두 유압이 작동하여 네길 선택 밸브의 유로 선택에 따라 피스톤을 움직이는 형식.
- 래크-피니언 작동기 : 피스톤의 직선운동을 래크와 피니언에 의하여 제한적인 회전운동으로 바꾸어 주는 작동기로 윈드실드 와이퍼(windshield wiper)나 노즈 스티어링(nose steering) 계통에 사용된다.

(나) 회전 운동 작동기 : 작동유의 압력에 의해 회전(유압 모터).

(2) 공기압 계통
   (가) 용도
      - 소형 항공기 : 브레이크 장치, 플랩 작동 장치 등의 작동에 사용.
      - 대형 항공기 : 유압 계통 고장 시의 비상 및 보조적 기능, 착륙장치의 비상 작동장치와 비상 브레이크 장치, 화물실 도어의 작동장치.
   (나) 공기압 계통의 장점
      - 어느 정도의 누설을 허용하더라도 압력 전달에 큰 영향이 없다.
      - 무게가 가볍다.
      - 공기의 귀관환이 필요 없어 구조가 간단하다.
   (다) 구성
      - 압축기 : 기관 구동식 압축기로 고압의 공기를 공급.
      - 그라운드 차징 밸브 : 지상에서 항공기가 작동하지 않을 때 계통에 공기 공급.
      - 공기 실린더 : 공기를 저장하는 실린더로 스텍 파이프를 설치하여 수분이나 윤활유의 계통 유입 방지.
      - 압력 게이지 : 공기 실린더 내의 공기압을 지시.
      - 필터 : 저장되는 공기의 불순물 및 오일의 유입 방지.
      - 수분 제거기 : 공기에 포함된 수분이나 오일 제거.
      - 화학 건조기 : 수분 제거기에서 제거되지 않은 수분의 제거.
      - 압력 조정 밸브 : 공기 실린더의 압력을 규정 범위로 조절.
      - 감압 밸브 : 고압의 공기를 압력을 낮추어 저압 계통으로 공급.
      - 셔틀 밸브 : 유압 계통이 작동되지 않을 때 공기압을 공급.

2 항공기용 배관계통

가 튜브(Tube)

(1) 종류 : Al 합금 튜브($140kg/cm^2$(2,000psi) 이하 사용), 강철 튜브($140kg/cm^2$(2,000 psi) 이상 사용)
(2) 작업 요령 : 튜브의 굽힘 작업 시, 작동유의 팽창이나 진동에 대비해 구부러진 곳이 적어도 한 곳 이상 있어야 한다.
(3) 튜브의 검사와 수리 : 알루미늄 합금 튜브에서 긁힘이 튜브 두께의 10% 이내이면 사포 등으로 문질러 사용하고, 튜브 교환 시는 원래의 것과 동일한 것을 사용.

(4) 튜브의 크기 : 외경(분수)×두께(소수)

[나] 호스(Hose)

(1) 용도 : 계통 압력이 210kg/cm^2(3,000psi)까지 사용 가능.
(2) 압력에 따른 종류 : 중압용 호스(125kg/cm^{2}까지 사용), 고압용 호스(125~210kg/cm^{2}까지 사용)
(3) 재질에 따른 종류 : 고무호스, 테프론호스
(4) 작업 방법
   - 호스 부착 시 뒤틀리지 않도록 흰색선이 난 부분이 일직선이 되도록 하며, 5~8% 가량 느슨하게 하여 요동이나 진동에 의한 파손 방지.
   - 호스 고정 시 60cm 마다 크램프로 고정.
   - 호스 보관 시는 어둡고, 서늘하며, 건조한 곳에 보관하고 4년 이상 보관된 호스는 그 사용 기한이 남았을 지라도 사용을 금한다.
   - 호스의 크기 : 외경에 관계없이 내경만으로 표시.

3 배관의 식별

계 통	색 깔	계 통	색 깔
연료 계통	붉은색	산소 계통	초록색
윤활 계통	노란색	공기 조화 계통	갈색-회색
유압 계통	푸른색-노란색	화재 방지 계통	붉은 갈색
계기공기 진공 계통	오렌지색	전선 도관	갈색-오렌지색
제빙 계통	회색	압축 공기 계통	오렌지색-푸른색
냉각 계통	푸른색		

Ⅳ. 기타계통

1 객실 여압 계통

㉮ 역할

대기의 조건이 지상과 다른 고공에서 비행하는 항공기의 탑승자에게 안락한 조건과 신체에 알맞은 상태를 유지시켜주기 위한 장치.

㉯ 비행 고도와 객실 고도

(1) 비행 고도(flight altitude) : 항공기가 실제로 비행하는 고도로 항공기는 연료의 절감과 난기류를 피하기 위해 약 9,000m 고도로 비행한다.

(2) 객실 고도(cabin altitude) : 객실 내의 기압에 해당되는 고도로 무산소증의 유발 방지를 위해 객실 내를 3,000m 이내의 기압 고도로 유지.

(3) 차압(differential pressure) : 비행기의 구조 설계상 기체가 받을 수 있는 압력으로 차압 범위는 차압을 유지하기 위하여 객실 고도를 높여야 하는 범위를 말한다.

㉰ 객실 여압과 기체 구조

(1) 기밀 : 차압을 견디기 위하여 각종 이음새 부분이나 표피의 연결 부분 등을 충분히 밀폐.
(2) 여압을 제한하는 요소 : 항공기 기체의 구조강도.

㉱ 객실 여압 장치의 작동

(1) 객실 압력은 아웃 플로우 밸브(out flow valve)에 의해서 기체 밖으로 배출시킬 공기 양을 조절함으로서 압력 조절.

(2) 여압 공기의 공급
- 기관 블리드식 공기 공급 : 압축기의 지정된 단에 공기 브리드 관을 설치하여 고압 공기를 브리드 밸브 작동으로 객실에 공급.
- 공기 구동 압축기식 공기 공급 : 압축기의 고압 공기로 원심력식 터빈을 구동, 신선한 공기를 가압하여 객실에 공급.

- 기계적 구동 압축기식 공기 공급 : 왕복 기관을 가진 항공기에 사용되며, 임펠러나 루츠 블로어에 의하여 압축된 공기 공급.

(3) 공기 유량 조절 장치
- 공기압식 유량 조절 장치 : 대기로 배출해야 할 공기량을 조절.
- 자동 유량 조절 장치 : 제트 기관의 압축기로부터 객실로 흐르는 공기의 흐름을 자동 조절.

(4) 객실 압력 조절 장치
- 아웃 플로어 밸브 : 객실 내의 공기를 일정 기압이 되도록 동체의 옆이나 끝부분, 또는 날개의 필릿을 통하여 공기를 외부로 배출시키는 밸브.
- 객실 압력 조절기 : 규정된 객실 고도의 기압이 되도록 아웃 플로어 밸브의 위치 지정.
- 객실 압력 안전밸브 : 압력 릴리프 밸브, 부압 릴리프 밸브, 덤프 밸브
  ㉠ 압력 릴리프 밸브(cabin pressure relief valve) : 과도한 차압에 대해서 기체의 팽창에 의한 파손을 방지하기 위한 장치.
  ㉡ 부압 릴리프 밸브(negative pressure relief valve) 또는 진공 밸브 : 대기압이 객실내의 기압보다 높은 경우에는 대개의 공기가 객실로 자유롭게 들어오도록 되어 있는 밸브.
  ㉢ 덤프 밸브(dump valve) : 조종석에서 작동하며 조종석의 스위치를 램 공기 위치에 놓으면 솔레노이드가 열려 객실 공기를 대기로 배출한다.

[마] 공기 조화 계통 및 장치

(1) 기능 : 냉각 장치와 가열 장치를 이용하여 압축 공기의 온도를 인체에 가장 알맞은 상태로 조절하는 장치.
(2) 환기 공기 : 항공기의 윗면이나 아랫면의 램 공기를 이용.
(3) 가열계통
- 소형 항공기 : 히터 머프 내를 통과시켜 주위를 지나가는 램 공기가 가열되도록 함.
- 대형 항공기 : 연소 가열기를 이용하여 램 공기를 가열.
(4) 냉각 계통
- 공기 순환 냉각 방식(air cycle cooling) :
  냉각 터빈(cooling turbine or expansion turbine)과 이것에 의해 구동되는 압축기로 구성되어 있는 공기 사이클 머신(ACM : Air Cycle Machine), 가열 공기를 냉각시키는 공기열교환기(air to air heat exchanger) 및 공기 흐름량을 조절하는 여러 개의 밸브로 구성되어 있는 기계적 냉각 방식. 공기를 매체로 하기 때문에 안정성이 높고 구조가 단순하며 고장이 적고 경제적이어서 최근의 대형 항공기에서 ACM을 이용한 공기 순환 냉각 방식을 이용하는 추세.

- 증기 순환 냉각방식 : 프레온 가스를 냉매로 하는 냉동기로 구성.

(5) 객실 여압 및 공기 조화계통의 구성 : 압축공기 → 감압 애프터 쿨러에 의하여 온도 1차 냉각 → 일부는 방빙에 사용, 나머지는 냉각장치로 냉각 → 기관 압축기 배출 공기와 램 공기의 혼합

❷ 산소 계통

㉮ 산소의 필요성

(1) 항공기가 3,300m(10,000ft) 이상의 고도를 비행하는 경우 산소계통을 갖춰야 하며, 여압 장치가 있을지라도 산소가 부족하면 무산소증(anoxia)을 일으키므로 고공을 비행하는 항공 기는 안전상 산소 공급 장치가 필요.
(2) 산소계통의 구성 : 산소통, 산소 공급관, 산소 조절기, 산소마스크, 압력 게이지 비상용 산 소 Unit, 각종 밸브 등.

㉯ 저압 산소계통

(1) 재질 : 스테인리스강 또는 열처리된 저탄소강
(2) 색상 : 연한 노란색(표면에 "NON SHATTERABLE"이라고 명시)
(3) 산소통의 충전압력 : 최대압력 2,327cmHg(450psi), 정상압력 2,068~2,197cmHg(400 ~425psi)
(4) 산소 공급관 : 튜브, 피팅, 밸브 등으로 구성. 알루미늄 합금에 표준 알루미늄 피팅 사용.
(5) 산소 밸브 : 필러 밸브, 체크 밸브

㉰ 고압 산소계통

- 고압 산소통 : 저탄소강으로 연한 초록색(표면에 "AVIATOR'S BREATHING OXYGEN"이라 고 명시).
- 산소통의 충전압력 : 최대압력 10,340cmHg(2,000psi), 정상압력 9,565cmHg(1,850psi)
- 최소 5년에 한 번 안전 검사 실시.
- 산소 공급관 : 저압계통과 구성은 같으나 필러 밸브로부터 감압기에 이르는 도관은 고압에 견 딜 수 있어야 하므로 구리 합금 사용.
- 산소 밸브 : 필러 밸브는 연결부에 나사가 있는 피팅을 사용하며, 수동으로 흐름량 조절 가능. 1,850psi를 400psi로 감압시켜서 사용.

라 액체 산소계통

- 농축된 액체 상태이므로 탱크의 용량을 작게 할 수 있어 군용기에 사용하고 있으며, 액체 상태에서 기체로 변환하기 위한 산소 변환기(LOX converter)가 필요함.
- 산소 변환기 : 진공 저장 용기, 빌드 업 코일, 압력 폐쇄 밸브, 고압 및 저압 릴리프 밸브로 구성.

마 산소 흡입 장치

- 희석 흡입 산소장치 : 흡입 시 산소 조절기에 의해 감압되고, 외기 공기와 혼합된 60%의 산소를 조절 공급하며, 비상시는 100% 산소 또는 강제 공급되는 비상 산소의 공급.
- 압력 흡입 산소장치 : 사용자 주위의 압력보다 조금 높은 압력의 산소를 공급하는 장치로 정상 시에는 희석 흡입 산소 조절기와 같지만, 압력 조정 노브를 시계 방향으로 돌리면 공급 산소의 압력이 높아지게 됨.

3 제빙, 방빙 및 제우 계통

가 비행 중 결빙이 생길 수 있는 부분

주날개의 앞전, 조종면의 앞쪽부분, 윈드실드 및 기관의 공기 흡입구, 피토관 및 프로펠러 깃의 앞전, 아웃 플로우 밸브 및 네거티브 밸브, 그 외 각종 공기 흡입구 및 배출구 등.

나 제빙 계통

(1) 제빙 부츠 : 날개 앞전에 위치하여 큰 공기방과 작은 공기 방으로 구성되어 있고, 기관 배출 압력을 받아 압력 조절기와 공기-물 분리기 및 안전밸브를 통해 분배 밸브로 공급되어 부츠 팽창되며, 진공압 릴리프 밸브를 거쳐 분배 밸브로 공급되는 진공압에 의해 부츠 수축.
(2) 알콜 분출식 : -40℃까지 결빙되지 않는 이소프로필 알콜을 공기 흡입구나 기화기에 분사함으로서 제빙.

다 방빙 계통

(1) 전열식 : 날개 앞전 내부에 스팬 방향으로 전열선을 설치하여 전기를 통함으로서 전기 저항에 의한 열로 어는 것을 방지.
(2) 가열 공기식 : 제트 기관 또는 연소 가열기나 열교환기로부터 뜨거운 공기를 날개 앞전

내부에 덕트를 설치하여 분사함으로서 결빙 방지.

라 제우 계통

(1) 윈드실드 와이퍼 : 와이퍼 블레이드를 적당한 힘으로 누르면서 왕복 작동시켜 빗방울 제거(전기식, 유압식).
(2) 에어 커튼(air curtain) : 윈드실드의 앞쪽에 공기 분사구를 설치하여 기관 블리드 에어를 이용하여 표면에 공기막을 형성함으로서 빗방울을 날려 보내거나 건조 또는 부착을 방지.
(3) 레인 리펠런트(rain repellent) : 표면 장력이 작은 화학 액체(freon)를 윈드 실드에 분사하여 빗방울이 구형 형상인 채로 대기 중으로 떨어져 나가도록 한 장치로 1회 분사에 의해 일정량이 분사되며 와이퍼와 함께 사용하면 효과가 좋다.

마 소화계통

(1) 화재 탐재 방법 : 온도 상승률 탐지기, 복사 감지 탐지기, 연기 탐지기, 과열 탐지기, 일산화탄소 탐지기, 가연성 혼합가스 탐지기, 승무원 또는 승객에 의한 감시.
(2) 다공관을 통해 분사시킬 수 있는 장치.
   • 소화제 용기 : 스테인리스강 - 구형, 고장력강 - 실린더형
   • 열 릴리프 밸브(thermal relief valve) : 100℃ 이상이 되면 항공기 밖으로 가스가 방출된다. 정상 압력의 1.5배가 될 때도 가스를 방출한다.
   • 적색 디스크 : 온도와 압력이 올라갔을 때 가스가 외부로 방출되면 디스크가 떨어진다.
   • 황색 디스크 : 기관에 화재가 발생하여 정상적으로 소화제는 방출했을 때 디스크가 떨어진다.
   • 소화제
     ① 물 : A급 화재에만 사용, B급과 C급 화재에는 사용 금지.
     ② 이산화탄소 : B급과 C급 화재에 유효, D급 화재에는 효과가 없다. 밀폐된 장소에서의 사용은 위험하다.
     ③ 프레온 가스 : B급과 C급 화재에 유효하다. 오존층 파괴의 우려가 있다.
     ④ 분말 소화제(dry chemical) : B급과 C급, D급 화재에 유효하다.
     ⑤ 사염화탄소 : 사용하지 않음.
     ⑥ 질소 : 성능은 이산화탄소에 비슷하다. 질소 액체를 저장하는 데에는 -160℃로 유지, 일부 군용기에 사용.
(3) 휴대용 소화기 : 휴대용 소화기는 조종실에 1개, 그밖에 T류의 항공기 객실에는 승객 정원수에 따라 정해져 있다(물 소화기, 이산화탄소 소화기, 분말 소화기, 프레온 소화기).

바 화재경고장치

(1) 열전쌍식 화재 경고 장치 : 온도의 급격한 상승에 의하여 화재를 탐지하는 장치이다. 서로 다른 종류의 특수한 금속을 서로 접합한 열전쌍(thermocouple)을 이용하여 필요한 만큼 직렬로 연결하고, 고감도 릴레이를 사용하여 경고 장치를 작동시킨다.
(2) 열 스위치식 화재 경고 장치 : 열 스위치(thermal switch)는 열팽창률이 낮은 니켈-철 합금인 금속 스트러트가 서로 휘어져 있어 평상시는 접촉점이 떨어져 있다. 그러나 열을 받으면 스테인리스강으로 된 케이스가 늘어나게 되므로, 금속 스트럿이 펴지면서 접촉점이 연결되어 회로를 형성시킨다.
(3) 저항 루프형 화재 경고 장치 : 전기 저항이 온도에 의해 변화하는 세라믹(ceramic)이나 일정 온도에 달하면 급격하게 전기 저항이 떨어지는 융점이 낮은 소금(eutectic salt)을 이용하여 온도 상승을 전기적으로 탐지하는 것이다.
(4) 광전지식 화재 경고 장치 : 광전지는 빛을 받으면 전압이 발생한다. 이것을 이용하여 화재가 발생할 경우에 나타나는 연기로 인한 반사광으로 화재를 탐지한다.

[사] 실속 경고 장치

(1) 소형 항공기에서는 날개의 전면에 베인을 설치하여 공기흐름 방향에 따라 스위치가 개폐되도록 함으로써 실속이 도달되기 전에 붉은색 등과 경고등이 울리도록 한다.
(2) 대형 항공기에서는 동체 옆에 변환 베인을 장착하여, 공기 흐름 방향에 따라 움직이게 함으로써 실속 전에 미리 경고 회로가 작동되도록 한다.

4 비상 장비

[가] 기능 : 돌발적인 사고에 따른 비상사태에 대비하기 위한 장비.
[나] 안전벨트 : 자리에 앉은 사람을 안전하게 고정시켜 주는 장치.
[다] 구명보트 : 해상에 비상 착수하였거나 비상 탈출한 경우에 인명을 구조할 수 있는 장비(1인용 구명보트, 멀티 플레이스 구명보트, 해상 구조용 구명보트).
[라] 구명조끼 : 2개의 커다란 고무로 되어 있는 공기 주머니 속에 이산화탄소가 채워져 수면에서 가라앉지 않도록 보호해 주는 장치.
[마] 비상 송신기 : 지정된 주파수로 구조 신호를 보낼 수 있도록 되어 있는 장치.
[바] 긴급 탈출 장치 : 비상 시 90초 이내에 탈출할 수 있도록 비상 탈출 슬라이드와 로프로 구성.
[사] 그 밖의 비상 장비 : 손도끼, 손전등, 구급약품, 노출 방지용 슈트 등.

V. 항공 전자 장비

1 전 파

㉮ 전 파

(1) 전자파가 공중에 전달되어 퍼지는 성질.

(2) 파장(파의길이)는 빛의 속도를 주파수로 나눈 값이다. $\lambda = \dfrac{C}{f}$, $C : (3 \times 10^8 m/s)$

㉯ 주파수 범위

명칭	주파수 범위	명칭	주파수 범위
VLF초장파	3~30kHz	VHF초단파	30~300MHz
LF장파	30~300kHz	UHF극초단파	300~3,000MHz
MF중파	30~300MHz	SHF극극초단파	3~30GHz
HF단파	3~30MHz	EHF초극초단파	30~300GHz

㉰ 전파의 경로

(1) 지상파(ground wave) : 직접파(direct wave), 대지반사파(reflected wave), 지표파(surface wave), 회절파(diffracted wave)

(2) 공간파(sky wave) : 대류권산란파(tropospheric scattered wave), 전리층파(E층 반사파, F층, 반사파, 전리층 활행파, 전리층 산란파), VLF, LF, MF는 E층에서 HF는 F층에서 반사. VHF대와 그 이상은 전리층을 뚫고 나가 반사하지 않음.

㉱ 전파의 전파에 관한 여러 가지 현상

(1) 페이딩(fading) : 수신 전기장의 세기가 둘 이상 경로를 달리하는 전파사이의 간섭 또는 전파 경로의 상태 변화 등에 의해서 시간적으로 변동하는 현상.

(2) 에코현상(echo) : 송신안테나에서 발사된 전파가 수신 안테나에 도달할 때까지 여러 가지 통로로 각각의 성분이 도달하는 시간에 약간의 차이가 생겨 같은 신호가 여러 번 되풀이 되는 현상.

(3) 다중신호(multiple signal) : 송신점에서 하나의 수신점에 도달하는 전파는 여러 개가 있는데 각 전파의 도래 시각이나 도래방향이 다른 것을 다중신호라 하고 적당한 주파수 선택, 지향성 안테나사용으로 피할 수 있다.

(4) 태양흑점의 영향 : 태양흑점이 증가되면 자외선이 많이 증가하고 전리층내의 전자밀도가 갑자기 증가하여 F층의 임계 주파수가 높아져 높은 주파수의 전파가 잘 반사.

(5) 자기폭풍(magnetic storm) : 태양표면의 폭발이나 흑점활동이 심할 경우 지구 자기장이 갑자기 비정상적으로 변화.

(6) 델린져 현상 : HF대역 통신 불가능, 20Mhz보다 낮은 주파수통신, 태양이 비치는 지구의 반면(낮)에 단파의 전파가 가끔 갑자기 10분에서 수십분 간에 걸쳐 불능이 되는 현상.

2 통신장치

가 통신장치 구성품

(1) 송신기-Tx(Transmitter), 수신기-Rx(Receiver), 또는 송수신기(transceiver), 컨트롤러, 안테나(Ant)로 구성.
(2) SELCAL(Selective Calling system) : 선택호출장치
(3) ELT(Emergency Locator Transmitter) : 사고시 비행기 위치 송신, 121.15Mhz(민간), 243Mhz(군용) 송신.
(4) SSB(Single Side Band) 방식 : 한쪽 측파대만 사용, 복조시 헤테로다인 검파를 하여 변조신호분리.

나 VHF(초단파)통신

(1) 중요한 통신장치여서 2~3중으로 설치하며 가장 많이 사용.
(2) 1차 통신, 국내선 및 공항주변의 단거리통신.
(3) AM(Amplitude Modulation) 변조방식 사용으로 소비전력 극소화, 효율증가
(4) DSB(Double Side Band) 방식.
(5) 스켈치 회로(SQL : Squelch) : 신호입력이 없을 때 임펄스성 잡음발생을 제거.
(6) 싱글슈퍼헤테로다인 수신방식, PTT(Push-to-Talk) 방식.

다 HF(단파)통신

가장 빨리 도입, 해상 원거리 통신으로 더블 슈퍼헤테로다인(double superheterodayne) 수신

기 동작.

라 UHF(극초단파)통신장치

UHF는 가시거리내로 한정되어 근거리용으로 사용하고, 군용항공기에 한정하여 사용.

마 위성통신장치

(1) 장거리 광역통신에 적합(지형, 거리에 관계없이 전송품질우수).
(2) 대용량통신이 가능하고 신뢰성이 좋다.

바 기내인터폰 및 방송장치

(1) Flight Interphone System(운항승무원 상호간 통화 장치)
  • 조종실내에서 운항승무원상호간 통화연락을 위해 각종 통신이나 음성신호를 각 운항 승무원에게 배분하는 통화 장치.
  • 서로 간섭받지 않고 각각 승무원석에서 자유롭게 선택하여 송신, 청취.
(2) Service Interphone System(승무원상호간 통화 장치).
  • 비행중 조종실과 객실 승무원석 및 Galley 간 통화 연락을 하는 장치.
  • 지상 정비시, 조종실과 정비사 간의 점검상 필요한 기체 외부와의 통화를 위한 장치 (Boeing747에선 정비용으로만 사용).
(3) Cabin Interphone System(캐빈 인터폰 장치)
  • 조종실과 객실승무원 간의 통화를 위한 전화장치.
  • 기장의 지시를 위한 통화우선권
(4) Passenger Address System(기내 방송 장치)
  • 조종실 및 객실승무원석에서 승객에게 필요한 방송을 위한 기내 장치.
(5) Passenger Entertainment System(오락프로그램 제공 장치)
  • 승객에게 영화, 오락프로그램제공이나 비행기 위치 등을 표시.
  • 좌석에 채널선택기로 선택한 프로그램을 이어폰으로 청취(기내방송우선권).

사 항공기 안테나 (antenna)

(1) 무지향성 안테나 : 모든 방향을 균일하게 전파를 송수신. (통신용 수직안테나)
(2) 지향성 안테나 : 특정방향으로만 송수신하는 안테나. (ADF의 루프안테나)
(3) 스캐닝 안테나(scannig antenna) : 예민한 지향성을 가진 안테나를 회전이나 왕복운동으로 넓은 범위 탐지.
(4) 플러시형(flush type) 안테나 : 기체 내부에 안테나 내장.

(5) 와이어 안테나(wire antenna) : 저속기에서 장파 중파 단파용으로 기체외부에 장착.
(6) 로드 안테나(rod antenna) : 경비행기에서 좋은 성능발휘. 기계적 압력으로 고속기 부적당. 송수신시 전방향서비스를 위해 수직형태 설계.
(7) 수평비 안테나 : 토끼 귀모양으로 된 TV안테나와 유사. 완전하게 단일방향으로 만들 수 없는 결점. 저속항공기 적합.
(8) 블레이드 안테나(blade antenna) : 수직축은 통신목적을 위한 수직안테나, 유리섬유구조의 밀폐된 매질 ATC 트랜스폰더, DME, VHF안테나.
(9) 접시형 안테나(parabolic antenna) : 지향성이 높은 예리한 전자파 빔 생산 레이더, 기상레이더 사용.
(10) 슬롯안테나 : 접시형 안테나의 여진용, 항공기용 레이더 복사기로 사용. Glide Slope 수신용 안테나.
(11) 나팔형 안테나 : 전파고도계 사용
(12) 원통형 안테나 : 마커비컨
(13) 탐침형(Probe) : HF통신
(14) 다이플 안테나 : VOR, LOC

3 항법장치

가 항법(Navigation)

(1) 지문항법 : 조종사가 해안선이나 철도노선을 보며 비행하는 항법.
(2) 추측항법 : 이미 알고 있는 지점에서 방위와 거리를 풍향과 풍속을 고려하여 계산한 후 목적지의 도달시점을 추측하는 항법.
(3) 무선항법 : 전파의 직진성 및 전파의 전파속도가 일정한 것을 이용한 항법장치.
(4) 자북(자석의 방향)과 진북(지도의 방향)은 시계방향으로 6.2도 차이(자북 : INS외의 방향계기, 진북 : INS만 지시).

나 항법장치의 종류

(1) 자동방향탐지기(ADF : Automatic Direction Finder)
- 190~750kHz대의 전파를 사용하여 무지향 표지시설(NDB : Non Directional Beacon)으로부터 전파도래방향을 알아 항공방위를 표시함.
- 안테나, 수신기, 방위지시기 및 전원장치로 구성되는 수신장치.
- 무지향 표지시설, 루프안테나(loop antenna), 고니오미터(goniometer), 수신기, 방위지시기.

(2) 초단파 전방향 표지시설(VOR : VHF omni-directional radio range beacon)

- 자북으로 나타내는 전파와 자북으로부터 시계방향으로 회전하는 전파 2개를 수신하여 서로의 수신시간차를 측정하여 방향을 측정.
- VOR : 항공로 주요지점에 VOR 지상국을 설치 정확한 항로를 표시.
- TVOR(Terminal VOR) : 공항 전방향 표지시설.

(3) 전술항행장치 (TACAN : Tactical Air Navigation System)
- 지상국의 채널을 항공기에서 선택하면 지상국에 대한 방위와 거리가 동시에 기상 지시기에 표시.
- TACAN 시스템은 DME 시스템과 동일하며 채널수도 252개로 같다.

(4) 거리측정시설(DME : Distance Measuring Equipment)
- 항공기의 기상장치(질문기)와 지상에 설치된 기상장치(응답기)로 구성된 2차 레이더의 한 형식.
- 속도가 일정한 전파를 항공기에서 질문전파를 지상무선국에 발사하여 지상무선국에서 다시 응답전파를 발사하여 항공기에서 수신한 후 소요되는 시간을 측정하여 거리정보를 제공.

(5) 쌍곡선 항법장치(Hyperbolic Navigation)
- 미리 위치를 알고 있는 두 송신국으로부터 전파를 수신하고, 그 도달시간차 또는 위상차를 측정하여 위치를 결정하는 방식.
- 로런(LORAN : Long Range Navigation), 오메가항법(Omega Navigation)

(6) 전파고도계(Radio Altimeter)
- 항공기에서 지표로 향해 전파를 발사하여 그 반사파가 돌아올 때까지의 시간을 측정.
- 펄스(pulse)식 전파고도계(고고도용), FM식 전파고도계(0~750m까지의 낮은 고도를 측정하는데 이용, 주로 활주로접근, 착륙시 이용)

(7) 기상레이더(Weather Radar)
- 악천후 영역을 탐지하여 비행함으로써 안전운행과 악천후 영역을 피해 비행함으로 비행시간의 단축과 연료절감.

(8) 도플러 레이더(Doppler Radar)
- 현재는 관성항법장치 INS(Inertial Navigation System)으로 대체.
- 도플러 레이더에서 발사한 전파를 발사, 수신하여 이 시간차를 측정하여 대지속도가 연속적으로 얻어지고 속도를 적분함으로써 거리를 구하는 방법.

(9) 관성항법장치(INS : Inertial Navigation System)
- 물체가 이동할 때의 가속도를 적분하여 속도를 구하고 또 한 번 적분하여 이동거리를 측정하는 가속도(관성)을 이용한 항법장치.
- 가속도계, 적분기, 플랫폼(platform), 짐벌(gimbal) 기구로 구성.

다 위성항법장치

(1) 인공위성에서 지구로부터의 전파를 수신하여 다시 전파를 발사하는 송수신기를 장착하여 거리 및 거리변화율이 측정과 함께 위치결정.

(2) GPS(Global Positioning System) : 인공위성을 이용한 3차원의 위치 및 항법에 필요한 위치 및 속도와 시간을 제공. 송신은 1575.42MHz, 1227.6Mhz의 2개의 주파수를 사용. 사용법이 간단하고 NDB, VOR보다 정확한 위치 및 시간제공.

(3) INMARST : 해상항법을 위해서 개발된 시스템. 국제협력에 의해서 소유 및 운용되는 이동위성통신서비스를 전 세계에 제공.

[라] 지시계기

(1) 자세 지시계(ADI : Attitude Director Indicator) : 수평의, 비행지시 바, 오토스로틀 지침, 로컬라이저 지침, 그라이드 슬로프 지침, 선회계 지침, 전파고도계 지침 등으로 구성.

(2) 수평위치 지시계(HSI : Horzontal Situation Indicator) : 항공기와 INS, VOR, ADF 방위각의 관계, 자기방향, 원하는 항로와 헤딩 활공경사각, 코스이탈정보, 목표지점으로부터의 거리 등을 표시.

(3) 무선지시계(RMI : Radio Magnetic Indicator) : 자북국 방향에서 VOR, ADF 신호방향과의 각도 및 항공기 방위각을 나타내주는 계기.

(4) PFD(Primary Flight Display) : 속도계, 기압고도계, 전파고도계, 승강계, 기수방위 지시계, 자동조종 작동모드 등을 한 곳으로 집약하여 표시.

(5) ND(Navigation Display) : EHSI의 기능 향상, 현재위치, 기수방위, 비행방향, 설정코스 이탈여부, 비행예정코스, 도중통과지점까지의 거리 및 방위, 소요시간지시, 풍향, 풍속, 대지속도, 구름 등이 표시.

(6) EICAS(Engine Indication and Crew Alerting System) : 기관의 각 성능이나 상태를 지시하거나 항공기 각 계통을 감시하고 기능이상을 경고해주는 장치.

4 자동조종장치

[가] **자동조종** : 수직속도유지 및 제어(altitude hold), 기수유지와 제어(auto leveling)

[나] **안전벨트** : tuck under 방지(mach trimmer 이용), dutch roll 방지(yaw damper 이용)

[다] 센서부, 컴퓨터부, 서보부, 제어부, 표시기로 구성.

5 기록장치

㉮ 디지털 비행자료 기록장치(DFDR : Digital Flight Data Recorder) : 항공기의 각종비행자료를 가록하여 사고시 사고해독용으로 이용. 항공기 기체뒷부분에 CVR과 함께 장착되어 비행자료를 디지털로 기록. 주황색으로 도장.

㉯ 비행자료 직접 기록장치(AIDS : Air Inteagrated Data System) : 항공기가 비행중 얻는 자료를 항상 해독하여 항공기의 운항 상태를 수시로 개선하기 위한 종합 시스템.

㉰ 비행 자료 수집 장치(FDM) : EGT, 연료유량, 진동 등을 기록하고 이것의 수치변동경향으로 기관부품의 변형을 밝히는 자료 제공.

㉱ 조종실 음성기록 장치(CVR : Cockpit Voice Recorder) : 사고시 원인규명. 녹음시간은 30분이며, 30분 전의 녹음기록을 삭제하며 녹음(정지시 30분 분량의 녹음기록).

6 경고장치

㉮ 고도경고장치

고도 변경 시, 적정한 관제 간격을 유지하며 안정성을 확보하여 정확한 상승·하강의 목적. ATC(Air Traffic Control) 트랜스폰더의 MODE-C에 의해 고도정보 제공.

㉯ 대지 접근 경고 장치(GPWS : Ground Proximity Warning System)

㉰ 항공기 충돌 방지 시스템(ACAS : Airborne Collision Avoidance System)

항공기의 전근을 탐지하고 조종사에게 그 항공기의 위치정보나 충돌회피 정보를 제공.

7 착륙 유도 장치 및 관제장치

㉮ 계기 착륙 장치(ILS : Instrument Landing System)

(1) 활주로에서 지향성 전파를 발사시켜 착륙을 위해 접근중인 항공기에 정확한 활주로 진입 정보 제공.

(2) localizer : 정밀한 수평방향의 활주로 유도신호 제공, 108.1~111.95MHz를 간격으로 구분하여 0.1MHz 단위의 홀수채널 사용.

(3) glide slope : 하강 비행각을 표시해주어 활주로에 대해 수직방향의 유도를 위함.

(4) marker beacon : 최종 접근 중인 진입로 상에 설치되어 지향성 전파를 수직으로 활주로까지의 거리를 지시.

나 레이더 관제

(1) 공항감시레이더(ASR : Airport Surveillance Radar) : 공항 주변 공역의 항공기 진입 및 출항관제를 위한 1차 레이더.

(2) 정밀 진입 레이더(PAR : Precision Approach Radar) : 최종 진입 상태에 있는 항공기의 코스 및 강하로 이탈, 접지점으로부터의 거리를 측정.

(3) 2차 감시 레이더(SSR : Secondary Surveillance Radar) : 트랜스폰더에서 부호를 받아 신속, 정확하게 목표항공기를 식별, 거리, 방위, 고도, 비상신호 등을 레이더에 표시.

(4) 항공교통관제 트랜스폰더(ATC Transponder : Air Traffic Control Transponder) : SSR에서 질문신호를 발사하면 질문신호에 대한 응답신호를 발사하는 장치.

(5) 마이크로파 착륙 유도 장치(MLS : Microwave Landing System) : 악천후에도 안전하게 항공기를 착륙 유도하는 장치.

과년도 출제문제

1995년도 기능사 1급 1회 항공장비

1. 다음 중에서 교류 전동기가 아닌 것은?

㉮ 가역 전동기 ㉯ Universal 전동기
㉰ 유도 전동기 ㉱ 동기 전동기

▶ 교류전동기
- 자기장의 방향과 크기가 시간에 따라 변화
- 직류전동기에 비해 효율이 좋아 경제적인 운전이 가능
- 직류에 비해 작은 무게로 큰 동력 발생(대형 제트항공기에 일반적으로 사용)
- 유니버셜(Universal)전동기, 유도(Induction)전동기, 동기(Synchronous)전동기 등

2. 다음 중 자기 컴파스의 오차로 볼 수 없는 것은?

㉮ 북선 오차 ㉯ 불이차
㉰ 와동 오차 ㉱ 탄성 오차

▶ 자기 컴파스의 오차
- 편차 : 지축과 지구 자기축의 불일치로 인한 오차, 지구자오선과 자기자오선 사이의 오차각
- 정적오차 : 자차
- 동적오차 : 북선오차, 가속도오차, 와동오차

3. 비상시 승무원과 승객의 법으로 정해진 탈출 시간은?

㉮ 60초 ㉯ 90초
㉰ 120초 ㉱ 150초

▶ 비상사태가 발생하였을 경우 승무원과 승객이 법으로 정해진 90초 이내에 신속하게 탈출할 수 있도록 비상 탈출 슬라이드 및 로프를 갖추어야 한다.

4. 전선의 두께를 가장 편하게 나타낸 것은?

㉮ cm ㉯ 미터(Miter)
㉰ cm-m ㉱ 밀(Mil)

▶ 단면이 원형인 도선의 지름을 나타내는 단위 항공기에서는 미국과 영국에서 도선의 규격으로 사용되는 밀을 사용
1밀은 0.0254mm(1/1000 in)

5. 다음 액량 계기와 유량 계기의 설명 중 맞는 것은?

㉮ 액량 계기는 Tank에서 기관까지의 흐름량을 지시한다.
㉯ 액량 계기는 흐름량을 지시한다.
㉰ 유량계는 연료탱크에서 기관으로 흐르는 연료 유량을 부피 및 무게 단위로 나타낸다.
㉱ 유량계는 Tank 내의 연료의 양을 나타낸다.

▶ ・액량계기 : 항공기에 사용되는 액체의 양을 부피나 무게로 측정하여 지시하는 계기
・유량계기 : 주로 연료탱크에서 기관으로 흐르는 연료의 유량을 시간당 부피 또는 시간당 무게로 지시하는 계기

6. 충돌 방지등은 어디에 장착하는가?

㉮ 동체 아래 : 붉은색
㉯ 왼쪽 날개끝 : 붉은색

㉰ 꼬리끝 : 붉은색
㉱ 동체 상부 또는 수직안정판 상단 : 붉은색

● 충돌 방지등은 동체 상하면에 설치하며 분당 40~100회로 적색광을 점멸 시켜 해당 항공기의 위치를 알려서 충돌을 회피하려는 목적으로 쓰이는 조명이다.

7. 다음 중 보조 동력 장치의 역할은?

㉮ 전기와 뉴메틱을 공급한다.
㉯ 전기와 유압을 공급한다.
㉰ 뉴메틱과 유압을 공급한다.
㉱ 연료와 뉴메틱을 공급한다.

● 보조 동력장치(Auxiliary Power Unit) : 항공기 자체에 설치된 작은 소형 제트보조엔진으로 지상에서 필요한 냉난방공기, 전기 및 기관시동에 필요한 공압을 공급한다.

8. 다음 중에서 윈드실드(Windshield)에서 사용하는 제우장치가 아닌 것은?

㉮ 방우제(rain repellent)를 사용한다.
㉯ Wiper를 사용한다.
㉰ 압축 공기를 분출한다.
㉱ 전열식을 이용한다.

● 윈드실드용 제우장치(rain removal), windshield wiper, air curtain, rain repellent(방우제), window washer

9. 다음 20Ω에 걸리는 전류는?

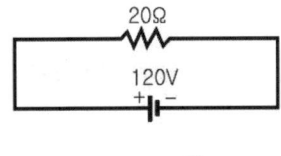

㉮ 4A ㉯ 6A

㉰ 8A ㉱ 10A

10. 다음 Ni-Cd 축전지에서 틀린 것은?

㉮ 가격이 싸다.
㉯ 비중에 변화가 거의 없다.
㉰ 재충전 소요시간이 짧고 신뢰성이 높다.
㉱ 큰 전류를 일시에 써도 무방하다.

11. 사람이 영향을 받지 않고 활동하며 인체에 해가 없고 기체 강도의 최고한계를 정하는 고도는?

㉮ 3,000m(9,100ft)
㉯ 3,300m(10,000ft)
㉰ 10,650m(33,000ft)
㉱ 1,1810m(39,000ft)

● 사람이 외부의 영향을 받지 않고 정상적인 활동이 가능한 고도는 해면상으로 부터 약 10,000ft로 알려져 있고 고고도 비행을 하는 항공기에 대해 그 순항고도에서 객실내의 압력을 8,000ft에 상당하는 기압으로 유지할 수 있는 여압계통을 구비해야 한다.

12. 객실 여압이 되어 있지 않은 항공기의 Pitot Tube에서 Leak가 발생하였을 때 지시대기속도는?

㉮ 지시대기속도가 증가한다.
㉯ 지시대기속도가 감소한다.
㉰ 고도가 높아질 때 지시대기속도가 증가한다.
㉱ 고도가 높아질 때 지시대기속도가 감소한다.

● Pitot Tube에서 Leak는 전압(total pressure)이 작용하는 Tube 부분의 누설을 말하며 동압(전압과 정압의 차)의 감소를 의미한다.

13. 유압 계통에서 오리피스 체크 밸브(Orifice Check Valve)의 역할은?

㉮ Pressure Line 파손을 방지한다.
㉯ 역류를 방지한다.
㉰ 압력을 조절한다.
㉱ 비상시 흐름을 차단한다.

▶ 오리피스 체크 밸브(Orifice Check Valve) : 오리피스와 체크밸브의 기능을 합한 것으로 한 방향으로는 정상적으로 흐르게 하고, 다른 방향으로는 흐름을 제한한다.

14. Cabin Pressurization Control Valve의 역할은?

㉮ 압축기를 On-Off 시킨다.
㉯ 동체 안의 압력이 높을 때 밖으로 배출한다.
㉰ 동체 밖의 공기를 객실 안으로 흡입한다.
㉱ 압축공기를 조절해준다.

▶ 객실여압은 압축공기를 객실고도에 맞도록 조절하여 객실로 공급하는 것이 아니라, 압축된 공기를 계속 객실에 공급하며 객실압력은 기체 밖으로 배출시킬 공기의 양을 조절함으로써 조절된다.

15. 다음 중 압력단위가 아닌 것은?

㉮ kg/m^2 ㉯ bar
㉰ mmHg ㉱ g

1. ㉮	2. ㉱	3. ㉯	4. ㉱	5. ㉰
6. ㉱	7. ㉮	8. ㉱	9. ㉯	10. ㉮
11. ㉯	12. ㉯	13. ㉯	14. ㉯	15. ㉱

1995년도 기능사 1급  항공장비

1. 고압 산소계통의 최대 압력은 몇 년에 1번씩 검사하는가?

㉮ 2,000psi 5년 ㉯ 1,800psi 3년
㉰ 1,400psi 2년 ㉱ 400psi 1년

▶ 고압 산소통의 최대압력은 2000psi이고 정상압력은 1850psi이며 최소 5년마다 1회의 안전검사를 실시해야 한다.

2. 고유 저항 또는 비저항 단위의 표시법으로 맞는 것은?

㉮ $\Omega \cdot mil/inch$ ㉯ $\Omega \cdot cir-mil/inch$
㉰ $\Omega \cdot mil/ft$ ㉱ $\Omega \cdot cir-mil/ft$

▶ 비저항(고유저항 ρ) : 단위길이(1ft), 단위면적(1cir-mil)을 가지는 도체의 저항을 그 도체의 고유저항

3. 플렉시블 호스(Flexible Hose)를 사용하는 유압 계통에서는 대략 얼마 정도의 느슨함을 주는가?

㉮ 5~8% ㉯ 15~18%
㉰ 20~23% ㉱ 최고 30%

4. 축전지를 분리할 때 제일 먼저 해야 될 사항은?

㉮ 축전지의 +, -선을 확인한다.
㉯ 축전지의 용량을 확인한다.
㉰ 축전지 s/w 를 off 시킨다.
㉱ 축전지 단자를 분리시킨다.

▶ 축전지 장착과 탈착은 +, -전선의 구분을 통해 장착은 +선부터, 장탈은 -선부터 실시한다.

5. 방향 자이로 지시계와 관계가 먼 것은?

㉮ 15분마다 수정해야 한다.
㉯ 위도를 가리킨다.
㉰ 비행에 꼭 필요한 계기이다.
㉱ 공기식과 전기식이 있다.

▶ 자이로의 강직성을 이용하여 항공기의 기수방위 및 선회 비행시 정확한 선회각을 지시하는 계기 자이로는 지구 자전에 의해 시간당 15도씩 그 축이 지구와 각변위가 발생하여 이를 편위라고 한다.

6. 다음 중 가장 높은 압력으로 작동되는 기기는?

㉮ Relief v/v ㉯ Reducing v/v
㉰ Regulator v/v ㉱ selector v/v

▶ Relief valve와 Regulator valve는 규정압력 초과시 작동하며 Relief valve은 Regulator valve 보다 높은 압력에서 작동하게 된다.

7. 교류를 더하거나 빼는데 편리한 교류 표시 방법은?

㉮ 삼각함수 표시법 ㉯ 극좌표 표시법
㉰ 지수함수 표시법 ㉱ 복소수 표시법

▶ • 삼각함수표시법($e = E_m \sin\theta\omega t$) : 기본표시법, 교류를 그림으로 취급할 때
• 극좌표 표시법($e = E_m^{\angle\theta}$), 지수함수 표시법

($e = E_m \cdot e^{j\theta}$) : 2개 이상의 교류를 곱하거나 나눌 때
- 복소수 표시법($e = E_m(\cos\theta + j\sin\theta)$) : 교류를 더하거나 빼는 계산에 활용

8. 유압계통에서 가변 용량식 펌프로 사용되는 것은?
㉮ Gear ㉯ vane
㉰ Gerotor ㉱ Piston

9. 다음 중 공함을 사용하는 계기는?
㉮ 속도계 ㉯ 고도계
㉰ 승강계 ㉱ 모두 다

▶ 공함이란 압력에너지를 기계적인 변위로 변환시키는 장치이며 속도계, 고도계, 승강계 등의 피토우 - 정압계기는 대표적인 공함 계기이다.

10. 다음 계기 중 피토우관의 동압과 연결된 계기는?
㉮ 고도계 ㉯ 선회계
㉰ 자이로계기 ㉱ 속도계

▶ 피토우관은 전압과 정압을 수감하는 장치이며 전압과 정압의 차(동압)를 이용하는 계기는 속도계이다.
- 고도계 : 정압을 수감하여 표준대기로부터 간접적으로 고도환산
- 속도계 : 피토우-정압관으로부터 전압과 정압을 수감하여 그 차압인 동압을 이용하여 항공기의 대기 속도를 지시
- 승강계 : 정압을 수감하여 고도변화에 따른 순간적인 대기압의 변화를 이용하여 항공기의 수직 방향의 속도 지시

11. 다음 중 동적 오차에 해당하지 않는 것은?
㉮ 사분 오차 ㉯ 와동 오차
㉰ 가속도 오차 ㉱ 북선 오차

▶ • 정적오차 : 불이차, 사분원차, 반원차
• 동적오차 : 가속도오차, 북선오차, 와동오차

12. APU로 작동되는 것이 아닌 것은?
㉮ 연료펌프 ㉯ 발전기
㉰ 윤활펌프 ㉱ 공기 압축기

13. 다음 교류의 표시방법중 $e = E_m^{\angle\theta}$의 표시법은?
㉮ 삼각함수 ㉯ 복소수
㉰ 극좌표 ㉱ 지수함수

14. 다음 중 제우 계통에 사용하지 않는 방법은?
㉮ 전기식 ㉯ 유압식
㉰ 제트브라스트 ㉱ 열식

15. 연료라인과 전기배선이 같은 방향으로 갈 경우 연료 라인과 전기선은 어떻게 배열하는가?
㉮ 연료라인은 전기선 하부에
㉯ 같이 배열
㉰ 작업이 용이하도록 배열
㉱ 연료라인은 전기선 상부에

▶ 연료라인의 누설 등과 관련된 안전에 관한 사항이다.

1. ㉮	2. ㉱	3. ㉮	4. ㉮	5. ㉯
6. ㉮	7. ㉱	8. ㉱	9. ㉱	10. ㉱
11. ㉮	12. ㉮	13. ㉰	14. ㉱	15. ㉮

1995년도 기능사 1급  3회 항공장비

1. 다음 중 고압 산소계통에서 산소통의 정상압력과 감압기의 압력이 옳게 표시된 것은?
  ㉮ 400psi, 40 - 60psi
  ㉯ 1,850psi, 400psi
  ㉰ 1,900psi, 150 - 80psi
  ㉱ 2,000psi, 300 - 20psi

● 고압산소계통은 감압밸브를 산소통과 산소공급장치 사이에 설치하며 1,850psi의 산소 압력을 400psi로 감압시켜 사용계통에 공급한다.

2. 다음 중 첵크밸브(Check valve)의 역할이 맞는 것은?
  ㉮ 급격한 역류의 흐름 방지
  ㉯ 계통내의 역류 방지
  ㉰ 압력 조절
  ㉱ 비상흐름 차단

3. 유압 계통에서 비상시 비상 계통으로 유로를 형성시켜 주는 기능을 하는 것은?
  ㉮ Sequence valve ㉯ Check valve
  ㉰ Selector valve ㉱ Shuttle valve

● • Check valve : 작동유의 흐름을 한쪽 방향으로만 허용
  • Sequence valve : 2개 이상의 작동기를 정해진 순서에 따라 작동하도록 유압을 공급하기 위한 밸브
  • Selector valve : 작동실린더의 운동방향을 결정하는 밸브
  • Shuttle valve : 정상유압계통의 고장시 비상계통을 사용할 수 있도록 하는 밸브
  • Priority qalve : 펌프의 고장 등으로 인해 충분한 작동유를 공급하지 못할 경우 우선 필요한 계통에만 유압이 공급하도록 하는 밸브

4. 기상 직류 발전기를 주전원으로 하는 항공기에 있어서 계기 계통과 무선계통에 사용되는 교류는 무엇으로 공급하는가?
  ㉮ 기상 교류 발전기
  ㉯ 기상 콘덴서
  ㉰ 기상 인버터
  ㉱ 유도 바이브레터

● 인버터는 직류전동기와 교류발전기의 조합으로 되어 있다.

5. 다음 휘스톤 브릿지가 평형되는 조건은?

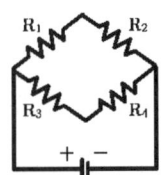

  ㉮ $R_1R_2 = R_3R_4$
  ㉯ $R_1R_4 = R_2R_3$
  ㉰ $R_1R_3 = R_2R_4$
  ㉱ $R_1R_2R_3 = R_4$

6. 엔진 나셀에 사용하는 가장 보편적인 화재 탐지기의 종류는?

㉮ 탄소 탐지기
㉯ 연기 탐지기
㉰ 자연성 혼합기 탐지기
㉱ 온도 상승률을 이용한 탐지기

▶ 기관의 경우 완만한 온도상승의 경우보다 화재 등에 의한 급격한 온도상승을 감지하도록 온도상승률에 의한 서모커플형 화재 탐지기를 설치한다. 완만한 온도상승이나 회로의 단락의 경우에도 경보를 울리지 않는다.

7. 속도계에서 플랩 조작 속도 범위를 나타내는 호선은?

㉮ 노란색　　　㉯ 붉은색
㉰ 푸른색　　　㉱ 백색

▶ 백색호선
- 백색호선은 대기속도계에 사용하는 색표지로 플랩조작에 따른 속도범위를 표시
- 최대착륙중량에 따른 실속속도를 하한점으로, 플랩을 내리더라도 구조 강도상에 무리가 없는 플랩내림 최대속도를 상한선으로 나타낸다.

8. 항공계기의 색표지에서 초록색 호선에 대한 설명이 맞는 것은?

㉮ 경계 또는 경고 범위
㉯ 안전 운용 범위
㉰ 최대 및 최소 운용한계
㉱ 플랩 조작 속도 범위

9. 발전기에서 잔류 자기와 관계가 깊은 것은?

㉮ 정류자　　　㉯ 전기자
㉰ 브러시　　　㉱ 계자 코일

▶ 발전기에서 자기장을 만들어 주는 부분을 계자라고 하며 계자코일에 계자전류를 흘려 자화시키며 보통 발전기 정지 중에도 계자에는 잔류

자기가 남아 처음 발전이 가능하게 한다.

10. 연료 액량계의 눈금에 관하여 바른 것은?

㉮ 탱크가 비었을 때를 0으로 하고 탑재 연료의 전량을 눈금으로 나타낸다.
㉯ 탱크가 비었을 때를 0으로 하여 사용 불능 연료의 양을 적색 호선으로 나타낸다.
㉰ 사용 불능의 연료의 20% 증가한 양을 0으로 하면 안 된다.
㉱ 수평 비행 상태에 있어서 사용이 불능이 되었을 때의 양을 0으로 나타낸다.

▶ 연료량의 점검은 항사 수평비행 자세를 유지시킨 후 실시한다.

11. 연료 액량계의 지시눈금이 "E"에 가 있다. 올바른 의미는?

㉮ 연료탱크 내의 연료량이 완전히 찬 것을 의미한다.
㉯ 연료탱크와 연료계통 내에 연료가 완전히 없는 것을 의미한다.
㉰ 연료탱크에는 연료가 비어 있고 연료계통에는 배출되지 않는 연료유량이 남아 있다.
㉱ 연료계통 내에 연료가 없는 것을 의미한다.

12. 다음 그림에서 R_1에 흐르는 전압은?

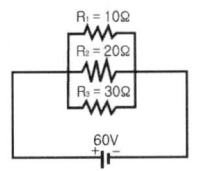

㉮ 20 V　　　㉯ 40 V
㉰ 60 V　　　㉱ 80 V

▶ 병렬로 연결된 부하에는 모두 동일한 전압이 걸린다.

13. 항공기가 비상시 승객의 안전을 위해 몇 초안에 비상탈출이 가능해야 하는가?

㉮ 30초   ㉯ 60초
㉰ 90초   ㉱ 120초

14. 선회계 등 자이로를 이용하는 계기에서 엔진의 진동으로 발생하는 계기 케이스와 계기판 사이의 미세한 진동을 흡수하는 부분은?

㉮ 쿠션   ㉯ 시일(Seal)
㉰ 셀로판지   ㉱ 알루미늄 패널

15. 다음 화재탐지장치 중에서 열이 서서히 증가하는 것도 감지할 수 있는 것은?

㉮ Thermister식   ㉯ Thermocouple식
㉰ Thermal switch식   ㉱ Silver win식

1. ㉯	2. ㉯	3. ㉱	4. ㉰	5. ㉯
6. ㉱	7. ㉱	8. ㉯	9. ㉱	10. ㉱
11. ㉰	12. ㉰	13. ㉰	14. ㉯	15. ㉮

1995년도 기능사 1급 4회  항공장비

1. 다음 그림의 회로에서 전류 I_2는 얼마인가?

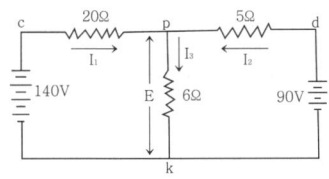

㉮ 4A ㉯ 6A
㉰ 8A ㉱ 10A

● 키르히호프의 법칙
제1법칙 전류의 법칙 $I_1 + I_2 = I_3$ -①
제2법칙 전압의 법칙 $20 \cdot I_1 + 6 \cdot I_3 = 140$ -②
$5 \cdot I_2 + 6 \cdot I_3 = 90$ -③
①②③식에서 $I_1 = 4, I_2 = 6, I_3 = 10$

2. 항공기에서 제일 많이 사용하는 스위치는?
㉮ 토글 스위치
㉯ 마이크로 스위치
㉰ 로터리 스위치
㉱ 푸쉬 버튼 스위치

● 항공기에는 토글스위치가 가장 많이 이용되고 그 외에도 푸시버튼스위치, 마이크로스위치, 회전선택스위치 등이 사용된다.

3. 미국에서 채택하여 사용하는 도선의 규격은?
㉮ B.S ㉯ A.A
㉰ A.M ㉱ A.S

● 도선은 미국도선규격(AWG: American Wire Gage)으로 채택된 B.S(Brown & Sharp) 규격이다.

4. 다음 중에서 회로 보호 장치가 아닌 것은?
㉮ 퓨즈   ㉯ 계전기
㉰ 회로 차단기 ㉱ 열보호 장치

● • 회로보호장치 : 허용치 이상의 전류가 흐를 경우 전류의 열작용에 의해 회로를 차단 보호하는 장치, 퓨즈, 전류제한기, 회로차단기, 열보호장치
• 회로제어장치 : 목적을 위해 필요한 기능을 수행하도록 회로를 제어하는 장치, 스위치, 릴레이(계전기)

5. 니켈-카드뮴 밧데리의 비중은?
㉮ 변하지 않는다. ㉯ 높다.
㉰ 낮다.   ㉱ 변화가 심하다.

● 전해액으로 수산화칼륨(KOH)이 사용되며 충방전시 촉매의 역할을 하여 비중의 변화가 없다. 다만 방전시 전해액을 극판이 흡수하여 수면이 내려가나 엄격한 기준은 못 되어 정밀한 전압계를 사용하여 전압을 측정하고 충전의 정도를 판단한다.

6. 다음 중 비행계기로 맞는 것은 무엇인가?
㉮ 자기 컴파스
㉯ 거리 측정 장치(DME)
㉰ 원격 지시 컴파스
㉱ 자이로 수평 지시계

● 자기컴파스, 거리측정장치(DME), 원격지시컴파스 등은 항법계기이며 고도계, 승강계, 속도계, 방향자이로지시계, 선회경사계, 자이로 수평지시계 등은 비행계기이다.

7. 꼬리날개의 항법등 색표시는?
   - ㉮ 적색
   - ㉯ 녹색
   - ㉰ 흰색
   - ㉱ 없다

   ▶ 항법등의 종류
   - 오른쪽 날개끝 : 녹색등
   - 왼쪽 날개끝 : 적색등
   - 항공기 꼬리 : 흰색등

8. 자기 컴파스 구조에 대한 설명으로 틀린 것은?
   - ㉮ 컴파스액은 케로신이다.
   - ㉯ 외부의 진동을 줄이기 위한 케이스와 베어링 사이에 피벗이 들어 있다.
   - ㉰ 컴파스 카드에 플로트(float)가 설치되어 있다.
   - ㉱ 자기 컴파스는 케이스, 자기 보상 장치, 컴파스 카드 및 확장실로 구성되어 있다.

   ▶ 자기컴파스는 외부의 진동을 줄이기 위해 케이스와 베어링 사이에 컴파스 카드로 지탱한다. 자기컴파스는 케이스, 자기보상장치, 컴파스 카드 및 확장실(컴파스액의 수축, 팽창에 의한 오차수정)으로 구성되어있다.

9. 다음 중에서 축압기(Accumulator)의 역할이 아닌 것은?
   - ㉮ 윤활유의 저장통이다.
   - ㉯ 서어지를 방지한다.
   - ㉰ 압력 조절기의 개폐 빈도를 줄여준다.
   - ㉱ 충격적인 압력을 흡수한다.

   ▶ 축압기는 윤활계통이 아닌 유압계통의 장비이다.

10. 비상 탈출구 쪽에 배치되어 있는 비상 장비는?
    - ㉮ 손도끼, 손전등
    - ㉯ 휴대용 소화기
    - ㉰ 구명 보트
    - ㉱ 구명 조끼

    ▶ 비상장비에는 손도끼, 손전등, 구급약품 및 노출방지 슈트 등이 있다. 손도끼, 손전등은 탈출해치, 비상탈출구 및 조종실 도어 근처에 비치되어있다.

11. 전기 저항식 온도계 수감부 재료의 조건으로 틀린 것은?
    - ㉮ 온도와 전기적 저항이 비직선적이다.
    - ㉯ 온도의 저항 계수가 커야 한다.
    - ㉰ 온도 이외의 조건에 대하여 변화가 없어야 한다.
    - ㉱ 저항값이 오랫동안 안정해야 한다.

    ▶ 온도 수감용 저항재료의 특성
    - 온도와 전기적 저항이 직선적 관계
    - 저항값이 오랫동안 안정되며 온도이외의 조건에 대해 변화 받지 말아야 함
    - 온도에 대한 저항값의 변화가 커야한다.(온도 저항계수가 커야함)
    - 백금, 순니켈, 니켈-망간합금, 코발트 등이 있다.

12. 다음 중 레저버에서의 스탠드 파이프(Stand pipe)의 역할은?
    - ㉮ 비상시 잔류 압력을 공급한다.
    - ㉯ 불순물의 계통 내의 유입을 방지한다.
    - ㉰ 작동유내의 수분을 저유기에서 분리한다.
    - ㉱ 연소로 인한 팽창 때문에 규정된 면적 초과시 안전 때문이다.

13. 조종실에서 산소마스크를 쓰고 연락을 취할 때 맞는 것은?
    - ㉮ Tape Reproducer
    - ㉯ Public Address
    - ㉰ Service Interphone
    - ㉱ Flight Interphone

- 서비스 인터폰 : 기체 내외부에 설치되어 있는 인터폰 잭을 이용하여 정비사가 조종실 및 객실, 그리고 인터폰 잭 상호간 정비를 위한 통화 목적으로 사용되며, 비행 중에는 사용하지 않는다.
- 플라이트 인터폰 : 조종실 내의 운항 승무원 상호간 통화를 하며, 지상에서는 비행을 위해 항공기가 택싱하는 동안 지상 조업 요원과 조종실 내 운항 승무원간의 통화를 위한 장비이다.

14. 다음 중 항공기에 사용되는 객실 소화기가 아닌 것은?

㉮ 프레온 가스　　㉯ 이산화탄소
㉰ 브롬 클로로메탄　㉱ 브롬메탄

▶ 항공용 소화기의 특성
- 소량으로 높은 소화능력이 얻어지는 것
- 저장이 용이하고 장기간 안정하다.
- 항공기 구조부재를 부식시키지 말 것.
- 충분한 방출압력이 있을 것

15. 다음 중에서 CAVITATION(공동현상)이란?

㉮ 계통 내 기포 유입
㉯ 압력 증가로 인해 기포가 발생하여 체적 감소
㉰ 소음과 부식 발생
㉱ 상기 다 맞다.

▶ 캐비테이션(공동현상)
작동유 속에 공기가 유입되어 펌프나 밸브 앞뒤에서 큰 압력 변화가 생겨 저압부에서 기포가 과포화되고 유입되었던 기포가 분리되어 작동유 속에 공동부분이 발생하는 현상으로 다시 압력이 상승하면 기포가 발생하고 더욱 압력이 급상승하여 기포에 가해지면 체적이 감소하는데 이 때 큰 충격력이 발생한다. 이로 인하여 용적 효율이 감소하고 소음이나 부식이 원인이 된다.

1. ㉯	2. ㉮	3. ㉮	4. ㉯	5. ㉮
6. ㉱	7. ㉰	8. ㉮	9. ㉯	10. ㉮
11. ㉮	12. ㉮	13. ㉱	14. ㉱	15. ㉱

1996년도 기능사 1급 1회 항공장비

1. 다음 중에서 직류를 교류로 바꿔주는 장치는?

㉮ 정류기　　㉯ 인버터
㉰ 서보 모터　㉱ 다이나모터

- 정류기 : 교류를 직류로 바꿔주는 장치
- 서보 모터 : 조종신호에 따라 설정된 변위만큼 작동하는 자동조종장치 계통
- 다이나모터 : 직류전압을 조절하기 위해 직류전동기에 직류발전기를 조합한 장치

2. 다음 중 히스테리시스를 포함하는 오차는?

㉮ 눈금 오차　　㉯ 기계적 오차
㉰ 탄성 오차　　㉱ 온도 오차

- 탄성체에 있어 압력과 변형의 관계가 압력의 증가와 감소의 경우에 있어 일치하지 않고 루프를 형성하게 되는데 이를 지연효과라고 하며 이러한 현상을 히스테리시스(hysteresis)하고 한다.

3. 객실에서 사용할 수 있는 가장 좋은 소화기는 무엇인가?

㉮ Water, CO_2, 프레온, 분말, 4염화탄소, 질소
㉯ CO_2, 프레온, 브롬클로로메탄
㉰ 질소, 분말, 4염화탄소
㉱ 브롬클로로메탄, 질소, 분말

- 4염화탄소는 현재 사용을 금지하고 있으며, 질소는 일부 군용기에만 사용하고 있다.

4. 다음 중에서 직류 전동기를 이용하지 않는 것은?

㉮ 서보 모터　　㉯ 다이나모터
㉰ 스타트 모터　㉱ 동기 모터

- 항공기에 사용되는 교류전동기
  - 단상유도 전동기 : 문을 열고 닫거나 냉각장치의 개폐 등, 작은 힘으로 움직이는데 사용
  - 3상 유도 전동기 : 시동장치, 플랩의 작동, 유압발생장치 등의 큰 힘이 요구되는데 사용
  - 단상 동기전동기 : 전기시계 등과 같이 일정 속도의 회전을 요구하는 작은 기계를 움직이는데 사용
  - 3상 동기전동기 : 프로펠러의 동기 장치 등과 같이 큰 힘이 요구되는 곳에 사용

5. 4극, 400Hz 교류 발전기의 회전수는?

㉮ 4,000rpm　　㉯ 6,000rpm
㉰ 8,000rpm　　㉱ 12,000rpm

- $f = \dfrac{PN}{120}$　∴　$N = \dfrac{120f}{P}$

6. 다음 중 시동시 사용되는 전동기는?

㉮ 만능 전동기　㉯ 분권 전동기
㉰ 직권 전동기　㉱ 복권 전동기

- 직류전동기
  - 직권전동기 : 굵은 도선을 적게 감은 계자 권선이 전기자 권선과 직렬 연결되어 시동시에 큰 토크값을 발생하므로 시동기 등에 많이 사용
  - 분권전동기 : 가는 도선을 많이 감은 계자 권선과 전기자 권선이 병렬로 연결되어 회전속

도를 일정하게 유지하므로 일정속도로 구동되는 인버터 구동에 이용
• 복권형 전동기 : 직권형과 분권형 전동기를 동시에 갖추어 놓은 전동기로, 시동성과 동시에 일정한 회전 속도를 요구하는 장치의 구동에 이용

7. 압력 에너지를 직선 운동으로 바꿔주는 장치는?

㉮ 작동기 ㉯ 축압기
㉰ 마스터 실린더 ㉱ 레저버

▶ 작동기는 유압에너지를 운동에너지로 변환하는 장치

8. 다음 중에서 화재 경보 장치가 아닌 것은?

㉮ 열전쌍식 ㉯ 열스위치식
㉰ 광전지식 ㉱ 퓨즈식

▶ • 열전쌍식 : 열에너지를 전기에너지로 변환하는 장치
• 광전지식 : 빛을 받아 작동되는 전자 관(tube)을 이용하는 장치
• 열 스위치식 : 접촉점이 떨어져 있는 금속 스트러트의 열팽창을 이용하는 장치

9. 객실 압력은 보통 무엇으로 조절되는가?

㉮ 엔진 RPM이 변하므로 유출밸브 위치를 변경함으로서
㉯ 고도에 관계없이 고정 속도로 객실 과급기를 유지함으로서
㉰ 과급기와 객실사이에 위치한 나비형밸브(buterfly valve)의 맞춤을 수동으로 조절함으로서
㉱ 일정 체적 객실 과급기와 자동적으로 위치하는 객실 유출밸브에 의해서

10. 20 노티컬 마일일 때 레이더가 감지할 수 있는 시간은?

㉮ 260 ㉯ 208
㉰ 12.38 ㉱ 6.02

▶ 전파속도는 3×10^8 m/s이고,
1nmile=1.852km이므로
$t = \dfrac{20 \times 1852 \times 2}{3 \times 10^8} \approx 0.0002469(s) = 246.9(\mu s)$

11. 페달을 밟았을 때 작동유가 빠지면 어떤 계통이 작동하는가?

㉮ 레저버
㉯ 액츄에이팅 실린더
㉰ 피스톤 스프링 실린더
㉱ 마스터 실린더

▶ • 액츄에이팅 실린더 : 작동유의 압력을 형성하는 수동 펌프와 작동유압을 기계적인 힘으로 변환시키는 장치
• 주실린더 : 브레이크 계통의 압력을 발생시키는 장치

12. 다음 보조 동력 장치(A.P.U)에 대한 설명 중 틀린 것은?

㉮ 소형 기관이 내장되어 있다.
㉯ 다단 축류형 압축기를 가지고 있다.
㉰ 항공 연료와 동일한 연료를 사용한다.
㉱ 유압, 연료, 시동기가 들어 있다.

▶ 가스터빈 압축기(gas turbine compressure)는 내부에 소형 가스터빈기관이 있어 공기식 시동기에 압축공기를 공급한다.

13. 다음 정압공에 결빙이 생겼을 경우 정상적인 작동을 하지 못하는 계기는?

㉮ 고도계　　㉯ 속도계
㉰ 승강계　　㉱ 다 맞다

● 피토 계통의 계기는 모두 정압공과 연결되어 있다.

14. 3상 Y결선에 있어서 전압, 전류, 선간전압에 대한 관계가 잘못된 것은?

㉮ 상전압=$\frac{1}{3}$×선간전압

㉯ 선간 전류=상전류

㉰ 선간 전압=$\sqrt{3}$×상전압

㉱ 상전압=0.577×선간 전압

● Y 결선
 • 선간전압=$\sqrt{3}$×상전압
 • 위상은 해당 상전압보다 30° 앞선다
 • 선전류의 크기와 위상은 상전류와 같다.
 △결선
 • 선간전압의 크기와 위상은 상전압과 같다.
 • 선전류의 크기는 상전류의 $\sqrt{3}$ 배이다.
 • 위상은 상전류보다 30°뒤진다.

15. 다음 중에서 자이로의 섭동성을 이용한 계기는?

㉮ 수평의　　㉯ 정침의
㉰ 선회계　　㉱ 레이트 자이로

● 자이로의 성질을 이용하는 계기는 대부분 강직성과 섭동성과 관계되며, 특히 선회계는 섭동성만을 이용한 계기이다. 또한 선회계는 레이트 자이로의 일종이다.

1. ㉯	2. ㉰	3. ㉯	4. ㉱	5. ㉱
6. ㉰	7. ㉮	8. ㉰	9. ㉯	10. ㉮
11. ㉱	12. ㉱	13. ㉰	14. ㉮	15. ㉰

1996년도 기능사 1급 2회 항공장비

1. 다음 중에서 항공기에 주로 사용되는 교류전원은?

㉮ 115V, 300Hz, 3상
㉯ 120V, 400Hz, 단상
㉰ 115V, 400Hz, 3상
㉱ 115V, 500Hz, 단상

2. Generator의 회전속도가 증가하면 Carbon Pile의 저항은 어떻게 되는가?

㉮ 증가
㉯ 감소
㉰ 일정
㉱ 한때는 증가하고, 한때는 감소

- 전압조절기는 직류발전기에 있어 회전수와 부하의 변동에 관계 없이 항상 출력전압을 일정하게 유지시켜 주는 기기로 카본파일의 저항의 변화를 통해 계자전류를 조절하여 주는 방법이 사용된다.
- 회전수 증가 ⇒ 전압증가 ⇒ 카본파일 압축력감소 ⇒ 저항증가 ⇒ 계자전류 감소 ⇒ 전압이 규정값으로 돌아감

3. 다음 중에서 싱크로 계기가 아닌 것은?

㉮ 직류 셀신 ㉯ 오토신
㉰ 동기 계기 ㉱ 마그네신

- 싱크로란 수감부의 정보(각변위, 회전변위 등)를 지시부로 전송하기 위한 전기기기를 말하며 사용하는 전원의 종류와 변위의 전달방식에 따라 직류셀신, 오토신, 마그네신 등으로 나뉘며 동기계기 역시 싱크로계기 이나 다른 셋과는 성격이 다르다.

4. T류의 비행기에 A급 화물실이란 다음 어느 것인가?

㉮ 공기의 유통이 적고 만일 불이 나도 화재를 실내에 국한시키는 화물실
㉯ 스모크 감지기 또는 화재 감지기로 화재를 발견하였을 때 승무원이 휴대용 소화기로 소화 가능한 플로워 밑의 화물실
㉰ 스모크 감지기 또는 화염 감지기로 화재를 발견했을 때 승무원의 고정소화장치로 소화가능한 것으로 주로 플로워 밑의 화물실
㉱ 승무원이 착석한 채로 화재를 발견할 수 있고 휴대용 소화기로 소화 가능한 소규모인 플로워 위의 화물실

- A급(라), B급(나), C급(다), D급(가)
- E급 : 화물 전용기에 적용되는 기준, 스모크 감지기 또는 화재 감지기로 화재를 발견하고 환기(여압)장치를 중단하여 산소량을 제한하고 소화하는 화물실

5. 고도계 보정 방법 중 해면의 표준대기인 29.92 inHg를 보정하여 항상 표준 대기압 면으로부터의 고도를 지시하게 하는 방법은?

㉮ QFE   ㉯ QNH
㉰ QNE   ㉱ QHE

- QNE 보정 : 14,000ft 이상의 고도 비행시 사용, 기압고도을 지시
- QNH 보정 : 고도 14,000ft 미만의 고도에서 사용하는 것, 일반적인 고도계 보정방법, 진고도를 지시
- QFE 보정 : 절대고도를 지시, 이착륙훈련시 사용

6. 다음 중에서 축압기의 형식이 아닌 것은?
㉮ 다이어프램(diaphragm)형
㉯ 플로트(float)형
㉰ 피스톤(piston)형
㉱ 블라더(bladder)형

- 다이어프램(diaphragm)형 : 2개의 오목한 금속반구를 서로 붙여 놓고, 중앙에 합성고무의 다이어프램을 설치하여 작동유실과 공기실을 형성
- 블라더(bladder)형 : 1개의 금속제 둥근 통과 블래더로 구성
- 피스톤(piston)형 : 실린더 안에 피스톤이 있어 공기실과 작동유실을 서로 분리하고 피스톤과 실린더 벽사이에는 2개의 고무실이 존재

7. 다음 중에서 보조 동력 장비(A.P.U)를 시동할 때 사용하는 것이 아닌 것은?
㉮ 전동기
㉯ 유압 모터
㉰ 수동식 시동기
㉱ 공기 터빈식 시동기

8. 다음 중에서 연기 탐지 장치로 쓰이는 것은?
㉮ Thermocouple
㉯ Bi-Metallic
㉰ Photo-Electric cell
㉱ Continuous Loop Detector

- Thermocouple : 열에너지를 전기적에너지로 바꾸는 장치로 2개의 이질 금속선의 한쪽을 화재 경고 회로에 여결하고 다른 한쪽으 두 선을 서로 꼬아 화재 탐지 수감
- Bi-Metallic : 금속의 열팽창율의 차이에 의하여 화재 감지
- Photo-Electric cell: 빛을 받으면 전압이 발생하는 것을 이용하여 화재탐지

9. 날개 앞전의 부츠를 팽창하는데 사용하는 펌프는?
㉮ 지로터식   ㉯ vane식
㉰ piston식   ㉱ 원심식

- 베인식 펌프는 큰 체적의 유체를 공급시키지만 상대적으로 저압을 발생시켜 저압이 필요한 곳의 펌프에 사용

10. 다음 중에서 온도에 영향을 받지 않는 것은?
㉮ 고도계   ㉯ 속도계
㉰ CHT   ㉱ 전류계

11. 공압 계통에서 스위치와 밸브 위치가 일치할 때, 점등되는 라이트는?
㉮ agreement   ㉯ disagreement
㉰ intransit   ㉱ condition

- 스위치의 위치와 밸브의 위치, 밸브의 작동의 관계
  - agreement light : 스위치의 위치와 밸브의 위치가 일치
  - disagreement light : 스위치의 위치와 밸브의 위치가 불일치
  - intransit light : 스위치의 위치와 관계없이 밸브가 완전히 열렸거나 닫힌 위치 이외의 경우

12. 작동유압 계통의 압력 단위는?
㉮ GPM ㉯ RPM
㉰ PSI ㉱ PPM

▶ Gallon Per Minute, Revolution Per Minute, Pound Per Square Inch, Pound Per Minute

13. 기관구동 발전기의 속도 제어를 위해 정속구동장치(C.S.D)가 사용되는 이유는?
㉮ 일정한 전류로 만든다.
㉯ 일정한 전압으로 만든다.
㉰ 일정한 주파수로 만든다.
㉱ 일정한 전기력을 만든다.

▶ 정속구동장치 : 교류발전기에서 기관의 회전수에 관계없이 일정한 출력주파수를 발생하도록 하는 장치

14. 계기의 호선에 대한 설명으로 맞는 것은?
㉮ 붉은색 방사선 - 경계 및 경고 표시
㉯ 푸른색 - 안전 운용범위를 표시한다.
㉰ 흰색 - 대기속도계에만 사용한다.
㉱ 노란색 - 최대 및 최소 운용한계를 나타낸다.

▶ 기관의 색표지
 ·붉은색 방사선 : 최대 및 최소 운용한계
 ·녹색호선 : 안전 운용범위와 계속 운전범위
 ·노란색호선 : 경계와 경고 범위
 ·흰색호선 : 플랩조작 가능 속도범위
 ·청색호선 : 왕복기관의 상용 안전운용 범위
 ·흰색방사선 : 케이스에 계기판 정위치 표시

15. 직류 발전기의 출력 전원이 완전 직류가 되지 못할 경우 다음과 같은 조치를 취하여 사용하게 되는데 그 방법은?
㉮ 부하와 콘덴서를 직렬로 연결
㉯ 부하와 콘덴서를 병렬로 연결
㉰ 전원쪽이 직렬로 저항 사용
㉱ 전원쪽이 병렬로 저항 사용

▶ 직류발전기내의 정류장치에 정류된 전원을 콘덴서를 이용하여 충전하고 이를 방전함으로써 더욱 완전한 직류전원을 얻을 수 있다.

1. ㉰	2. ㉮	3. ㉰	4. ㉱	5. ㉰
6. ㉯	7. ㉯	8. ㉰	9. ㉯	10. ㉱
11. ㉮	12. ㉰	13. ㉰	14. ㉰	15. ㉯

1996년도 기능사 1급  항공장비

1. 니켈-카드뮴 축전지의 셀당 전압은?
  ㉮ 1~2V ㉯ 1.2~1.25V
  ㉰ 2~4V ㉱ 3~4V

●
구분	납-산	니켈-카드뮴
전해액 비중	1.275~1.3 (온도 증가시 비중감소)	1.19~1.21
셀당 전압	2V	1.2~1.25V
전해액	묽은 황산, 방전시 비중 감소(물 증가)	30% 수산화칼륨 촉매로만 사용, 방전시 수면 강하
극판	그리드는 안티몬과 납 합금 음극판:다공성 납 양극판:납과 과산화납의 화합물	양극판 : 수산화니켈 음극판 : 카드뮴
충/방전 측정	비중계(hydrometer)	전압계(voltmeter)

전해액의 합성은 반드시 증류수에 용액을 섞는다. 축전지를 장착할 때는 (+)도선을 먼저 연결하며 장탈시에는 전지선인 (−)선을 먼저 제거한다.

2. 싱크로 전기기기에 대한 설명으로 틀린 것은?
  ㉮ 회전축의 위치를 측정 또는 제어하기 위해 사용되는 특수한 회전기기이다.
  ㉯ 항공기에서는 콤파스 계기상 VOR국이나 ADF국 방위로 지시하는 지시계기이다.
  ㉰ 구조는 고정자의 1차 권선, 회전자 측에 2차 권선을 가지는 회전 변압기이고, 2차측에는 정현파 교류가 발생하도록 되어있다.
  ㉱ 각도 검출 및 지시용으로 두개의 싱크로 전기기기를 1조로 사용한다.

● 싱크로 기기의 구조는 회전자측에 1차 권선, 고정자 측에 2차 권선을 가지는 회전 변압기 이고, 2차측에는 1차측 회전자의 회전에 따라서 정현파 교류가 발생하도록 만들어져 있다.

3. 직류 전동기 중 속도 변동율이 가장 심한 것은?
  ㉮ 직권 전동기
  ㉯ 분권 전동기
  ㉰ 화동 복권 전동기
  ㉱ 차동 복권 전동기

● 전기자 코일과 계자 코일이 직렬연결 되어 있어 계자 전류가 부하전류의 영향을 받기 때문

4. 항공기 Battery에 적용되는 방전율은?
  ㉮ 2시간 방전율 ㉯ 3시간 방전율
  ㉰ 5시간 방전율 ㉱ 8시간 방전율

5. 두 피스톤의 직경이 각각 25cm, 5cm일 때, 큰 피스톤이 1cm 움직이면 작은 피스톤은 몇 cm 움직이는가?

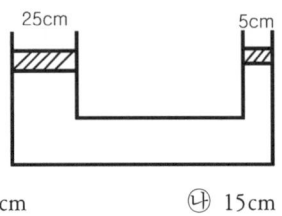

  ㉮ 5cm   ㉯ 15cm
  ㉰ 20cm ㉱ 25cm

🔵 비압축성유체의 체적일정 법칙에 따라
$$\frac{\pi D_1^2}{4} \times h_1 = \frac{\pi D_2^2}{4} \times h_2$$

6. 다음 중 교류 전동기가 아닌 것은?
㉮ 가역 전동기
㉯ 유니버설 전동기
㉰ 유도 전동기
㉱ 동기 전동기

7. 유압 계통에서 콘트롤 밸브는 작동하나, 압력계 지침이 내려갔다. 그 이유는 무엇인가?
㉮ 유압계통의 Leaking
㉯ 작동유의 불결
㉰ 작동유의 부족
㉱ 작동유의 과보충

8. 작동유압 계통에서 계기는 어느 압력지시를 나타내는가?
㉮ Reservoir pressure
㉯ Manifold pressure
㉰ Accumulator pressure
㉱ Regulator pressure

9. 항공기 외부 조명장치에 대한 설명 중 틀린 것은?
㉮ 항법등은 오른쪽 녹색, 왼쪽 붉은색, 꼬리 흰색
㉯ 충돌방지등은 비행시 충돌을 방지하기 위해 2개의 오목거울이 회전한다.
㉰ 식별등은 동체 아래부분에 붉은색, 녹색, 호박색 3개의 등이 있다.
㉱ 착륙등은 날개 아랫면, 앞쪽 착륙장치에 장착한다.

🔵 충돌방지등은 회전식과 점멸식이 있다.

10. 다음 그림 중에서 ∠HOH₀를 나타낸 것은?

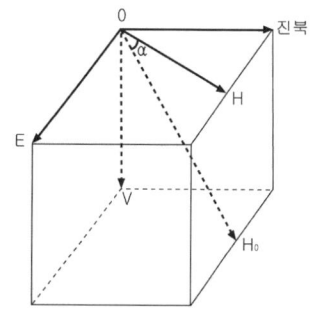

㉮ 수직분력   ㉯ 수평분력
㉰ 복각   ㉱ 편차

🔵 지자기 3요소
  • 편차 : 지축과 지구자기축의 불일치로 지구 자오선과 자기 자오선 사이에 생기는 오차각
  • 복각 : 자력선과 수평선과 이루는 사이각
  • 수평분력 : 자력선의 수평방향의 분력

11. 다음 중에서 방빙, 제빙 계통에 쓰이지 않는 것은?
㉮ 가열 공기
㉯ 전열선
㉰ 제빙 부츠
㉱ 윈드실드 와이퍼

🔵 • 제빙(de-icing)장치 : 이미 형성되어 있는 얼음을 제거하는 장치
  • 방빙(anti-icing)장치 : 얼음이 어는 것 자체를 방지하는 장치
  • 제우(rain removal)장치 : 비가 올 때 빗물을 제거하는 장치

12. 열전대식 온도계를 사용할 때 기통두 온도가 300℃, 객실 온도가 20℃일 때의 계기의 지시치는?

㉮ 20℃   ㉯ 280℃
㉰ 300℃   ㉱ 320℃

▶ 실린더헤드온도(CHT)계는 객실 및 주변 온도와 무관하며 실리더헤드온도 그 자체를 지시한다.

13. 고도계에서 사용하는 밀폐계의 공함은 무엇인가?

㉮ 다이어프램   ㉯ 아네로이드
㉰ 벨로우즈   ㉱ 버든 튜브

▶ • 밀폐형 공함 : 아네로이드
• 개방형 공함 : 다이어프램

14. 클레비스 볼트에 대한 설명 중 맞는 것은?

㉮ 전단하중이 걸리는 곳에 사용
㉯ 인장하중이 걸리는 곳에 사용
㉰ 볼트의 머리는 6각 또는 12각으로 되어 있어 렌치를 이용하여 장착
㉱ 압축하중과 인장하중이 걸리는 곳에 사용

▶ • 정밀공차 : 표준육각머리볼트보다 정밀하게 가공되어 있어 어느 정도의 타격을 가해야만 제 위치에 들어가는 볼트
• 내부렌치 : 비교적 큰 인장력과 전단력이 작용하는 곳에 사용
• 클레비스 : 스크류 드라이버를 사용하여 장착
• 아이볼트 : 외부의 인장하중을 받는 곳에 사용

15. 전기식 회전계를 사용하는 전동기는?

㉮ 유도 전동기   ㉯ 동기 전동기
㉰ 분할 전동기   ㉱ 가역 전동기

▶ 교류 발전기와 동조되는 회전수로 회전하는 전동기로 기관의 회전계에 보통 이용되는데, 회전계용 3상 교류 발전기와 동기 전동기의 전기적인 연결로 기관의 회전속도에 따른 주파수에 해당하는 회전속도를 동기 전동기가 재현한다.

1. ㉯	2. ㉰	3. ㉮	4. ㉰	5. ㉱
6. ㉮	7. ㉮	8. ㉯	9. ㉯	10. ㉰
11. ㉱	12. ㉰	13. ㉯	14. ㉮	15. ㉯

1996년도 기능사 1급  항공장비

1. 항공기에 쓰이는 3상 교류의 주파수가 400Hz 이고, 극 수가 8이면, 계자의 회전수는 몇 rpm 인가?

㉮ 2,000rpm　　㉯ 4,000rpm
㉰ 6,000rpm　　㉱ 8,000rpm

▶ Y 결선
1. 선간전압= $\sqrt{3}$×상전압
2. 위상은 해당 상전압보다 30°앞선다
3. 선전류의 크기와 위상은 상전류와 같다.

$$f = \frac{PN}{120} \quad \therefore N = \frac{120f}{P}$$

2. 전동기에서 시동특성이 가장 좋은 것은?

㉮ 직·병렬 모터　　㉯ 분권 모터
㉰ 션트 모터　　　　㉱ 직권 모터

3. 전동기 자장의 방향과 전류의 방향을 알고 있을 때 도체의 운동방향을 알 수 있는 법칙은?

㉮ 렌쯔의 법칙
㉯ 패러데이 법칙
㉰ 프레밍의 왼손 법칙
㉱ 프레밍의 오른손 법칙

▶ ・렌쯔의 법칙 : 유도전류가 흐르게 되는 방향은 그 전류를 만드는 변화에 그 전류가 반대하는 방향이다.
・프레밍의 오른손 법칙 : 발전기에서 자장과 도체의 운동을 통해 전류의 방향을 알 수 있다.
・패러데이 법칙 : 자장 내에서 도선을 운동시키면 자력선과 상대운동을 하여 유도기전력이 발생한다.

4. 연축전지의 비중은 온도에 따라 변한다. 온도수정이 필요 없는 온도는?

㉮ 10~20℃　　㉯ 21~32℃
㉰ 35~45℃　　㉱ 0~10℃

▶ 비중은 온도에 따라 변하기 때문에 비중계를 사용할 때에는 전해액의 온도를 고려해야 한다.

5. 조종실 온도변화에 따른 속도계 지시 보상 방법은?

㉮ 필요 없다.
㉯ 바이메탈
㉰ 온도보상표에 의해
㉱ 써멀 스위치 On에 의해 전기적으로

6. 자이로의 섭동성만을 이용한 것으로 항공기 선회율을 지시하는 계기는?

㉮ 자이로 선회계　　㉯ 섭동 선회계
㉰ 선회 경사계　　　㉱ 방향 지시계

7. 광물성 작동유(MIL-H-5606)를 사용하는 유압계통에 장착할 수 있는 O-ring의 표시는?

㉮ 청색선 또는 점
㉯ 한 개 또는 두 개 이상 점
㉰ 붉은 선
㉱ 흰색과 노란색 선

- 칼라코드 : 제작사(dot), 재질(stripe)
  - 광물성용 : 청색선 또는 점
  - 연료용 : 적색 스트라이프, 식별색의 점, 무 코드
  - 오일용 : 백색 스트라이프, 무코드

8. 연료유량계 중 대형 항공기에 널리 사용되는 것으로 연료의 양을 중량으로 나타내는 것은?
㉮ 싸이트 게이지
㉯ 부자식 게이지
㉰ 정전 용량식 게이지
㉱ 드립 스틱 게이지

▶ 싸이트 게이지, 부자식 게이지, 드립 스틱 게이지 : 소형기의 유량계

9. 왕복기관에서 여압 공기의 공급에 사용되는 것은?
㉮ 기관 압축기 배송식
㉯ 기관 블리드식
㉰ 기계적 구동 압축기식
㉱ 공기 구동 압축기식

▶ 객실 여압을 위한 공기는 왕복기관의 항공기인 경우는 기관에 의해 구동되는 과급기(turbo charger)에 의해 공급되며, 가스터빈기관의 항공기는 기관 압축기의 블리드 공기로 여압된다.

10. A.P.U 시동시 연소실에 연료가 유입되는 때는?
㉮ 10% RPM   ㉯ 50% RPM
㉰ 95% RPM   ㉱ 100% RPM

11. Drain Mast Heater는 어디서 전원을 공급하는가?
㉮ 지상에서만
㉯ 히터스위치가 ON
㉰ 항공기 전기계통에 전원이 있으면 항상
㉱ Generator

▶ Drain Mast는 세척이나 조리용으로 사용된 물이 방출되는 통로이며 전기히터를 장치하여 가열하고 있다.

12. 다음 중 볼 베어링과 롤러 베어링이 사용되지 않는 곳은?
㉮ 가스 터빈 엔진의 축 베어링
㉯ 성형 엔진의 마스터 로드 베어링
㉰ 성형 엔진의 크랭크 축 베어링
㉱ 발전기 아마추어 베어링

13. 항공기에서 Anti-icing과 De-icing System에서 설치되지 않는 곳은?
㉮ Wing Leading Edge
㉯ Wind Shield
㉰ Propeller
㉱ Flap

14. 천의 피복 작업시 유의 사항 중 틀린 것은?
㉮ 손으로 꿰맬 때는 균일하고, 늘어지지 않도록 견고하게 작업한다.
㉯ 접혀진 천을 꿰맬 때는 1인치당 6바늘을 꿰매야 한다.
㉰ 손으로 꿰맬 때는 천을 보강하기 위하여 ½인치 접고 안쪽에서 바느질한다.
㉱ 실의 매듭이 풀어지는 것을 대비하기 위해 매듭을 한번 만든 후 끝맺음을 한다.

- 실의 매듭이 풀어지는 것을 대비하기 위해 마무리하기 전에 6in를 남겨 놓은 다음 예비 매듭을 두 번 만들어 끝맺음을 한다.

15. 브레이크에서 정상 브레이크에서 비상 브레이크로 돌려놓는 밸브는 무엇인가?

㉮ 셔틀 밸브 ㉯ 바이패스 밸브
㉰ 체크 밸브 ㉱ 릴리프 밸브

- 셔틀밸브는 유압과 공기압을 자동으로 선택할 때 활용되는 밸브로 브레이크가 정상 작동시는 유압으로 비상시는 공기압을 통해 제동을 가능케 한다.

1. ㉰	2. ㉱	3. ㉰	4. ㉯	5. ㉯
6. ㉰	7. ㉮	8. ㉰	9. ㉰	10. ㉮
11. ㉰	12. ㉯	13. ㉱	14. ㉰	15. ㉮

1996년도 기능사 1급 5회  항공장비

1. 연료탱크의 벤트 계통에 대해서 바르게 설명한 것은?

㉮ 탱크 내외부 압력차가 생기지 않게 한다.
㉯ 연료가스 압력을 감소시킨다.
㉰ 온도변화에 따른 연료 응축을 방지한다.
㉱ 탱크내부 공기압을 감소시킨다.

▶ 연료탱크 벤트 계통은 상부 공간 부분을 외기로 벤트 시켜 탱크 내·외부의 압력차가 생기지 않도록 하는 것이다.

2. 화재탐지기에 요구되는 기능 및 성능에 대한 설명중 옳지 않은 것은?

㉮ 화재가 발생되지 않는 경우에는 경보기는 울리지 않는다.
㉯ 화재 발생시 계속 경고한다.
㉰ 정비나 취급이 불편해도 중량이 가볍고 장착이 용이할 것
㉱ 화재가 진화되면 자동으로 꺼진다.

▶ 화재 탐지기는 정비나 취급이 간단한 것을 요구한다.

3. 윈드실드 방빙 장치의 설명 중 잘못된 것은?

㉮ 윈드실드 외부에 결빙이 생기는 것을 방지
㉯ 윈드실드 내부 온도는 130~140℃를 유지
㉰ 외부 물질에 의한 충격을 대비하여 두 층 사이에 비닐층이 있다

㉱ 윈드실드 내부의 흐림 상태를 제거

▶ 윈드실드 및 윈도우의 방빙은 시계를 확보하기 위하여 착빙, 결빙, 이슬 맺힘, 안개를 막는 수단으로 사용된다. 윈드실드의 내부 온도는 30℃~40℃를 유지한다.

4. 항공기용 발전기를 연결하기 전에 확인하여야 할 사항이 아닌 것은?

㉮ 전압   ㉯ 주파수
㉰ rpm   ㉱ 위상

▶ 교류발전기를 병렬운전 해야하는 경우 각 발전기의 전압, 주파수, 위상 등이 서로 일치하는지 확인하고 이들이 이상 없을 때 병렬운전 시킨다.

5. 직류 셀신에 대해 잘못 설명된 것은?

㉮ 전원을 직류 사용
㉯ 일종의 원격 지시계
㉰ 지시부, 수감부
㉱ 로우터 단상, 스테이터 3상

▶ 직류 셀신의 로우터는 2상임.

6. 객실 여압 장치를 갖춘 항공기의 덤프 밸브의 목적은?

㉮ 캐빈 내의 양(+)압력을 제거한다.
㉯ 캐빈 내의 음(-)압력을 제거한다.
㉰ 압축기 부하를 제거한다.
㉱ 최대압력 차이 이상의 압력을 제거한다.

● 덤프 밸브는 객실내의 공기를 외부로 방출시키며 객실 안의 기압을 바깥 공기의 대기압과 같게 한다. 비상착륙, 객실의 연기제거 및 오염제거 또는 객실 압을 급격히 감소시켜야 할 경우 사용

7. 니켈-카드뮴 축전지에서 24V 축전지는 몇 개의 셀과 직렬로 연결하는가?

㉮ 12 ㉯ 15
㉰ 17 ㉱ 19

8. 회전계 발전기에서 3개의 선 중 2개의 선이 바뀌었을 때 지시는?

㉮ 정상 ㉯ 작동 안됨
㉰ 반대 작동 ㉱ 다소 낮게 작동

9. 지상에서 항공기 연료를 측정시 사용되는 것은?

㉮ De electronic cell ㉯ Float
㉰ Drip stick ㉱ Pattsium

10. 유압 작동유를 선택할 때 고려하여야 할 특성과 성질은?

㉮ 점도, 화학적 안정성, 인화점, 발화점
㉯ 점도, 표면장력, 화학적 안전성
㉰ 밀도, 윤활성, 열전달성
㉱ 밀도, 비중, 타작동유와의 혼합성

11. 속도계가 고도 변화에 따라 진대기 속도가 변하는 이유는?

㉮ 온도 감소 ㉯ 밀도 감소
㉰ 대기압 감소 ㉱ 습도 감소

● 속도계의 경우 표준해면의 기압과 밀도를 기준으로 눈금이 정해져 있고 고도 증가시 공기밀도의 감소로 항공기의 속도가 바뀌지 않아도 속도계의 지시값은 증가한다.

12. A.P.U의 자동정지 조건이 아닌 것은?

㉮ 배기가스온도 초과시
㉯ 밧데리 전압 저하
㉰ A.P.U 화재 발생시
㉱ 오일 온도 저하시

● A.P.U는 배기가스온도, 회전수, 오일계통, 축전지계통, 공기흡입구, 화재발생, 동력배관파손 등에 의해 자동정지기능을 가지고 있다.

13. 주전원 고장시 대비하여 비상계통을 설명한 것 중 틀린 것은?

㉮ 운항에 필수적인 항법 통신장치에 전력 공급
㉯ 비상전원에 의해 AC 115V 단상 전력 공급
㉰ 비상전원은 엔진 점화시 이용될 수도 있다.
㉱ 최소 3시간 이상 공급 될 수 있어야 한다.

14. 정상 운전시 제너레이터의 Field coil이 단락 되었을 때 어떻게 되는가?

㉮ 높은 전압
㉯ 낮은 전압
㉰ 잔류 전압
㉱ 역전차단기가 닫히지 않는다.

● 계자전류는 일반적으로 발전기의 전압조절의 기능을 가지며 단락되는 경우 계자전류의 증가

로 출력전압이 증가하게 된다.

15. 항공계기 중 전기적인 자기 현상이나 자성체에 의해 발생되는 오차를 무엇이라고 하는가?
- ㉮ 지시 오차
- ㉯ 분령 오차
- ㉰ 자차
- ㉱ 수정 오차

▶ 자기컴파스의 정적오차에는 반원차, 사분원차, 불이차 등이 있으며 이를 자차라고 한다.
- 반원차 : 항공기에 사용되는 영구자석 또는 자화된 강재에 의해 생기는 오차
- 사분원차 : 항공기에 사용되고 있는 연철재료에 의해 지자기의 자장이 흩어져 생기는 오차
- 불이차 : 모두 자방위에서 일정한 크기로 나타나며, 컴파스를 기체에 장착시 발생하는 장착상의 오차

1. ㉮	2. ㉰	3. ㉯	4. ㉰	5. ㉱
6. ㉮	7. ㉱	8. ㉰	9. ㉰	10. ㉮
11. ㉯	12. ㉱	13. ㉱	14. ㉮	15. ㉰

1997년도 기능사 1급 1회 항공장비

1. The green arc on an aircraft temperature gauge indicates ( ).

   ㉮ the instrument is not calibrated
   ㉯ the desirable temperature range
   ㉰ a low, unsafe temperature range
   ㉱ a high temperature range

2. 지자기 3요소에 속하지 않는 것은?

   ㉮ 편차   ㉯ 복각
   ㉰ 수평분력   ㉱ 수직분력

   ● • 편차 : 진북과 자북사이의 각
   • 복각 : 자침이 수평면과 이루는 각
   • 수평분력 : 자장의 수평성분

3. 콤퍼스 카아드를 사용할 수 없는 범위는?

   ㉮ 36°   ㉯ 45°
   ㉰ 55°   ㉱ 65°

   ● 컴퍼스 카드는 ±18°까지 경사가 지더라도 자유로이 움직일 수 있으나 이것도 한도가 있어 일반적으로 65° 이상의 고위도에서는 사용하지 하지 못한다.

4. 전원 회로에 전압계(VM), 전류계(AM)을 연결하는 방법 중 옳은 것은?

   ㉮ VM은 병렬, AM은 직렬
   ㉯ VM은 직렬, AM은 병렬
   ㉰ VM와 AM 은 직렬
   ㉱ VM와 AM 은 병렬

5. 표류 중에 소재를 알려주기 위한 긴급신호장치(Emergency signal equipment)가 아닌 것은?

   ㉮ FM Radio   ㉯ Radio Beacon
   ㉰ Megaphone   ㉱ 백색광탄

6. 항공기 전기 계통에 사용되는 다음 그림의 스위치의 명칭은?

   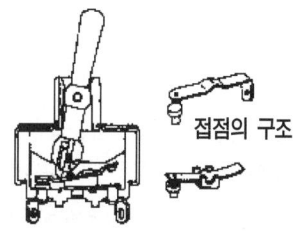
   접점의 구조

   ㉮ Rotary switch
   ㉯ Snuffer switch
   ㉰ Micro switch
   ㉱ Proximity switch

   ● • Snuffer switch : toggle switch라고도 하며 조종실의 각종 조작스위치로 사용된다.
   • Rotary switch : 수동으로 회전 시켜 회로선택을 하는 회전선택스위치 이다.
   • Micro switch : 기계의 동작을 검출하는 스위치로 흔히 사용된다.
   • Proximity switch : 스위치와 피검출물과의 접촉을 없앤 구조의 스위치

7. 유압작동 피스톤의 직경이 6inch이고, 계통압력이 1,000psi인 경우 피스톤의 힘은 얼마인가?

㉮ 28,260 LBS   ㉯ 38,620 LBS
㉰ 28,500 LBS   ㉱ 38,680 LBS

● 피스톤의 단면적×계통 압력=피스톤의 힘

8. 합성유(Skydrol hydraulic fluid)를 사용하는 계통을 세척할 때 사용하는 용액은?

㉮ 등유(Kerosene)
㉯ 납사(Naphtha)
㉰ 염화에틸렌(Trichlorethylene)
㉱ 알콜(Alcohol)

● 합성유(Skydrol hydraulic fluid)의 오염시 작동유를 빼내어 폐기하고 계통을 염화에틸렌(Trichlorethylene)으로 세척한 후 새 작동유를 보급한다.

9. APU압축기에서 만들어진 압축공기는 동체 내부의 덕트(Duct)를 통해서 항공기 공압계통에 공급된다. 이 덕트(Duct)주위에는 여러개의 온도 탐지기(Thermal Switch)가 장착되어 있는데 이 온도 탐지기의 역할은?

㉮ Duct가 파손되었을 때 기체구조에 영향을 미치기 때문에 압축공기의 누설을 탐지한다.
㉯ 압축공기의 온도를 탐지하여 조종실 게이지(Gage)에 지시한다.
㉰ 압축공기의 온도를 탐지하여 로드 콘트롤 밸브(Load Control Valve)를 제어한다.
㉱ 압축공기의 온도를 탐지하여 연소실에 공급되는 연료량을 조절한다.

● APU압축기나 기관으로부터 공급되는 공기는 덕트에 의해 분배되며 덕트 파손시 안전성(여압장치 및 기체구조)을 저해하며 이를 위해 과열탐지기(overheat detector)를 배치한다.

10. 역전류 차단기에 대한 설명이 맞는 것은?

㉮ 전기자의 회전수와 부하에 변동이 있을 때 출력전압을 일정하게 한다.
㉯ 전기자의 회전수와 부하에 변동이 있을 때 출력주파수를 일정하게 한다.
㉰ 축전지에서 발전기로 전류가 역류하지 못하도록 한다.
㉱ 발전기에서 축전지로 전류가 역류하지 못하도록 한다.

● 역전류 차단기 : 발전기의 출력 쪽과 버스 사이에 장착되며 발전기 출력전압이 낮을 때 축전지로부터 발전기로 전류가 역류되는 것을 방지한다.

11. 다음 중에서 항공기에 결빙 현상이 생겼음을 알 수 있는 것이 아닌 것은?

㉮ 저항의 변화 이용
㉯ 압력차의 이용
㉰ 기계적인 항력 이용
㉱ 고유 진동의 이용

● 결빙감지기의 종류 : 압력차, 기계적 저항, 물질의 고유진동의 변화를 이용한다.

12. 다음 중에서 전원이 필요한 계기는?

㉮ 배기가스 온도계
㉯ 전기저항식 온도계
㉰ 전기식 회전계
㉱ 와전류식 회전계

● 금속저항을 이용한 전기저항식 온도계는 전원을 일정한 전원을 부가하여 이에 따른 저항에 의한 전류를 측정하여 온도를 알 수 있다.

13. 내장 이산화탄소 소화기계통(Built-in carbon dioxide fire extinguisher system)의 열 방출을 탐지하는 데는 다음 중 어떤 것의 확인으로 되는가?

㉮ 열 방출관에 있는 황색 프라스틱 디스크의 탈색
㉯ 열 방출관에 있는 적색 프라스틱 디스크의 파열
㉰ 바닥쪽에 있는 열 마개(Thermal plug)의 이탈
㉱ 열 방출관에 있는 녹색 프라스틱 디스크의 파열

● 용기에는 비정상적인 온도 상승에 의한 파열 등을 막기 위해 서멀 릴리프 밸브가 있으며 100℃이상(정상압의 1.5배 정도) 되면 방출이 되며 적색 디스크가 파열된다. 화재에 의해 소화제가 정상적으로 방출되는 경우 황색 디스크가 파열된다.

14. Landing Gear Down중 경고등의 색깔은?
㉮ 적색
㉯ 초록색
㉰ 호박색
㉱ 아무 등도 켜지지 않는다.

15. 크랭크 축의 런아웃 측정을 위해 다이얼 게이지를 읽은 결과 +0.001~-0.002in까지 지시했다면 이때 런아웃값은 몇 in인가?

㉮ -0.001　　㉯ 0.002
㉰ 0.003　　㉱ -0.002

● 흔들림 (Radial Run-Out) : 데이텀 축 심을 기준으로 규제형체(원통, 원 뿔, 평면)가 완전한 형상으로부터 벗어난 크기이며, 흔들림 공차는 가장 크게 벗어나는 값을 취한다. 이 공차 영역은 진원도, 진직도, 직각도, 동심도를 포함한 복합 공차이다.

1. ㉯	2. ㉱	3. ㉱	4. ㉮	5. ㉮
6. ㉯	7. ㉮	8. ㉰	9. ㉮	10. ㉰
11. ㉮	12. ㉯	13. ㉯	14. ㉮	15. ㉰

1997년도 기능사 1급 2회 항공장비

1. 항공기에 장착되어 있는 공기식 제빙부츠는 언제 작동하는가?

㉮ 얼음이 형성된다고 생각될 때
㉯ 이륙 전에
㉰ 계속해서
㉱ 얼음이 얼기 전에

2. 자기동조계기에서 회전자 부분이 영구자석으로 이루어진 계기는?

㉮ Desyn   ㉯ Autosyn
㉰ Gyrosyn ㉱ Magnesyn

▶ Magnesyn은 오토신의 회전자를 강력한 영구자석으로 대치되어 있다.

3. 항공기 방화계통에 사용되는 소량의 폭약의 용도를 바르게 설명한 것은?

㉮ 소화제 용기의 비정상적인 온도상승에 의한 파괴를 막기 위함
㉯ 소화제를 방출시키기 위함
㉰ 화재가 난 곳을 함몰시키기 위함
㉱ 화재가 난 곳을 순간적인 진공을 이루어서 불을 끄는데 이용됨

▶ 소화제의 방출은 케이블에 의한 기계적인 방법이나 폭약의 점화를 위한 전기적인 방법이 있다.

4. 다음 중 항법계기로만 묶여 있는 것은?

㉮ 전압계, 전류계, 유압계
㉯ 속도계, 고도계, 선회경사계
㉰ 회전계, 압력계, 배기가스온도계
㉱ 자기컴파스, 거리측정장치, 로오란

▶ 항법계기 : 자기 컴퍼스, 원격지시 컴퍼스, 자동 방향 탐지기(ADF), 초단파 무선 표지기(VOR), 거리 측정 장치(DME), 로란, 관성 항법 장치(INS)

5. 점화계통이 작동되기 시작하는 때는?

㉮ 10% RPM   ㉯ 50% RPM
㉰ 95% RPM   ㉱ 100% RPM

6. 승무원과 승객을 포함한 인원이 39명일 때 비치할 소화기 수는?

㉮ 1개 이상   ㉯ 2개 이상
㉰ 3개 이상   ㉱ 4개 이상

▶ T류 항공기의 소화기 배치 수
• 6인 이하 0개
• 7 ~30인 소화기 1개
• 31 ~60인 소화기 2개
• 61인 이상 : 소화기 3개

7. 직류 발전기의 출력은 무엇에 의해 조정되는가?

㉮ 크랭크축 회전수
㉯ 2차 코일에 부가된 권선
㉰ 정자계
㉱ 역전류 릴레이

▶ 직류발전기의 출력전압은 전압조절기에 의해

조절되며 전압조절기는 계자전류를 조절을 통해 계자의 강도(정자계)를 변화시키는 방법을 사용한다.

8. 직류전동기의 회전방향을 바꾸는 방법이 아닌 것은?

㉮ 전기자 전류 극성을 바꾼다.
㉯ 계자권선의 전류 극성을 바꾼다.
㉰ 반대 방향에 해당하는 계자권선을 설치
㉱ 전원의 주파수를 변환한다.

● 프레밍의 왼손법칙은 자기장과 전류의 변화에 따른 운동의 방향을 설명한다.

9. 공유압 계통에서 다운 스트림이란?

㉮ 어떤 밸브를 기준으로 배출 압력관쪽
㉯ 어떤 밸브를 기준으로 유입구쪽
㉰ 밸브의 내리흐름
㉱ 어떤 밸브를 기준으로 하부흐름

10. 부하의 크기에 관계없이 일정한 전압을 유지할 수 있고 규정 전압을 회복하는데 짧은 시간이 소요되며, 10g 이상의 가속도나 아주 심한 진동에도 기능이 저하되지 않기 때문에 제트 항공기에 사용되는 3상 교류발전기의 전압조절기는?

㉮ 자장증폭형   ㉯ 트랜지스터형
㉰ 카본파일형   ㉱ 바이브레이터형

● 속도변화가 큰 고속항공기는 트랜지스터형이나 자기 증폭기형과 같은 정적 전압조절기를 주로 사용한다.

11. 피토우관 정압관에서 피토우공에 걸리는 압력은?

㉮ 정압   ㉯ 동압
㉰ 전압   ㉱ 대기압

12. 프로펠러에 사용되는 방빙제는?

㉮ 이소프로필 알콜 ㉯ 합성유
㉰ 스카이드롤   ㉱ 솔벤트

● 이소프로필 알콜을 리딩 에지에 흘러 밖으로 홈을 통해 흘러 나와 방빙을 한다.

13. 연축전지의 양극판과 음극판의 수에 대한 설명 중 옳은 것은?

㉮ 같다.
㉯ 양극판이 한 개 더 많다.
㉰ 양극판이 두 개 더 많다.
㉱ 음극판이 한 개 더 많다.

14. MIL-H-8754 호스에는 길이 방향으로 노란색 선이 그어져 있다. 노란색 선이 뜻하는 것은?

㉮ 호스의 압력한계를 표시한다.
㉯ 호스가 꼬이지 않고 장착되었는지 확인
㉰ 호스가 윤활계통에 한해서 사용
㉱ 호스가 합성고무로 제작되었음

15. What is the frequency of most aircraft alternating current?

㉮ 115Hz   ㉯ 60Hz
㉰ 400Hz   ㉱ 24Hz

1. ㉮	2. ㉱	3. ㉯	4. ㉱	5. ㉮
6. ㉯	7. ㉰	8. ㉱	9. ㉮	10. ㉮
11. ㉰	12. ㉮	13. ㉱	14. ㉯	15. ㉰

1997년도 기능사 1급  항공장비

1. What unit is used to express electrical power?

   ㉮ volt ㉯ ampere
   ㉰ watt ㉱ ohm

2. 화재용 소화기가 완전 방전된 상태를 알 수 있게 하는 것은?

   ㉮ Pin으로 된 표시기
   ㉯ 디스크 색 변화
   ㉰ 서멀 릴리프 밸브의 작동
   ㉱ 디스크가 파열

3. 객실여압조절장치는 다음 중 어느 것에 영향을 받는가?

   ㉮ bleed air의 압력, OAT(바깥대기온도), 객실고도변화율
   ㉯ 기압계의 압력, 객실고도, 객실고도변화율
   ㉰ bleed air의 양, 객실압력, 객실고도변화율
   ㉱ OAT(바깥대기온도), 객실고도, 객실압력

   ▶ 실제의 객실 압력과 객실고도의 비교 및 객실고도의 변화율에 따라 아웃플로우 밸브의 위치가 조절된다.

4. 축전지 용량은 전해액 온도변화에 따라 어떻게 되는가?

   ㉮ 변화한다.
   ㉯ 증가한다.
   ㉰ 감소한다.
   ㉱ 변화하지 않는다.

   ▶ 전해액은 온도가 변화하는 경우 밀도가 변화하며 이에 따라 용량도 변화하게 된다.

5. 터빈엔진에서 만약 얼음 때문에 압축기가 움직이지 않을 경우 얼음을 녹이는 좋은 방법은?

   ㉮ 제빙액   ㉯ 뜨거운 물
   ㉰ 방빙액   ㉱ 고온의 공기

6. 다음 고도계의 보정 방법 중 지정된 활주로 위의 고도에서 0 ft를 지시하도록 보정하는 방법은?

   ㉮ QFE   ㉯ QFH
   ㉰ QNE   ㉱ QNH

   ▶ • QNH : 해면으로부터의 기압고도, 즉 진고도를 지시
   • QNE : 표준 기압면(29.92inHg)으로부터의 고도를 지시
   • QFE : 활주로 위에서 고도계가 0ft를 지시하도록 비행장의 기압을 보정

7. 유체를 이용한 힘 전달방식은 다음 중 어느 원리에 기초를 두고 있는가?

   ㉮ 아르키메데스의 원리
   ㉯ 파스칼의 원리
   ㉰ 뉴튼의 원리
   ㉱ 보일의 법칙

● 밀폐된 용기에 채워진 유체에 가해진 압력은 모든 방향으로 감소됨 없이 동등하게 전달되고, 용기의 벽에 직각으로 작용된다.

8. 자이로는 외력을 가하지 않는 한 그 자세를 우주 공간에 대하여 계속적으로 유지하려는 성질을 갖는다. 이것을 무엇이라 하는가?
  ㉮ 자이로의 방향성
  ㉯ 자이로의 지시성
  ㉰ 자이로의 강직성
  ㉱ 자이로의 경사성

● ・강직성(rigidity) : 고속으로 회전하는 계기는 외력이 가해지지 않는 한 우주 공간에 대해 회전축을 일정하게 유지하려는 성질
  ・섭동성(procession) : 회전하는 자이로에 힘을 가할 경우 그 점에서 회전방향으로 90°진행된 곳에 힘이 가해진 것과 같은 효과가 나타나는 현상

9. 다음 중 기관의 회전수에 관계없이 항상 일정한 회전수를 발전기에 전달하는 장치는?
  ㉮ 정속구동장치(C.S.D)
  ㉯ 전압 조절기(voltage regulator)
  ㉰ 감쇠변압기(damping transformer)
  ㉱ 계자제어장치(field control relay)

● 정속구동장치 : 기관 구동축과 발전기축 사이에 장착되어 있으며 기관의 회전수에 관계없이 일정한 회전수를 발전기 축에 전달하여 교류발전기의 출력주파수를 일정하게 유지시켜 준다.

10. 다음 중 오일의 압력을 일정하게 유지시키는 부품은?
  ㉮ 저오일 압력 경고등
  ㉯ 오일 필터
  ㉰ 오일압력 조절밸브
  ㉱ 오일 압력계

11. 승객이 비상 탈출구를 통하여 항공기로부터 탈출시 비상구 1개당 몇 명이 이용할 수 있나?
  ㉮ 25   ㉯ 30
  ㉰ 35   ㉱ 40

● 필요로 하는 비상탈출구는 정원 35인(단수가 35인 미만의 경우도 35인으로 함)마다 1개 이상 각각 동체 양측 수선상에 있어야 함.

12. 다음 그림의 회로에서 전류 I_3는 얼마인가?

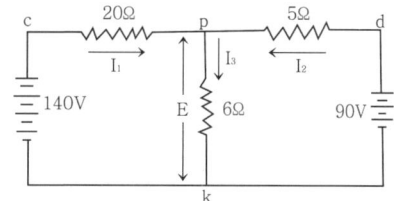

  ㉮ 4A   ㉯ 6A
  ㉰ 8A   ㉱ 10A

13. 다음은 편차에 대한 설명이다. 틀린 것은 어느 것인가?

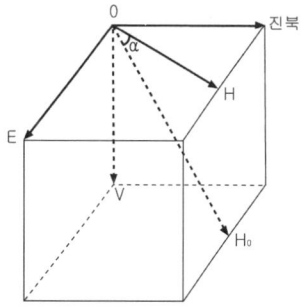

  ㉮ 편차가 생기는 원인은 지구의 자북과 지리상의 북극이 일치하지 않기 때문이다.
  ㉯ 편차는 자기 자오선과 지구자오선 사이

의 오차각이다.
㉰ 위 그림에서 편차는 ∠NOH₀이다.
㉱ 지구의 자북은 북위 71°, 서경 96°의 캐나다 영토에 있다.

14. 동력조종장치에서 조종사에게 조종력의 감각을 느끼게 하는 장치는?

㉮ 수동비행조종장치
(Manul Flight Control System)
㉯ 자동비행장치(Auto Pilot System)
㉰ 아티피셜 필링 디바이스
(Artificial Feeling Devices)
㉱ 플라이 바이 와이어(Fly by Wire)

▶ • 수동비행조종장치: 케이블식, 푸시 풀 로드식, 토크 튜브식
• 자동비행장치: 자이로에서 검출된 변위를 컴퓨터에서 제어하여 조종면을 조작.
• 플라이 바이 와이어: 조종력을 전기적인 신호로 변환하여 각조종면을 조작

15. 감항류별 T류 항공기의 화물실은 A-E class로 분류되는데 D급 화물실은?

㉮ 공기의 유통이 적고 만일 화재가 발생해도 화재가 실내에 밀폐되어 지는 화물실
㉯ 스모크 탐지기 또는 화재 탐지기로 화재를 발견 승무원이 휴대용 소화기로 화재를 소화할 수 있는 화물실
㉰ 스모크 탐지기 또는 화재 탐지기로 화재 발견 승무원이 고정 화재기로 소화하는 화물실
㉱ 스모크 탐지기 또는 화재 탐지기로 화재 발견 환기장치 중단하여 소화하는 화물실

1. ㉰	2. ㉱	3. ㉯	4. ㉮	5. ㉱
6. ㉮	7. ㉯	8. ㉰	9. ㉮	10. ㉰
11. ㉰	12. ㉱	13. ㉰	14. ㉰	15. ㉮

1997년도 기능사 1급 4회 항공장비

1. 다음 영문 내용으로 맞는 것은?

> Is oil present?

㉮ 오일이 부족한가?
㉯ 오일이 있는가?
㉰ 오일을 보충하였는가?
㉱ 누설된 오일이 있는가?

2. Air cycle conditioning system에서 마지막으로 cooling이 일어나는 곳은?
㉮ 압축기 ㉯ 열교환기
㉰ 팽창터빈 ㉱ 온도조절기

▶ • 뜨거운 공기 : 객실 과급기→히터→객실 믹싱 밸브
• 따뜻한 공기 : 객실 과급기→애프터 쿨러→객실 믹싱 밸브
• 차가운 공기 : 객실 과급기→애프터 쿨러→익스팬션 터빈→객실 믹싱 밸브

3. 다음 중 전위차 및 기전력의 단위는?
㉮ 암페어(A) ㉯ 패러드(F)
㉰ 볼트(V) ㉱ 옴(Ω)

▶ 전류[A], 정전용량(capacitance)[F], 전압[V], 저항[Ω]

4. 액량계기와 유량계기에 관한 설명으로 맞는 것은?
㉮ 액량계기는 연료탱크에서 기관으로 흐르는 연료의 유량을 지시
㉯ 액량계기는 대형기와 소형기에의 차이 없이 대부분 직독식 계기를 쓴다.
㉰ 유량계기는 연료탱크에서 기관으로 흐르는 연료의 유량을 시간당 부피 및 무게 단위로 나타낸다.
㉱ 유량계기는 연료탱크 내에 있는 연료량을 연료의 무게나 부피로 나타낸다.

5. 항공기의 주 전원계통으로 교류를 사용할 때 직류계통에 비하여 장점이 아닌 것은?
㉮ 가는 전선으로 다량의 전력송전이 가능하다
㉯ 전압변경이 용이하다
㉰ 병렬운전이 용이하다
㉱ 브러쉬가 없는 모터를 사용할 수 있다

▶ 교류를 사용하여 병렬 운전하는 경우 전압, 위상, 출력주파수를 일치시켜 주어야 한다.

6. 다음 중 축전지 셀 연결방법은?
㉮ 병렬로 연결한다.
㉯ 연결하지 않는다.
㉰ 직·병렬 상관없이 연결한다.
㉱ 직렬로 연결한다.

▶ 축전지에 필요한 전압(12V, 24V)을 얻기 위해 여러 개의 셀을 직렬로 연결하여 사용한다.

7. 유량제어장치 중 유압관이 파열되었을 때 오일이 새는 것을 방지하는 것은?

㉮ 흐름제한기
㉯ 유압관 분리밸브
㉰ 유압퓨즈
㉱ 흐름 조정기

▶ • 흐름평형기(flow equalizer) : 작동유가 2개 이상의 작동기가 동일하게 움직이도록 작동유의 유량을 같게 하는 장치
• 유압관분리밸브(disconnect valve) : 유압기기를 장탈할 때 작동유가 외부로 유출되는 것을 방지하는 장치
• 흐름조정기(flow regulator) : 계통의 압력 변화에 관계 없이 작동유의 흐름을 일정하게 유지시키는 장치

8. 다음 설명 중 잘못된 것은?

㉮ 비행기 승무원 및 승객의 모든 좌석에는 안전벨트를 구비해야 한다.
㉯ 안전벨트의 장력은 반드시 규정된 장력을 갖추어야 한다.
㉰ 화장실에는 안전벨트가 구비되지 않아도 된다.
㉱ 모든 안전벨트는 비상시를 대비하여 자동으로 잠기고 풀려야 한다.

9. 지상에서 고도계를 29.92inHg로 보정할 때 다음 중 맞는 것은?

㉮ QNH 진고도
㉯ QFE 밀도고도
㉰ QNF 절대고도
㉱ QNE 기압고도

10. 공압계통이 필요로 하는 압축공기의 일반적인 공급원이 아닌 것은?

㉮ 터빈 엔진의 브리드 에어
㉯ 항공기 바깥공기
㉰ 보조동력 장치의 브리드 에어
㉱ 지상 공기 압축기에 의한 공기

11. Dual spool type APU에서 전력을 공급하는 발전기는 무엇에 의하여 구동되는가?

㉮ 시동기
㉯ 압축기에서 만들어진 압축공기
㉰ 저압터빈/저압압축기(N_1)
㉱ 고압터빈/고압압축기(N_2)

▶ • 저압터빈/저압압축기(N_1) : 발전기 구동
• 고압터빈/고압압축기(N_2) : 공기동력계통, gas generator 구동

12. 제네레이터의 paralling이란?

㉮ 2개 이상의 제네레이터의 출력을 동등하게 전압조정기를 조정
㉯ 제네레이터를 동출력이 나오도록 벤치체크해준다
㉰ 제네레이터의 출력 2개 이상을 밧데리에 접속
㉱ 제네레이터를 기축과 일직선되게 부착하여 운전하는 것

13. 랜딩기어 위치지시계에 적색 GEAR 라는 경고등은 어느 때 들어오는가?

㉮ 기어가 내려오고 락크가 걸렸을 때
㉯ 기어가 완전히 올라가고 락크가 걸렸을 때
㉰ 기어가 작동중일 때
㉱ 항공기가 착륙시 지상접지시

▶ • OFF : 기어가 완전히 올라가고 락크가 걸렸

을 때
- GREEN : 기어가 내려오고 락크가 걸렸을 때
- RED : 기어가 작동중일 때

14. 항공기의 세로축 또는 기축에 대하여 설정하여 부품의 위치나 측정부의 위치를 나타내는데 사용하는 것은?

㉮ 레퍼런스 데이텀(Reference Datum)
㉯ 평균공력시위(MAC)
㉰ 센터 라인(Center Line)
㉱ 시위선(Chord)

15. 다음은 레인 리펠런트(rain repellent)에 대한 설명이다. 틀린 것은?

㉮ 표면장력이 작은 화학액체를 분사하여 피막을 만든다.
㉯ 와이퍼와 병용하면 효과가 좋다.
㉰ 비가 적게 내릴 때 효과적이다.
㉱ 레인 리펠런트 고착시 중성세제로 크리닝 해야 한다.

● 강우량이 적거나 건조한 경우 오히려 시야을 방해하여 rain repellent가 고착되기 때문에 사용이 금지된다.

1. ㉯	2. ㉰	3. ㉰	4. ㉰	5. ㉰
6. ㉱	7. ㉰	8. ㉱	9. ㉱	10. ㉯
11. ㉱	12. ㉮	13. ㉰	14. ㉮	15. ㉰

1997년도 기능사 1급  5회 항공장비

1. 다음 괄호 안에 알맞은 말을 넣으시오.

> Aircraft circuit breaker capacity is rated in (　　　　)?

㉮ amperes ㉯ ohms
㉰ volt ㉱ frequncy

▶ 항공기 회로차단기의 용량(정격)은 전류(암페어)와 관련된다.

2. 다음 중 가솔린이나 유류에 의한 화재 등급은?

㉮ A ㉯ B
㉰ C ㉱ D

▶ A : 일반화재, B : 유류화재
　C : 전기화재, D : 금속화재

3. 다음 중 각 부분의 방·제빙 방법이 잘못 연결된 것은?

㉮ 실속경고탐지기 : 공기
㉯ 조종날개 : 공기, 열
㉰ 화장실 : 전열
㉱ 윈드실드, 윈도우 : 전열, 고온공기

4. 다음 그림의 회로에서 전류 I_2는 얼마인가?

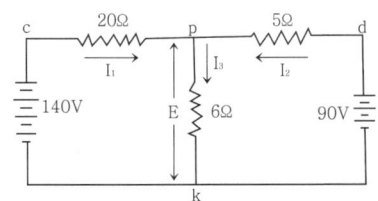

㉮ 4A ㉯ 6A
㉰ 8A ㉱ 10A

5. 다음 중 기관의 회전수에 관계없이 항상 일정한 회전수를 발전기에 전달하는 장치는?

㉮ 정속구동장치(C.S.D)
㉯ 전압 조절기(voltage regulator)
㉰ 감쇠변압기(damping transformer)
㉱ 계자제어장치(field control relay)

▶ · 정속구동장치 : 교류의 출력 주파수를 일정하게 하는 장치
　· 전압조절기 : 출력 전압을 일정하게 하는 장치

6. 다음은 산소공급장치의 종류이다. 아닌 것은?

㉮ 보충용 ㉯ 방호용
㉰ 구급용 ㉱ 액체용

7. 축전지를 분리할 때 제일 먼저 해야 될 사항은?

㉮ 축전지의 +, -선을 확인한다.
㉯ 축전지의 용량을 확인한다
㉰ 축전지 s/w 를 off 시킨다.
㉱ 축전지 단자를 분리시킨다.

8. 대형 항공기용 완충장치인 올레오식 완충장치는 어떤 성질을 이용한 것인가?

㉮ 공기의 압축성으로
㉯ 작동유의 압축성으로

㉰ 공기와 작동유를 이용
㉱ 공기의 압축성과 작동유가 오리피스를 통과할 때 생기는 마찰력을 이용

9. 가공에 의한 잔류 응력을 제거하거나 연화시키기 위한 열처리는?

㉮ 풀림　　　　㉯ 불림
㉰ 담금질　　　㉱ 뜨임

10. 다음 중 계자 플래싱이란 무엇인가?

㉮ 계자에 잔류자기가 있음
㉯ 계자에 잔류자기가 없음
㉰ 발전기가 발전한 전기를 원만히 공급 못함
㉱ 외부에서 계자에 잠시 전기를 흘려 자기장 형성

▶ 발전기가 처음 발전을 시작할 때 잔류자기에 의존하나 잔류자기가 남아 있지 않을 경우 외부 전원으로부터 계자 코일에 잠시 전류를 통해주어 계자 플래싱(field flashing)을 한다.

11. 다음 중에서 직류를 교류로 바꿔주는 장치는?

㉮ 인버터　　　　㉯ 컨버터
㉰ 전압조정기　　㉱ 다이나모터

▶ • 인버터(inverter) : 직류를 교류로 변환시키는 장치
• 다이너모터(dynamotor) : 직류의 전압을 변환시키는 장치
• 컨버터(converter) : 직류 전류를 변환시키는 장치
• 정류기(transformer rectifier unit) : 교류를 직류로 변환시키는 장치
• 변압기(transformer) : 교류 전압을 변환시키는 장치
• 변류기(current transformer) : 교류 전류를 환시키는 장치

12. 유압계통에서 블리드를 하는 주요 목적은?

㉮ 계통에서 공기를 제거하기 위해
㉯ 계통의 누출을 방지하기 위해
㉰ 계통의 압력손실을 방지하기 위해
㉱ 씰의 손상을 방지

▶ 유압계통에 공기가 차 있을 경우 비압축성 유체인 작동유가 정확한 힘을 전달할 수 없게 되며 에어 블리딩 작업을 통해 공기를 제거해야 한다.

13. 항공기가 야간에 불시착했을 때 항공기 내외를 밝혀주는 비상용 조명의 밝기는 책을 읽을 수 있을 정도이어야 한다. 이 조명은 최소한 몇 분간 들어와야 하는가?

㉮ 10분　　　㉯ 30분
㉰ 60분　　　㉱ 90분

▶ 비상등의 경우 항공기 전원에서 완전히 독립된 축전지 전원을 가지며 최소 10분간 조명한다.

14. 다음은 유압계통에 사용되는 축압기(accumulator)에 대한 설명이다. 틀린 것은?

㉮ 가압된 작동유를 저장한다.
㉯ 유압계통의 서어지 현상을 방지한다.
㉰ 유압계통의 충격압력을 흡수한다.
㉱ 유압계통의 압력을 조절한다.

▶ 축압기의 역할
• 가압된 작동유의 저장통
• 다수의 작동기 사용시 동력펌프 보조
• 동력 펌프 고장시 제한된 작동기 작동
• 유압계통의 서지 현상 방지
• 압력조절밸브의 개폐빈도을 줄임

15. 가변 피치 프로펠러를 장비한 항공기에서 프로펠러의 효율을 좋게 하려면 어떻게 해야 하나?

㉮ 순항시에는 고피치를 사용한다.
㉯ 이륙시에는 고피치를 사용한다.
㉰ 강하시에는 저피치를 사용한다.
㉱ 모두 맞다.

- 이착륙시(저속): 저피치
- 순항/강하시(고속):고피치

1. ㉮	2. ㉯	3. ㉮	4. ㉯	5. ㉮
6. ㉱	7. ㉰	8. ㉱	9. ㉯	10. ㉱
11. ㉮	12. ㉮	13. ㉮	14. ㉱	15. ㉮

1998년도 기능사 1급 1회 항공장비

1. 열전쌍식 화재탐지계통은 다음 중 무엇에 의해 작동하는가?

㉮ 급격한 온도상승
㉯ 기관의 완만한 온도상승
㉰ 회로의 단락
㉱ 전기저항의 급격한 저하

▶ 서모커플형 화재 탐지기는 기관의 완만한 온도 상승이나 회로가 단락된 경우에는 경보를 울리지 않는다.

2. 24V 연 축전지를 장착한 항공기가 비행 중 모선(main bus)에 걸리는 전압은 얼마인가?

㉮ 24V
㉯ 26V
㉰ 28V
㉱ 30V

▶ 항공기에 사용되는 전원은 12V 또는 24V이며, 공급되는 발전기 전원은 28V 또는 14V이다.

3. 다음 중에서 축압기의 초기 공기 충전압력은 얼마인가?

㉮ 계통압력과 같게
㉯ 계통압력의 3/5
㉰ 계통압력의 1/2
㉱ 계통압력의 1/3~1/2

▶ 축압기(accumulator)의 계통압력의 1/3 정도의 압축공기 또는 질소가스가 충전되어 있다.

4. 발전기에서 외부의 부하를 연결하면 전기자 코일에 전류가 흐르므로 이에 의해 자장이 기울어지는 편류가 발생한다. 이 편류를 교정하기 위해 설치하는 것의 명칭은?

㉮ 정속구동장치
㉯ 정류자
㉰ C.P.U
㉱ 보극

▶ 편류로 인한 전기자 반응을 방지하기 위해 주극과 직각으로 보극을 설치한다.

5. E_m은 전압의 최대값이고 θ를 위상이라고 하면, 순간전압 $e = E_m \angle \theta$로 표시한 방법은 무엇인가?

㉮ 삼각함수
㉯ 극좌표
㉰ 지수함수
㉱ 복소수

6. 비행 승무원이 Escape slide를 사용하지 못하는 조건이 될 때, 비상으로 탈출하는데 사용되는 것은?

㉮ Life vest
㉯ Slide raft
㉰ Descent device
㉱ Emergency Device

7. 프레온 에어콘 계통의 사이트 글래스에 거품이 보이면 원인은 무엇인가?

㉮ 프레온이 적다.
㉯ 프레온에 수분이 섞여 있다.
㉰ 적당한 공기가 섞여 있다.

㉣ 프레온이 많다.
● 냉각 장치의 수리여부를 점검하기 위해 사이트 글래스 또는 액량계가 설치되어 있고 사이트 글래스에서 프레온 냉각액이 정상적으로 흐르고 있으면 프레온 역시 정상이며 거품이 보이면 냉각액을 보충해야 한다.

8. 유압계통에서 체크 밸브(check valve)의 목적은 무엇인가?
㉮ 비상시 흐름차단 ㉯ 압력조절
㉰ 기포발생 방지 ㉣ 역류방지

9. 다음 계기 중 피토우관의 동압과 연결된 계기는?
㉮ 고도계 ㉯ 선회계
㉰ 자이로계기 ㉣ 속도계

10. 다음 그림은 자이로의 섭동성을 나타낸 것이다. 자이로가 굵은 화살표 방향으로 회전하고 있을 때, F의 힘을 가하면 실제로 힘을 받는 부분은?

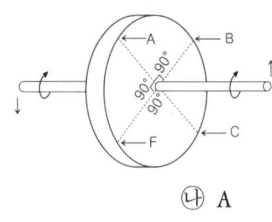

㉮ F ㉯ A
㉰ B ㉣ C

11. 스위치의 부주의한 작동을 방지해 주는 방법은?
㉮ 스위치에 적당한 덮개를 장치하므로써
㉯ 스프링 부하 토글(Spring Loaded Toggle) 스위치
㉰ 스위치에 회로차단기를 장치하므로써

㉣ 접촉을 통과하여 낮은 암페어 퓨즈를 장치하므로써

12. 프레온 냉각계통 내부에 있는 콘덴서의 기능은?
㉮ 프레온 가스로부터 주위 공기로 열을 전달한다.
㉯ 기내공기로부터 물을 제거하여 증발기의 결빙을 막는다.
㉰ 액체 프레온이 압축기에 흡입되기 전에 가스로 변형시켜 준다.
㉣ 기내공기로부터 액체 프레온으로 열을 전달한다.
● 압축기를 지난 고온 고압의 프레온 가스는 콘덴서를 지나 외부로 열이 방출되고 가스는 액화된다.

13. 유압력이 부족할 때 계통의 순위를 정해주는 밸브는?
㉮ 순서 밸브 ㉯ 시간 밸브
㉰ 우선 밸브 ㉣ 평행

14. 타이어는 어떻게 열로 인한 폭발을 방지하는가?
㉮ 스프링 부하 릴리프 밸브의 힘을 이용해서
㉯ 바이메탈식 열릴리프 밸브에 의해
㉰ 미끄럼 방지(Anti Skid)장치에 의해
㉣ 열에 녹을 수 있는 금속플러그 장치에 의해
● 퓨즈 플러그 : 높은 열과 압력에 녹아서 타이어의 압력을 서서히 감소시킴으로써 과열 및 폭발을 방지

15.

> The correct way connect a test voltmeter in a circuit is (　　　　).

㉮ in parallel with a unit
㉯ between sourve voltage and the load
㉰ in series with a unit
㉱ in open with a unit

▶ 검사용 전압계를 연결하는 올바른 방법은 회로에 병렬로 연결하는 것이다.

1. ㉮	2. ㉰	3. ㉱	4. ㉱	5. ㉯
6. ㉰	7. ㉮	8. ㉱	9. ㉱	10. ㉯
11. ㉮	12. ㉮	13. ㉰	14. ㉱	15. ㉮

1998년도 기능사 1급 2회 항공장비

1. 동력 펌프 중 가변 용량이 가능한 펌프는?

㉮ Gear   ㉯ Vane
㉰ Gerotor   ㉱ Piston

- 일정용량형 펌프(constant delivery pump) : 요구되는 압력에 관계없이 펌프의 회전수에 따라 고정된 양을 공급, 압력조절기가 필요 (Gear, Vane, Gerotor, Piston)
- 가변용량형 펌프(variable delivery pump) : 펌프의 회전속도가 변하더라도 적절한 양의 작동유를 계통에 공급 (Angular type, Cam type Piston pump)

2. 비상시에 Battery로부터의 D.C는 어떻게 A.C로 전환되는가?

㉮ TRU(Transformer Rectifier Unit)
㉯ GPU(Ground Power Unit)
㉰ APU(Auxiliary Power Unit)
㉱ 스태틱 인버터(static inverter)

3. 화재진압장치는 소화용기의 상태를 계기에 지시하도록 되어 있다. 황색 디스크가 깨져 있다면 어떤 상태인가?

㉮ 소화기내의 압력이 부족하다.
㉯ 화재진압을 위해 분사되었다.
㉰ 소화기내의 압력이 너무 높다.
㉱ 소화기의 교체시기가 지났다.

4. 공압 계통에서 스위치의 위치와 밸브의 위치가 일치할 때 점등하는 것은?

㉮ agreement   ㉯ disagreement
㉰ intransit   ㉱ condition

5. 3,000psi 유압계통의 축압기를 교환하고자 한다. 다음 중 먼저 해야 할 일은?

㉮ 유압에 관계없이 장탈 해도 무방하다.
㉯ 유압계통의 축압 공기를 뺀다.
㉰ 유압이 0이 될 때까지 관련장치를 조정한다.
㉱ 저유기의 cap만 열어주면 문제없다.

- 동력 펌프 고장시 축압기 내부의 압력으로 일부의 작동기를 작동시킬 수 있다. 따라서 항상 축압기 내부에는 고압의 작동유가 저장되어 있으며 일부의 작동기를 작동시킬 경우 그 압력을 감소시킬 수 있다.

6. 전하가 주기적으로 변화하는 경우에는 전류 또한 주기적으로 변화하는데 이와 같은 전류를 무엇이라 하는가?

㉮ 직류   ㉯ 교류
㉰ 맥류   ㉱ 구형파

7. 구급함, 낙하산, 비상신호 등 휴대용 비상장비의 점검 주기는?

㉮ 60일   ㉯ 90일
㉰ 120일   ㉱ 180일

- 구명동의, 구명보트, 비상식량 : 180일
- 기타 : 60일

8. 자이로의 강성 또는 보전성이란?

㉮ 외력을 가하지 않는 한 일정자세를 유지하는 현상
㉯ 외력을 가하지 않는 한 작용하는 방향에 수평을 유지하는 현상
㉰ 외력을 가하지 않는 한 작용하는 방향에 직각을 유지하는 현상
㉱ 외력을 가하면 작용하는 방향에 반대방향으로 작용하는 성질

9. 일반적으로 항공기 직류발전기의 출력 전압은?

㉮ 12V ㉯ 20V
㉰ 24V ㉱ 28V

10. 다음은 멀티미터 사용할 때 주의할 점을 열거한 것이다. 틀린 것은?

㉮ 전류계는 직렬, 전압계는 병렬로 연결
㉯ 전류계나 전압계로 사용할 때 측정범위를 모를 경우 큰 측정범위부터 시작
㉰ 저항계는 사용할 때마다 0점 조정
㉱ 저항계 사용시 눈금판의 중앙에서 저항이 큰쪽으로 읽는다

● 저항계 사용시 눈금판의 중앙에서 저항이 작은 쪽으로 읽는다

11. 전류계에 사용하는 션트저항은 아르송발 계기에 어떻게 연결되는가?

㉮ 직렬
㉯ 병렬
㉰ 직렬, 병렬 동시
㉱ 션트 저항은 필요 없다

● 아르송발 계기는 전류측정계기이며 측정회로에 직렬 연결하여 사용하며 측정범위를 넘는 경우 션트저항을 계기와 병렬로 연결하여 사용한다.

12. 프레온 에어콘 계통(Freon Air Condition System)의 이베이퍼레이터(Evaporator) 온도가 40~50°F라면 계통의 정상압력은?

㉮ 저압은 100~125psi, 고압은 300~350psi
㉯ 저압은 10~20psi, 고압은 150~200psi
㉰ 저압은 65~95psi, 고압은 95~175psi
㉱ 저압은 20~30psi, 고압은 225~300psi

● 에어콘디셔닝 계통의 성능시험은 다기관 세트를 이용하여 저온 저압부와 고온 고압부에 연결하여 실제 냉각제의 압력을 가한 후 누설상태를 확인한다.

13. 항공기 Battery에 적용되는 방전률은?

㉮ 2시간 방전률 ㉯ 3시간 방전률
㉰ 5시간 방전률 ㉱ 6시간 방전률

● 항공기 축전지의 용량검사는 5시간 방전률을 일반적으로 사용하며 충전 후 용량의 1/5의 전류로 5시간 방전 후 각 셀의 전압이 1.0V이면 양호하다.

14. (   )안에 답은?

> The purpose of a rectifier in an electrical system is to change (   ).

㉮ the frequency of direct current
㉯ the frequency of alternating current

㉢ alternating current to direct current
㉣ direct current to alternating current

▶ 전기계통에서 정류기(rectifier)의 목적은 교류(alternating current)를 직류(direct current)로 변환시키는 것이다.

15. 산소 아세틸렌 용접시 불꽃의 용도에 대한 설명중 잘못된 것은?

㉮ 탄화 불꽃 : 스테인레스강, 알루미늄, 모넬 메탈
㉯ 산성 불꽃 : 아연도금철판, 티타늄
㉰ 중성 불꽃 : 연강, 주철, 니크롬강, 구리, 아연, 주강
㉱ 산화 불꽃 : 황동, 청동

▶ • 탄화 불꽃 : 스테인레스강, 알루미늄, 모넬 메탈 (산화에 민감한 금속에 사용)
• 중성 불꽃 : 대부분의 금속에 사용
• 산화 불꽃 : 황동, 청동, 납땜

1. ㉱	2. ㉱	3. ㉯	4. ㉮	5. ㉰
6. ㉯	7. ㉮	8. ㉮	9. ㉱	10. ㉱
11. ㉯	12. ㉰	13. ㉰	14. ㉰	15. ㉯

1998년도 기능사 1급 3회 항공장비

1. 엔진출구온도 분포를 감지하는 과열탐지기는?

㉮ 열스위치(thermal switch)
㉯ 서모커플(thermocouple)
㉰ 서미스터(thermistor)
㉱ 튜브식(tube)

▶ 서모커플을 이용한 화재탐지기는 특정한 온도 이상으로 가열될 때 계전기나 전자회로를 작동시키는데 사용된다.

2. 교류발전기에서 주파수(f) 계산 방식은?

㉮ $\dfrac{N \cdot P \cdot v}{60}$ ㉯ $\dfrac{N \cdot P}{v}$

㉰ $\dfrac{P \times 60}{N}$ ㉱ $\dfrac{P \cdot N}{2 \times 60}$

3. 다음 중에서 가장 많이 사용하는 축압기는?

㉮ 다이어프램형   ㉯ 플로트형
㉰ 브래더형   ㉱ 피스톤형

▶ 피스톤형 축압기는 튼튼하고 공간을 적게 차지한다.

4. 연료유량계 중 대형 항공기에 널리 사용되는 것으로 연료량을 중량으로 나타내는 것은?

㉮ 사이트 게이지
㉯ 부자식 게이지
㉰ 정전식 게이지
㉱ 드립스틱 게이지

▶ 정전식 게이지는 측정된 부피에 밀도를 곱하여 중량으로 표시

5. 프레온 에어콘 계통에서 콘덴서의 냉각공기는 어디서 오는가?

㉮ 엔진의 압축기   ㉯ 객실공기
㉰ 바깥공기   ㉱ 배기가스

▶ 콘덴서에서 외기(대기) 공기가 기체프레온의 열을 흡수하고 액체로 응축시킨다.

6. 안테나 커플러(Antenna Coupler)의 역할로 바른 것은?

㉮ 안테나와 안테나를 연결시켜 주는 기구이다.
㉯ 안테나의 길이를 보상하는 기구이다.
㉰ 안테나를 항공기에 부착할 때 사용하는 기구이다.
㉱ 안테나를 항공기에 떼어낼 때 사용하는 기구이다.

▶ 안테나 커플러는 전파의 파장에 알맞은 길이로 안테나를 설치할 수 없으므로 내부에 코일을 감아 길이를 보상해준다.

7. 축전지의 캡에 대한 설명 중 틀린 것은?

㉮ 전해액의 보충 비중 측정
㉯ 전압을 측정할 수 있다.
㉰ 충전시 발생하는 가스 배출
㉱ 배면 비행시 전해액의 누설 방지

● 캡의 내부의 납추는 항공기의 자세가 흔들리거나 배면 비행자세가 되더라도 가스배출구를 막아 전해액의 누설을 방지해준다.

8. 항공기에 사용되는 직류 발전기 중에서 전류용량이 가장 큰 형식은?

㉮ R형   ㉯ O형
㉰ P형   ㉱ M형

● 직류발전기는 항공기 내에서의 전기 수요에 따라 형식을 용량별로 나누는데 M형(50A), O형(100A), P형(200A), R형(300A), A형(400A) 등이 있다.

9. 매니폴드 압력에 대한 설명으로 맞는 것은?

㉮ 상대압력으로 측정한다.
㉯ 압력차를 이용해서 측정한다.
㉰ 절대압력으로 측정한다.
㉱ EPR계기이다.

● 매니폴드 압력
- 왕복기관의 실린더로 흡입되는 공기 연료 혼합기의 압력
- 회전속도와 관련하여 기관의 출력을 추정
- 정속프로펠러와 과급기을 장착한 기관에는 필수 계기
- 저고도에서 초과된 과급을 고도에서는 기관의 출력손실을 알린다.
- 절대압력으로 지시하며 기관정지시 대기압을 지시한다.

10. 고추력에 사용되며 중공으로 제작된 프로펠러의 재질로 적합한 것은?

㉮ 알루미늄 합금
㉯ 크롬-니켈-몰리브덴강
㉰ 스테인리스강
㉱ 탄소강

11. 비상착륙에 적합한 육지로부터 몇 킬로미터 이상 해상을 비행하는 항공기는 구명보트와 항공기용 구명 무선기를 비치해야 하는가?

㉮ 180km   ㉯ 360km
㉰ 540km   ㉱ 720km

● 항공법상 740km 또는 120분 이상을 기준으로 하고 있다.

12. 전력이 115V, 1KVA, 역률이 0.866일 때 무효전력은? (단, 위상차가 30°이다)

㉮ 500Watt   ㉯ 866Watt
㉰ 500Var   ㉱ 866Var

● ・피상전력 : 무효전력과 유효전력을 합성한 교류의 총전력(단위는 VA)
・유효전력 : 저항에 흡수되어 실제로 소비한 전력(유효전력=피상전력×$\cos\theta$ [Watt])
・무효전력 : 전기장 및 자기장의 변화에 의해 흡수, 반환현상으로 인한 전력(무효전력=피상전력×$\sin\theta$ [Var])

13. 윈드실드 와이퍼 장력 측정에 대한 올바른 설명은?

㉮ 필러 게이지를 이용하여 갭을 측정
㉯ 윈드실드 와이퍼암이 구부러져 있어 장력을 측정할 필요가 없다.
㉰ 토크렌치 사용
㉱ 스프링 밸런스

● 윈드실드 와이퍼 블레이드의 장력측정은 블레이드 양끝과 중앙을 당겨 장력이 10% 오차이내이어야 한다. 10%이상일 경우 와이퍼를 교환해야한다.

14. 연료유량계기에 대한 설명 중 옳은 것은?
㉮ 사용불능 연료량 20%를 0으로 한다.
㉯ 완전히 사용한 연료를 0으로 한다.
㉰ 완전히 사용한 연료를 0으로 하고 그 이외는 직선으로 한다.
㉱ 사용불능 연료량 80%를 0으로 하고 그 이외는 직선으로 한다.

15. 다음 영문의 물음으로 올바른 것은?

> What is the frequency of an alternator dependent upon?

㉮ RPM   ㉯ Voltage
㉰ Current   ㉱ Ohm

1. ㉯	2. ㉱	3. ㉱	4. ㉰	5. ㉰
6. ㉰	7. ㉯	8. ㉮	9. ㉱	10. ㉯
11. ㉱	12. ㉰	13. ㉱	14. ㉮	15. ㉮

1998년도 기능사 1급 4회 항공장비

1. 다음 중 싱크로 계기에 속하지 않는 것은?
   - ㉮ 직류셀신
   - ㉯ 오토신
   - ㉰ 동기계
   - ㉱ 마그네신

2. 그림과 같은 회로에서 저항 6Ω의 양단전압 E를 구하면?

   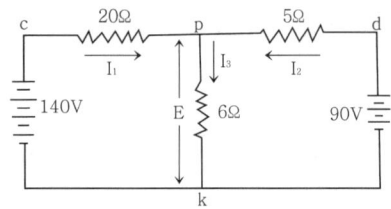

   - ㉮ 20V
   - ㉯ 40V
   - ㉰ 60V
   - ㉱ 80V

3. 다음 중 조종실 온도변화에 따른 속도계의 지시 보상 방법은?
   - ㉮ 온도보상은 필요 없다.
   - ㉯ Bi-metal에 의해
   - ㉰ 온도보상표에 의해
   - ㉱ Thermal S/W에 의해 전기적으로

4. 작동유압 계통에서 계기는 어느 압력으로 지시하는가?
   - ㉮ reservoir pressure
   - ㉯ manifold pressure
   - ㉰ accumulator pressure
   - ㉱ regulator pressure

5. 항공기 제우계통에 속하지 않는 것은?
   - ㉮ 전기식 제우계통
   - ㉯ 유압식 제우계통
   - ㉰ 제트 블라스트 제우계통
   - ㉱ 열적 제우계통

6. 항법등에서 꼬리등은 무슨 색 등으로 되어 있는가?
   - ㉮ 적색등
   - ㉯ 녹색등
   - ㉰ 흰색등
   - ㉱ 황색등

7. 고도가 변함에 따라 진대기속도를 지시하지 않는 이유?
   - ㉮ 공기온도 변화
   - ㉯ 공기밀도 변화
   - ㉰ 대기압의 변화
   - ㉱ 고도가 변화해도 올바른 속도 지시

8. 전압이 110V인 회로에 저항이 55Ω인 부하를 5시간동안 사용하면 소비된 총 전기에너지는?
   - ㉮ 1000Wh
   - ㉯ 1100Wh
   - ㉰ 1200Wh
   - ㉱ 1300Wh

   ● 총 전기에너지=전력×사용시간

9. 다음 중 화재방지 계통의 허위작동원인이 아닌 것은?

㉮ 소화 카트리지 압력이 낮을 때
㉯ wiring이 short되었을 때
㉰ 습기가 차있을 때
㉱ terminal이 loose 되었을 때

▶ 소화재 용기에는 내압을 표시하는 압력계와 압력이 강하랄 때 경고를 주는 압력스위치가 있다.

10. 알칼리 전해액 점검은?

㉮ 비중, 액량을 측정할 수 없다.
㉯ 비중, 액량을 측정할 수 있다.
㉰ 비중은 측정할 수 없고, 액량은 측정할 수 있다.
㉱ 때때로 측정해준다.

11. 유압계통에서 다운 스트림이란?

㉮ 어떤 밸브를 기준으로 배출 압력관쪽
㉯ 어떤 밸브를 기준으로 유입구쪽
㉰ 밸브의 내부흐름
㉱ 어떤 밸브를 기준으로 하부흐름

12. 소형 항공기의 앞착륙 장치실의 문은 어떤 힘에 의해서 열리고 닫히게 되는가?

㉮ 유압계통의 힘으로
㉯ 전기적인 힘으로
㉰ 링크기구에 의하여 기계적으로
㉱ 전기 유압식으로

13. 브레이크 계통에서 스펀지 현상이 발생했을 때 조치 사항은?

㉮ 작동유를 보충한다.
㉯ Air를 보충한다.
㉰ 페달을 계속해서 밟아준다.
㉱ 브리딩한다.

14. 계기의 T형 배치에서 중심이 되는 것은?

㉮ 자세 지시계 ㉯ 속도계
㉰ 고도계   ㉱ 방위 지시계

▶ 계기의 T형 배치

속도계	자세 지시계	고도계
	방위 지시계	

15. In most modern hydraulically actuated landing gear systems, the order of gear and fairing door operation is controlled by (   ).

㉮ micro switches
㉯ shuttle valves
㉰ sequence valves
㉱ pressure regulator

1. ㉰	2. ㉰	3. ㉯	4. ㉯	5. ㉱
6. ㉰	7. ㉯	8. ㉯	9. ㉮	10. ㉰
11. ㉮	12. ㉰	13. ㉱	14. ㉮	15. ㉰

1999년도 산업기사 1회 항공장비

1. 릴리프(relief) 밸브에서 크래킹(cracking) 압력이란?

㉮ 압력이 상승하여 밸브가 열리기 시작하는 압력
㉯ 압력이 상승하여 밸브가 닫히기 시작하는 압력
㉰ 압력이 상승하여 유로가 파괴되는 압력
㉱ 압력이 상승하여 밸브의 작동이 정지하는 압력

▶ • 크래킹 압력(cracking pressure) : 계통내의 압력이 규정값 이상으로 상승하여 볼이 시트로부터 벌어지기 시작하면서 작동유가 귀환관으로 흐르게 될 때의 압력을 말한다
 • 풀 드로 압력(full draw pressure) : 볼이 완전히 시트에서 떨어져 릴리프 밸브에서 최대의 작동 유량이 통과할 때의 압력이다. 크래킹 압력보다 10%정도 높아야 한다.
 • 리시팅 압력(reseating pressure) : 시트로 되돌아와서 귀환되는 작동유의 흐름을 중단할 때의 압력이다. 리시팅 압력은 크랭킹 압력보다 압력이 10%가 낮다.

2. 교류 발전기의 병렬운전에 들어가기 전에 일치시켜야 할 사항이 아닌 것은?

㉮ 전압(voltage)
㉯ 주파수(frequency)
㉰ 부하의 조정
㉱ 위상(phase)

3. 다음 중에서 화재탐지 방법에 사용하지 않는 것은?

㉮ 온도 상승률 탐지기
㉯ 스모크 탐지기
㉰ 이산화탄소 탐지기
㉱ 과열 탐지기

▶ 화재 탐지방법은 온도 상승률 탐지기, 스모크 탐지기, 일산화탄소 탐지기, 과열 탐지기 등

4. 프레온 에어콘 계통에서 콘덴서의 냉각공기는 어디로부터 오는가?

㉮ 엔진 압축기 ㉯ 바깥 공기
㉰ 배기 가스   ㉱ 객실 공기

5. 항공기의 색표지(color marking)에서 붉은 색 방사선은?

㉮ 사용범위의 최대를 표시
㉯ 경계 및 경고범위를 표시
㉰ 안전운용범위를 표시
㉱ 최대 및 최소운용한계를 표시

6. 계기착륙장치에 사용되는 계통과 관계있는 것은?

㉮ 로컬라이져(Localizer), 글라이드 슬롭(Glide Slope)
㉯ 전파고도계(LRRA), 마커 비콘(Marker Beacon)

㉰ 초단파 전방위 무선표시장치(VOR), 로컬라이저(Localizer)

㉱ 자동방향탐지기(ADF), 마커 비콘(Marker Beacon)

- ILS(Instrument Landing System) : 항공기가 착륙하는데 필요한 방위각, 활공각, 및 마커 위치정보를 제공하며 로컬라이저(Localizer), 글라이드 슬롭(Glide Slope), 마커비콘(Marker Beacon)로 구성된다.
- 로컬라이저(Localizer) : 활주로의 중심선의 연장을 나타내는 장치로 착륙 코스에서의 변위를 알 수 있다.
- 글라이드 슬롭(Glide Slope) : 활공경로 즉 하강비행각을 표시해 주는 장치
- 마커비콘(Marker Beacon) : 착륙 접근시 항공기로부터 활주로까지의 거리를 나타내주는 착륙 보조 시설
- ILS지시기 : 로컬라이저와 글라이드 슬롭의 크로스 포인터를 사용하고 그 교점이 착륙 코스를 지시하고 중심으로부터의 움직임이 편위의 크기를 나타낸다.

7. 전파고도계란?

㉮ 항공기에서 지표를 향해 전파를 발생하여 그 반사파가 되돌아 올 때까지의 주파수를 측정

㉯ 항공기에서 지상까지의 기압고도를 측정

㉰ 항공기에서 지표를 향해 전파를 발생하여 그 반사파가 되돌아 올 때까지의 시간을 측정

㉱ 항공기에서 지상까지의 밀도고도를 측정

● 기압고도계와 달리 지형과 항공기 사이의 고도 즉 절대고도를 지시하고 절대고도계라고도 한다.

8. 항공기의 공압 계통에서 수분 제거기의 역할은?

㉮ 압축기에서 들어오는 공기의 수분 제거

㉯ 압축기에서 압축되어 계통으로 가기 전의 공기의 수분 및 오일 제거

㉰ 계통에서 작용하고 돌아오는 공기의 수분 제거

㉱ 압축기 입구의 공기와 돌아오는 공기의 수분 제거

9. 다음 그림의 회로에서 전류 I_2는 얼마인가?

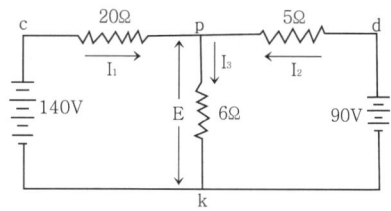

㉮ 4A   ㉯ 6A

㉰ 8A   ㉱ 10A

10. 싱크로 전기기기에 대한 설명으로 틀린 것은?

㉮ 회전축의 위치를 측정 또는 제어하기 위해 사용되는 특수한 회전기기이다.

㉯ 항공기에서는 콤파스 계기상 VOR국이나 ADF국 방위로 지시하는 지시계기이다.

㉰ 구조는 고정자의 1차 권선, 회전자 측에 2차 권선을 가지는 회전 변압기이고, 2차측에는 정현파 교류가 발생하도록 되어 있다.

㉱ 각도 검출 및 지시용으로 두개의 싱크로 전기기기를 1조로 사용한다.

11. 항공기 시동모터에 가장 적합한 전동기 종류는?

㉮ 분권식 ㉯ 직권식
㉰ 복권식 ㉱ 스플릿식

▶ 직류 전동기에는 직권식, 분권식, 복권식이 있다
- 직권식 : 시동시에 큰 토크값을 발생하므로 시동기등에 많이 이용.
- 분권식 : 전동기의 회전속도를 일정하게 유지하므로 일정속도로 구동되어야 하는 인버터등의 구동에 이용
- 복권식 : 시동성과 동시에 일정한 회전속도를 요구하는 장치의 구동에 이용

12. 연축전지 전해액의 혼합 방법에 대한 설명 내용으로 가장 올바른 것은?

㉮ 희유산에 증류수를 섞는다.
㉯ 희유산에 알코올을 섞는다.
㉰ 증류수에 희유산을 섞는다.
㉱ 섞는 방법에 관계없다.

13. 항공기에 장착되어 있는 플라이트 인터폰의 목적은?

㉮ 운항 중에 승무원 상호간의 통화와 통신, 항법계 등의 신호를 승무원에게 분배, 청취하기 위해
㉯ 비행 중에 항공기 내에서 유선 통신을 사용하기 위하여
㉰ 비행 중에 운항 승무원에게 객실 승무원의 상호 통화와 기타 오디오 신호를 승무원에게 분배 청취하기 위하여
㉱ 비행 중에 조종실과 지상 무선시설의 상호 통화 및 오디오 신호를 청취하기 위해

▶ flight interphone system, service interphone system, cabin interphone system, passenger address system, passenger entertainment system 등의 통신장치를 가지고 있다.

14. 전기 저항식 온도계에서 규정보다 높은 저항의 수감부(Sensing Bulb)를 사용했다면 그 지시값은?

㉮ 규정보다 높아진다.
㉯ 규정보다 낮아진다.
㉰ 변함이 없다.
㉱ 0을 가리킨다.

▶ 금속의 전기 저항은 통상 온도의 상승과 함께 증가한다. 전기 저항식 온도계는 이 관계를 이용한 온도계로 수감부는 +의 온도계수를 가지는 저항선으로 온도가 올라가서 저항치가 커지면 지시계의 지침은 고온측을 지시한다. 단선하면 저항치가 무한대가 되므로 지침은 고온측으로 최대를 지시하며 지침이 흔들린다.

15. 자이로에 대한 설명 중 틀린 것은?

㉮ 강직성은 자이로 로터의 질량이 클수록 강하다.
㉯ 강직성은 자이로 로터의 회전이 빠를수록 강하다.
㉰ 섭동성은 가해진 힘에 반비례하고 로터 회전속도에 비례한다.
㉱ 자이로를 이용한 계기로는 선회경사계, 방향자이로지시계, 자이로 수평지시계

▶ 섭동성은 가해진 힘에 비례하고 로터회전 속도에 반비례한다.

16. 유압 계통의 축압기의 설치 위치는?

㉮ 작업 라인 ㉯ 귀환 라인
㉰ 공급 라인 ㉱ 압력 라인

17. 절대고도란 무엇인가?

㉮ 해면에서의 고도
㉯ 표준대기 29.92inHg
㉰ 기압고도에서의 고도
㉱ 비행기를 지면으로

▶ • 진고도: 해면에서의 고도
• 기압고도: 기압표준선, 즉 표준대기압 해면(29.92inHg)으로 부터의 고도

18. 단측파대 통신방법이 장점이 아닌 것은?

㉮ 비트방해가 줄어든다.
㉯ 신호의 잡음 개선
㉰ 송신기의 소비전력이 양측파대 방식보다 높다.
㉱ 주파수 대역이 1/2로 줄어든다.

▶ SSB(Single Side Band)의 특징
① 한쪽 측대파만을 사용하기 때문에 점유 주파수 대역폭이 1/2로 줄어든다.
② 같은 수신 전기장의 세기에 대하여 송신 전력이 DSB방식보다 적어도 된다.
③ 송신기의 소비전력이 DSB방식보다 적게 든다.
④ 선택성의 페이딩의 영향을 DSB방식보다 적게 받는다.
⑤ 수신기의 출력에 있어서 신호 대 잡음비(S/N)가 개선된다.
⑥ 비트(beat) 방해가 일어나지 않는다.
⑦ DSB방식에 비하여 송신기를 소형으로 제작할 수 있다.

19. 다음 그림에서 임피던스는?

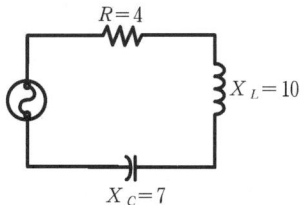

㉮ 5   ㉯ 7
㉰ 10 ㉱ 17

▶ 회로가 유도성 리액턴스와 용량성 리액턴스를 포함하는 경우의 임피던스는
$Z = \sqrt{R^2 + (X_L - X_C)^2}$

20. 다음 중에서 압력조절기의 구성요소는?

㉮ check valve와 relief valve
㉯ check valve와 bypass valve
㉰ flow regulator와 bypass valve
㉱ flow regulator와 relief valve

▶ 압력조절기 : 일정 용량형 펌프를 사용하는 유압 계통에 필요한 장치로 배출압력을 규정범위로 조절하고, 무부하시 펌프에 압력이 걸리지 않도록 한다.

1. ㉮	2. ㉰	3. ㉰	4. ㉯	5. ㉱
6. ㉮	7. ㉰	8. ㉯	9. ㉯	10. ㉰
11. ㉯	12. ㉰	13. ㉮	14. ㉮	15. ㉰
16. ㉱	17. ㉱	18. ㉰	19. ㉮	20. ㉯

1999년도 산업기사 2회 항공장비

1. 어떤 교류 발전기의 정격이 115V, 1kVA, 역률이 0.866이라면 무효전력은 얼마인가?

   ㉮ 450Var   ㉯ 500Var
   ㉰ 750Var   ㉱ 1000Var

   ● 무효전력=피상전력×$\sin\theta$
   역률=$\cos\theta$=0.866, θ=30°

2. 지시부와 수감부 간의 거리가 멀어져 원격지시계기의 일종으로 발전하게 된 것으로 기계적인 직선 또는 각변위를 수감하여 전기적인 양으로 변환한 다음 조종석에서 기계적인 변위로 재현시키는 계기는?

   ㉮ 자기 계기   ㉯ 자이로 계기
   ㉰ 싱크로 계기   ㉱ 회전 계기

3. 항공기의 선회율을 지시하는 자이로 계기는?

   ㉮ 레이트   ㉯ 인테그럴
   ㉰ 버티컬   ㉱ 디렉쇼널

   ● 선회경사계의 회전지시부는 rate gyro로 회전비율에 따라 비례하여 지시한다.

4. 다음 중에서 방빙이 필요 없는 것은?

   ㉮ 동체 리딩에이지
   ㉯ 주날개 리딩에이지
   ㉰ 꼬리날개 리딩에이지
   ㉱ 엔진 카울링 리딩에이지

5. 충돌방지등은 어디에 위치하는가?

   ㉮ 동체 아래 : 붉은색
   ㉯ 왼쪽 날개끝 : 붉은색
   ㉰ 꼬리끝 : 붉은색
   ㉱ 동체 상부 또는 수직안정판 상단 : 붉은색

6. 지표파가 잘 전달되는 전파는?

   ㉮ LF   ㉯ UHF
   ㉰ HF   ㉱ VHF

   ● 주파수가 30~300kHz의 장파는 지표면에 따라 잘 전파되는 지표파이다.

7. 속도계의 색표지(color making) 중에서 Power OFF, Flap UP, Stall Speed는 어디에 표시되어 있는가?

   ㉮ 적색 방사선   ㉯ 녹색 호선
   ㉰ 황색 호선   ㉱ 백색 호선

8. Vapor Cycle Cooling System에서 condenser의 기능에 대한 설명 중 바른 것은?

   ㉮ centrifugal type과 piston type이 있다.
   ㉯ 고압력의 freon gas를 액체로 변환
   ㉰ 냉각제가 부족하지 않게 계통에 보급
   ㉱ 냉각제가 증기화되는 것을 막음

9. UHF 송수신장치에서 수신기는?

㉮ 이중 슈퍼헤로다인 방식
㉯ 이중 스트레이트 방식
㉰ 단일 슈퍼헤로다인 방식
㉱ 단일 스트레이트 방식

● UHF 통신장치는 단일통화방식으로 현재 각국의 군용 항공기에 한정하여 사용하고 있다.

10. 유압회로의 열화작용이란?

㉮ 회로 내에 공기의 혼입으로 기름의 온도가 상승하는 것
㉯ 회로 내에 기름을 장시간 사용함으로서 온도가 상승하는 것
㉰ 회로 내에 기름이 부족하여 온도가 상승하는 것
㉱ 회로 내에 기름이 과대하여 온도가 상승하는 것

11. 직류발전기에서 잔류자기를 잃어 발전기 출력이 나오지 않을 경우 어떤 방법으로 잔류자기를 회복할 수 있는가?

㉮ 잔류자기가 회복될 때까지 반대방향으로 회전시킨다.
㉯ 계자 권선에 직류전원을 공급한다.
㉰ Field Coil을 교환한다.
㉱ 잔류자기가 회복될 때까지 고속 회전시킨다.

12. Ni-Cd Battery가 방전상태에 이르면 전해액의 비중은?

㉮ 수분이 증발하지 않는 한 변하지 않는다.
㉯ 낮아진다.
㉰ 높아지나 기온이 추우면 낮아진다.
㉱ 높아진다.

13. 그림과 같은 불평형 브리지회로에서 단자 A, B간의 전위차를 구하고 A와 B중 전위가 높은 쪽을 표시한 것으로 가장 올바른 것은?

㉮ 100V, A<B
㉯ 100V, A>B
㉰ 220V, A>B
㉱ 220V, A<B

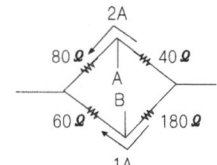

● 회로 양단에는 240V의 전압이 걸려 있다. 40Ω을 지나며 80V의 전압강하가 180Ω을 지나며 180V의 전압강하가 발생한다.

14. 지자기 자력선의 방향과 수평간의 각을 말하며 적도 부근에서는 거의 0도이고 양극으로 갈수록 90도에 가까워지는 것을 무엇이라 하는가?

㉮ 편각   ㉯ 복각
㉰ 수평분력   ㉱ 수직분력

15. Em은 전압의 최대값이고 θ를 위상이라고 하면, 순간전압 $e = E_m \angle \theta$로 표시한 방법은 무엇인가?

㉮ 삼각함수   ㉯ 극좌표
㉰ 지수함수   ㉱ 복소수

16. 작동유압을 지시하는 계기에 가장 적당한 것은?

㉮ 아네로이드식 계기
㉯ 다이어프램식 계기

㉰ 버어든관식 계기
㉱ 압력식 계기

17. Thermo Couple식 기통두 온도계의 lead line을 풀어내면 지시치는?

㉮ zero를 지시한다.
㉯ 기통두 온도를 그대로 지시한다.
㉰ 계기 주위의 온도를 지시한다.
㉱ 무어라 말할 수 없다.

▶ Thermo Couple식 온도계의 경우 고온부와 저온부의 온도차에 의해 열기전력이 발생하게 된다. lead line 단선 또는 기관의 정지 등과 같은 경우 열기전력이 발생하지 안으며 주위의 온도를 지시한다.

18. 다음 브레이크 중에서 제동토크가 가장 큰 것은?

㉮ 싱글   ㉯ 팽창튜브
㉰ 팽창슈   ㉱ 멀티

19. 고도계의 setting방법이 아닌 것은?

㉮ QNE   ㉯ QFE
㉰ QNH   ㉱ QEF

20. 전방향탐지로 360° 계기판에 나타내는 장치는?

㉮ VOR   ㉯ LRRA
㉰ M/B   ㉱ B/F

▶ 전방향 표지 시설은 유효거리 내에 있는 모든 항공기에 VOR 지상국에 대한 자기 방위를 연속적으로 지시해 주거 정확한 항공로를 알 수 있게 한다.

1. ㉯	2. ㉰	3. ㉮	4. ㉮	5. ㉱
6. ㉮	7. ㉱	8. ㉯	9. ㉮	10. ㉮
11. ㉯	12. ㉱	13. ㉰	14. ㉯	15. ㉯
16. ㉰	17. ㉰	18. ㉱	19. ㉱	20. ㉮

1999년도 산업기사 3회 항공장비

1. hydraulic filter에서 pop-indicator가 튀어나왔다면 무엇을 의미하는가?

㉮ 필터가 찌꺼기에 의해서 막히고 작동유가 통과하지 않는 상태
㉯ 필터가 막히고 작동유가 바이패스되고 있는 상태
㉰ 필터에 작동유가 정상으로 통과되고 있는 상태
㉱ hydraulic pump의 고장을 지시

▶ 최근에는 엘리먼트가 오염되어 있는 상태를 알기 위한 인디케이터가 부착되어 있다.

2. 저항측정기(ohm meter)을 사용하여 b와 c사이의 저항을 측정하였더니 200Ω이었다. 이때 계기 수리공은 어떠한 조치를 하여야 하는가?

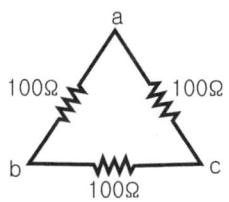

㉮ a와 b사이가 단선되었음을 의미하므로 이곳을 조치한다.
㉯ b와 c사이가 단선되었음을 의미하므로 이곳을 조치한다.
㉰ c와 a사이가 단선되었음을 의미하므로 이곳을 조치한다.
㉱ 아무런 이상이 없는 것을 의미한다.

3. 다음 계기 중 섭동성을 이용한 계기는 무엇인가?

㉮ 자이로 수평 지시계
㉯ 방향 자이로 지시계
㉰ 경사계
㉱ 선회계

4. 3상 교류 발전기에서 발전된 전압을 정의 방향으로 순차적으로 모두 합하면 1개의 상전압과 비교할 때 몇 배가 되는가?

㉮ 0배 ㉯ 1배
㉰ √2배 ㉱ √3배

5. 다음 중 D급 화재에 대한 바른 설명은 무엇인가?

㉮ 나무, 종이에 의한 화재
㉯ 기름에 의한 화재
㉰ 금속자체에 의해 일어난 화재
㉱ 전기화재

6. thermister의 설명으로 바른 것은?

㉮ 온도가 증가하면 저항이 증가한다.
㉯ 온도가 증가하면 저항이 감소한다.
㉰ 온도가 증가하면 저항이 증가했다가 감소한다.
㉱ 온도와 아무런 관계가 없다.

● 대부분의 물질은 온도가 증가하며 저항도 증가한다.

7. 객실 여압조절기를 조절하는 신호로 바르게 짝지어진 것은?

㉮ 브리드 에어 압력, 객실고도, 객실고도 변화율
㉯ 기압계 압력, 객실고도, 객실고도 변화율
㉰ 브리드 에어의 양, 객실압력, 객실고도 변화율
㉱ 바깥공기 온도, 객실고도, 객실압력

8. hydraulic계통에 사용되는 relief valve의 특성 중 압력 오버 라이드(over ride)란 무엇인가?

㉮ 크래킹 압력에서부터 릴리프 밸브가 닫힐 때까지의 압력변화
㉯ 릴리프 밸브가 열려서 있을 때 정격 유량의 압력변화
㉰ 크래킹 압력에서부터 정격유량이 흐를 때까지의 압력변화
㉱ 릴리이프 밸브가 닫혀서 정격유량을 유지할 때까지의 압력변화

● 전 누출 특성이라고 하는 것으로 밸브에서 설정된 압력과 밸브가 열려 작동유가 유출되기 시작하는 크래킹 압력과의 차압을 말함. 작을수록 좋다.

9. 다음 중 도체의 고유저항 또는 비저항의 단위로 맞는 것은?

㉮ Ω - mil/in   ㉯ Ω - mil/ft
㉰ Ω - cir mil/in ㉱ Ω - cir mil/ft

10. 항공계기의 종류와 거리가 먼 것은?

㉮ 비행계기   ㉯ 원동기계기
㉰ 항법계기   ㉱ 통신계기

● 항공기 계기는 일반적으로 비행계기, 기관계기, 항법계기 및 기타계기로 나뉜다.

11. 지자기의 3요소 중 편각을 바르게 설명한 것은?

㉮ 지축과 지자기축이 서로 일치하지 않아서 발생되는 진방위와 자방위의 차
㉯ 지자기자격선의 방향과 수평선 간의 각을 말하여 양극으로 갈수록 90°에 가까워진다.
㉰ 지자력의 지구수평선에 대한 분력을 의미한다.
㉱ flux valve가 편각을 감지

12. 다음 회로 중 6Ω에 흐르는 전류 I_3의 값은?

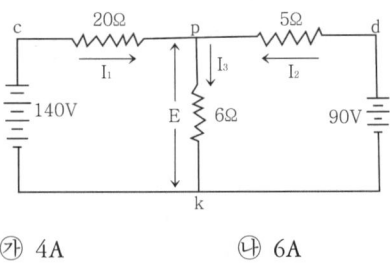

㉮ 4A   ㉯ 6A
㉰ 8A   ㉱ 10A

13. 통신방법 중 SSB 통신방법이란 무엇인가?

㉮ 주파수 변조   ㉯ 양측파대 변조
㉰ 단측파대 변조 ㉱ 펄스 변조

● 무선통신에서 반송파의 진폭이 신호파의 세기에 따라 변화는 진폭변조방식이다.

14. 고도계 보정방법 중 지정된 활주로 위에서 고도계가 "0ft"을 지시하도록 하는 보정 방법은?

㉮ QFE   ㉯ QFH
㉰ QNE   ㉱ QNH

15. 항공계기의 색표지 중 적색방사선은 무엇을 나타내는가?

㉮ 최대 및 최소의 운전 또는 운용 한계를 지시
㉯ 계속운전범위
㉰ 경계 및 경고범위
㉱ 연료와 공기 혼합기의 오토린 시의 계속운전 범위

16. 항공기의 AC전원을 DC전원으로 바꾸어 주는 기능을 하는 part는?

㉮ battery charger
㉯ static inverter
㉰ TRU(transformer rectifier unite)
㉱ load controller

17. air cycle air conditioning system에서 expansion turbine 에 대한 설명으로 맞는 것은?

㉮ 1차 열교환기를 거친 공기를 냉각시킨다.
㉯ 공기공급 라인이 파열되면 계통의 압력 손실을 막는다.
㉰ air-condition 계통에서 가장 마지막으로 냉각이 일어난다.
㉱ 찬공기와 뜨거운 공기가 섞이도록 한다.

▶ 2차 열교환기를 지나온 공기의 압력강하를 유도하며 팽창을 통해 냉각이 일어난다.

18. 전파의 이상현상이 아닌 것은?

㉮ 페이딩 현상   ㉯ 자기폭풍
㉰ 델린저 현상   ㉱ 잡음

▶ • 페이딩 현상 : 전파의 수신 전기장의 강도가 시간적으로 변동하는 현상
• 전리층교란 : 자기폭풍에 의해 단파의 감쇠가 증가하여 수신감도가 저하
• 델린저 현상 : 전리층의 불규칙한 변동으로 인해 전리층 전파에 영향을 주는 현상

19. 항법 요소 중 가장 중요한 것은?

㉮ 속도   ㉯ 위치
㉰ 자세   ㉱ 방향

▶ 항공기가 목적지까지 정확하게 비행하기 위해서는 현재의 위치를 측정하여 목적지까지의 거리나 방향을 알아야 하며 이 결과에 따라 진행 방향, 고도, 속도들 정확하게 유지하여 비행하는 것을 항법이라 한다.

20. 유압동력펌프의 종류 중 가변용량이 가능한 펌프는 어느 것인가?

㉮ 기어형   ㉯ 제로터형
㉰ 베인형   ㉱ 피스톤형

1. ㉯	2. ㉯	3. ㉱	4. ㉮	5. ㉰
6. ㉯	7. ㉯	8. ㉰	9. ㉱	10. ㉰
11. ㉮	12. ㉱	13. ㉰	14. ㉮	15. ㉮
16. ㉰	17. ㉰	18. ㉱	19. ㉯	20. ㉱

2000년도 산업기사 1회 항공장비

1. 발전기의 무부하(No-load) 상태에서 전압을 결정하는 3가지 주요한 요소에 들지 않는 것은?

㉮ 회전자기장을 끊는 속도
㉯ 자장의 세기
㉰ 자장을 끊는 회전자의 수
㉱ 회전자의 회전방향

▶ $e = N\dfrac{d\Phi}{dt}[V]$ (e : 유기 되는 순간전압, N : 전기자의 코일수, Φ : 자속)

2. shunt 란?

㉮ 저항 전압 등의 전류를 측정할 수 잇는 메타
㉯ 축전지가 충전되는가를 알기 위한 Am meter
㉰ 계기보호용으로 삽입된 회로상의 휴즈
㉱ 전류계 외측에 대부분의 전류를 by-pass 시키는 금속저항체

▶ 계기의 감도 즉 계기의 측정범위보다 큰 전류를 측정하려면 별도의 저항(shunt)을 계기와 병렬로 연결하여 대부분의 전류를 shunt로 흐르게 하고 전류계의 측정범위보다 작은 전류만을 전류계로 흐르게 한다.

3. 유압장치와 공압장치를 비교할 때 공압장치에 필요 없는 부품은?

㉮ check valve   ㉯ relief valve
㉰ selector valve ㉱ accumulater

▶ 축압기는 비압축성 유체를 사용하는 유압계통에 사용한다.

4. 24V, $\dfrac{1}{3}HP$인 전동기가 효율 75%로 작동하고 있다면 이 때 전류는 약 몇 A 인가?

㉮ 7.8   ㉯ 13.8
㉰ 22.8   ㉱ 30.0

5. 3 ohm의 저항 3개로 서로 직렬 또는 병렬 연결하여 얻을 수 있는 가장 적은 저항은?

㉮ 1   ㉯ 3
㉰ 2/3   ㉱ 1/3

6. Cockpit Voice Recorder의 설명으로 올바른 것은?

㉮ 지상에서 항공기를 호출하기 위한 장치
㉯ 항공기 사고원인 규명을 위해 사용되는 녹음장치
㉰ HF 또는 VHF를 이용하여 통화
㉱ 지상에 있는 정비사에게 Alert in 하기 위한 장비

▶ CVR(Cockpit Voice Recorder)은 FDR(flight data recorder)과 더불어 항공기 사고원인 규명을 위해 모든 항공기에 의무적으로 장착된다.

7. 항공기의 수직방향 속도를 분당 feet로 지시하는 계기는?

㉮ VSI ㉯ LRRA
㉰ DME ㉱ HSI

▶ 승강계는 항공기의 수직방향의 속도을 ft/min 단위로 지시하고 상승률과 하강률을 나타낸다.

8. 비행장에 설치된 콤파스 로즈의 용도는?

㉮ 활주로의 방향을 표시하는 방위도
㉯ 그 지역의 편각을 알려주기 위한 기준 방향
㉰ 그 지역의 지자기의 세기를 알려준다.
㉱ 기내에 설치된 자기콤파스의 자차 수정

▶ 콤파스로스는 전기적 장애가 가장 적은 곳에 자북을 기준으로 30°간격으로 눈금이 매겨져 배치되어 있다.

9. 여러 개의 열스위치와 화재 탐지등으로 구성되어 있는 화재탐지 장치에 대한 설명 중 옳은 것은?

㉮ 스위치는 서로 직렬이고 등도 직렬이다.
㉯ 스위치는 서로 병렬이고 등은 직렬이다.
㉰ 스위치는 서로 병렬이고 등도 병렬이다.
㉱ 스위치는 서로 직렬이고 등은 병렬이다.

10. 대형 항공기 공압 계통에서 공동 매니폴드에 공급되는 공기의 온도조절은 어느 것에 의해 이루어지는가?

㉮ 팬 에어 ㉯ 열교환기
㉰ 램 에어 ㉱ 브리딩 에어

▶ 열교환기의 냉각은 팬 에어, 프로펠러 후류, 램 에어 등이 사용된다.

11. 다음 고도계의 오차중 히스테리시스로 인한 오차는 어느 것인가?

㉮ 눈금 오차 ㉯ 온도 오차
㉰ 탄성 오차 ㉱ 기계적 오차

12. 공함은 압력을 기계적인 변위로 바꾸어주는 장치인데, 공함을 이용한 계기로 가장 올바른 것은?

㉮ 고도계
㉯ 속도계
㉰ 승강계
㉱ 고도계, 승강계, 속도계

13. 자이로 축이 상·하 방향을 향하고 있는 계기는?

㉮ 수평의 ㉯ 정침의
㉰ 선회계 ㉱ 경사계

▶ vertical gyro는 항공기 기수방향에 대하여 수직인 자이로 축을 가지며 항공기의 자세, 즉 피치와 경사를 지시

14. 속도계의 이상이 생겼을 때 점검사항은?

㉮ 계기를 제외한 전 계통을 외부로부터 점검하여 이상이 없으면 그대로 둔다.
㉯ 계기 내부를 점검하여 oiling 한다.
㉰ 계기 이외의 전계통을 점검하여 이상이 없으면 계기를 교환
㉱ 피토관을 입으로 불어 계기 지시계가 3회 이상 돌아가면 그냥 둔다.

15. 납산 축전지의 셀당 전압은?

- ㉮ 1.1
- ㉯ 2.2
- ㉰ 3.3
- ㉱ 4.4

16. 전기 Junction Box의 화재시 등급은?

- ㉮ A
- ㉯ B
- ㉰ C
- ㉱ D

17. 통신계통에서 자기폭풍 또는 델린져 현상이 가장 적은 것은?

- ㉮ VHF
- ㉯ HF
- ㉰ MF
- ㉱ LF

▶ 단파의 수신 전기장의 강도가 급격히 저하하고 하고 때로는 수신 불능 상태가 되기도 한다.

18. 다음 중 압력 측정에 쓰이지 않는 것은?

- ㉮ 아네로이드
- ㉯ 다이어프램
- ㉰ 벨로우
- ㉱ 자이로

19. 객실 여압계통에서 아웃플로우 밸브의 주요 역할은?

- ㉮ 일정한 공기압을 계속적으로 보낸다.
- ㉯ 객실압력이 미리 설정된 대기압과의 차압을 넘는 것을 방지한다.
- ㉰ 객실공기를 밖으로 벤트(Vent) 한다.
- ㉱ 바깥 공기의 유입을 조절한다.

▶ 아웃플로우 밸브는 객실압력조절기에 의해 위치가 조절된다.

20. 공유압 계통에서 다운스트림이란?

- ㉮ 어떤 밸브를 기준으로 배출 방향쪽
- ㉯ 어떤 밸브를 기준으로 유입구쪽
- ㉰ 밸브의 내리흐름
- ㉱ 어떤 밸브를 기준으로 하부흐름

1. ㉱	2. ㉱	3. ㉱	4. ㉮	5. ㉮
6. ㉯	7. ㉮	8. ㉱	9. ㉯	10. ㉯
11. ㉰	12. ㉱	13. ㉮	14. ㉰	15. ㉯
16. ㉰	17. ㉱	18. ㉱	19. ㉯	20. ㉮

2000년도 산업기사  2회 항공장비

1. 압축공기 제빙부츠 계통의 팽창순서를 조종하는 것은?

㉮ 제빙장치 구조   ㉯ 공급기 밸브
㉰ 진공펌프   ㉱ 흡입압력밸브

▶ 팽창순서는 공급기밸브(distributor valve, 분배밸브)나 공기 흡입구 부근의 솔레노이드 작동밸브에 의해 제어된다.

2. 최대허용객실차압(maximum allowance differential pressure)이 8.9psi로 설계되어 있는 항공기가 비행고도 45,000ft/2.14psi일 때 객실고도의 압력은?

㉮ 8000psi   ㉯ 8.9psi
㉰ 11.04psi   ㉱ 6.67psi

▶ 차압=객실고도의 압력−비행고도의 압력

3. 다음 중 지상파가 아닌 것은?

㉮ E층 반사파   ㉯ 건물 반사파
㉰ 대지 반사파   ㉱ 지표파

▶ • 지상파 : 직접파, 대지반사파, 지표파, 회절파
• 공간파 : 대류권 산란파, 전리층파(E층 반사파, F층 반사파, 전리층 활행파, 전리층, 산란파)

4. 다음 중 Anti-skid 장치의 기능이 아닌 것은?

㉮ normal skid control
㉯ lock wheel skid control
㉰ brake skid control
㉱ touchdown protection

▶ • 정상 스키드 제어 : Wheel 회전이 일정속도 이하로 줄어들 때까지 작동한다.
• 록크드 차륜 스키드 제어 : Wheel이 Lock되었을 때 브레이크를 완전히 풀어준다.
• 터치 다운 보호 : 브레이크 페달을 밟더라도 착륙 접근하는 동안은 브레이크 작동을 방지한다.
• 페일 세이프 보호 : 계통이 고장일 때 자동으로 브레이크 계통이 완전 수동 작동되도록 하고 경고등이 켜진다.

5. P.A 순서로 바른 것은?

㉮ 운항승무원 방송 - 기내방송 - 기내음악 - 재생방송
㉯ 기내방송 - 운항승무원 방송 - 재생방송 - 기내음악
㉰ 운항승무원 방송 - 기내방송 - 재생방송 - 기내음악
㉱ 운항승무원 방송 - 재생방송 - 기내방송 - 기내음악

6. 항공기의 자동조종장치(AUTO-PILOT)의 궤단소자로 주로 사용되는 것은?

㉮ 유압작동기   ㉯ 열전대
㉰ 가속도계   ㉱ 자이로스코프

▶ 자동조종장치에는 미리 설정된 방향과 자세로부터 변위를 검출하는 계통과 그 변위를 수정

하기 위하여 조종량을 산출하는 서보앰프, 조종신호에 따라 작동하는 서보모터 등이 있으며 궤단소자란 자세검출장치를 말한다.

7. 대기압에 대한 설명으로 잘못된 것은?
㉮ 대기공기의 무게로 인해 생기는 압력
㉯ 위도 45°, 15℃상의 해면에서의 압력을 1기압으로 한다.
㉰ 지상에서 약 760mm의 수은주 아랫면에 작용하는 압력과 같다.
㉱ 1기압은 14.7psi, 29.92inHg와 같다.

8. thermocouple에 대한 설명으로 맞는 것은?
㉮ 동과 철의 재질이 사용된다.
㉯ 브리지 회로를 사용하여 측정한다.
㉰ 전압과 온도가 반비례하는 원리를 사용한다.
㉱ 접합점의 온도보정은 바이메탈을 사용하여 냉점보정한다.

▶ thermocouple : 2개의 서로 다른 물질로 된 금속선 양 끝의 접합점에 온도차가 생기면 열기전력이 발생하는 물질, 철-콘스탄탄, 구리-콘스탄탄, 크로멜-알루멜 등이 이에 해당한다.

9. 압력조절기 보다 높은 압력 하에서 작동하며 압력이 증가하는 경우 계통의 압력을 조절하는 것은?
㉮ check valve   ㉯ reservoir
㉰ accumulator   ㉱ relief valve

10. 항공기 제동계통(brake system)의 debooster의 주 능을 바르게 설명한 것은?
㉮ brake apply 시 release를 빠르게 한다.
㉯ brake actuator의 공급압력을 높인다.
㉰ brake 파열시 작동유 유출을 막는다.
㉱ 제동효과를 높이기 위해 power booster의 압력을 높인다.

11. 다음 계기 중 성격이 다른 하나는?
㉮ 선회경사계   ㉯ 속도계
㉰ 승강계   ㉱ 고도계

12. 유압계통의 sequence valve의 설명으로 바른 것은?
㉮ 동작물체의 동작에 따른 작동유의 요구량 변화에도 흐름을 일정하게 해주는 밸브
㉯ 작동유의 속도를 일정하게 해주는 밸브
㉰ 작동유의 온도를 적당하게 해주는 밸브
㉱ 한 물체의 작동에 의해 유로를 형성시켜 주어서 다른 물체가 순차적으로 동작케 하는 밸브

13. thermister의 설명으로 바른 것은?
㉮ 온도가 증가하면 저항이 증가한다.
㉯ 온도가 증가하면 저항이 감소한다.
㉰ 온도가 증가하면 저항이 증가했다가 감소한다.
㉱ 온도와 아무런 관계가 없다.

14. 전선의 두께를 가장 편하게 나타낸 것은?
㉮ cm   ㉯ 미터(Miter)
㉰ cm-m   ㉱ 밀(Mil)

15. 전기식 회전계에서 사용하는 지시계는?

㉮ 유도 전동기　㉯ 동기 전동기
㉰ 분할 전동기　㉱ 가역 전동기

▶ synchronous rotor type tachometer : 기관에 의해 구동되는 3상 교류발전기, 동기전동기, 와전류식 회전계가 서로 연결되어 있다.

16. 전원 회로에 전압계(VM), 전류계(AM)을 연결하는 방법 중 옳은 것은?

㉮ VM은 병렬, AM은 직렬
㉯ VM은 직렬, AM은 병렬
㉰ VM와 AM 은 직렬
㉱ VM와 AM 은 병렬

17. 항공기의 주 전원계통으로 교류를 사용할 때 직류계통에 비하여 장점이 아닌 것은?

㉮ 가는 전선으로 다량의 전력송전이 가능하다.
㉯ 전압변경이 용이하다.
㉰ 병렬운전이 용이하다.
㉱ 브러쉬가 없는 모터를 사용할 수 있다.

18. Dual spool type APU에서 전력을 공급하는 발전기는 무엇에 의하여 구동되는가?

㉮ 시동기
㉯ 압축기에서 만들어진 압축공기
㉰ 저압터빈/저압압축기(N1)
㉱ 고압터빈/고압압축기(N2)

19. 다음 중 기관의 회전수에 관계없이 항상 일정한 회전수를 발전기에 전달하는 장치는?

㉮ 정속구동장치(C.S.D)
㉯ 전압 조절기(voltage regulator)
㉰ 감쇠변압기(damping transformer)
㉱ 계자제어장치(field control relay)

20. 안테나 커플러(Antena Coupler)의 역할로 바른 것은?

㉮ 안테나와 안테나를 연결시켜 주는 기구이다.
㉯ 안테나의 길이를 보상하는 기구이다.
㉰ 안테나를 항공기에 부착할 때 사용하는 기구이다.
㉱ 안테나를 항공기에 떼어낼 때 사용하는 기구이다.

1. ㉯	2. ㉰	3. ㉮	4. ㉰	5. ㉰
6. ㉱	7. ㉯	8. ㉮	9. ㉱	10. ㉮
11. ㉮	12. ㉱	13. ㉯	14. ㉱	15. ㉯
16. ㉮	17. ㉰	18. ㉱	19. ㉮	20. ㉯

2000년도 산업기사 3회 항공장비

1. 항공기 UHF 주파수 사용 범위는?

㉮ 300～3000 kHz
㉯ 225～399.95 kHz
㉰ 300～3000 MHz
㉱ 225～399.95 MHZ

- LF(low frequency) : 30～300 kHzMF
- MF(medium frequency) : 30kHz～3 MHz
- HF(high frequency) : 3～30 MHzVHF
- VHF(very high frequency) : 30～300 MHz
- UHF(ultra high frequency) : 300～3000 MHz

2. 항공기 교류 전동기의 종류가 아닌 것은?

㉮ 가역 전동기
㉯ 유니버셜 전동기
㉰ 유도 전동기
㉱ 동기 전동기

3. 항공기에서 정비할 때 사용하는 유선통신 장치는?

㉮ 플라이트 인터폰 ㉯ 화물 인터폰
㉰ 객실 인터폰   ㉱ 서비스 인터폰

4. 항공기 Position, Direction 및 Altitude를 Visual Indication 해주는 Light는?

㉮ Anticollision Light ㉯ Navigation Light
㉰ Landing Light   ㉱ Emergency Light

5. 항공기를 구성하는 철재 중에서 연철은 지자기가 감응되어 일시적으로 자기를 띠었다 잃었다 한다. 이 현상에 의해 생기는 오차는 무엇인가?

㉮ 반원차   ㉯ 불이차
㉰ 사분원차   ㉱ 와동오차

6. 공압계통이 유압계통과 다른 점은?

㉮ 공압계통은 압축성이므로 그대로의 힘을 손실 없이 전달한다.
㉯ 공압계통은 비압축성이므로 그대로의 힘을 전달하지 못하고 손실된다.
㉰ 공압계통은 압축성이며 return line이 요구되지 않는다.
㉱ 공압계통은 비압축성이며 return line이 요구되지 않는다.

7. 계기의 지시속도가 일정하다면 기압이 낮아지면 진대기 속도는?

㉮ 감소한다.
㉯ 증가한다.
㉰ 변화가 없다.
㉱ 대기온도에도 함수관계가 있으므로 무어라 말할 수 없다.

- 기압이 낮아지면 동압(전압과 정압의 차)이 증가하게 된다.

8. 수평상태지시기(HSI)의 전방향표지편위(VOR Deviation) 1도(Dot) 편위 각도는?

㉮ 2° ㉯ 5°
㉰ 7° ㉱ 10°

9. 고도계(Altimeter)의 밀폐 공함은?

㉮ Diaphragm ㉯ Aneroid
㉰ Bellow ㉱ Bourdon Tube

10. 방빙(Anti-Icing), 제빙(De-Icing) 장치중 제거 방법을 잘못 기술된 것은?

㉮ 실속 경고 탐지기(Angle Of Attack Sensor) - 공기
㉯ 조종날개 - 공기, 열
㉰ 화장실 - 전열
㉱ 윈드실드(Windshield), 윈도우(Window) - 전열, 고온공기

11. 기압눈금을 표준대기의 29.92inHg에 맞추어 기압고도를 지시하는 고도계 지시법은?

㉮ QFE ㉯ QNE
㉰ QNH ㉱ QHE

12. 내부저항이 2Ω인 축전지에서 최대전력을 흡수하기 위한 부하 저항값을 구하고, 그 때의 전력은 얼마인가?

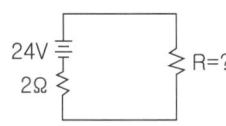

㉮ 2[Ω], 144[W] ㉯ 4[Ω], 64[W]
㉰ 1[Ω], 64[W] ㉱ 2[Ω], 72[W]

➤ $P = EI = I^2 R, \quad I = \dfrac{E}{R+r} = \dfrac{24}{R+2}$

따라서 $P = \left(\dfrac{24}{R+2}\right)^2 R = \dfrac{576R}{(R+2)^2}$

$\dfrac{dP}{dR} = 0$일 때 최대 또는 최소이므로

$\left[\dfrac{R}{(R+2)^2}\right]' = \dfrac{(R+2)^2 - R \times 2 \times (R+2)}{(R+2)^4} = 0$

따라서 $\dfrac{2-R}{(R+2)^3} = 0$으로부터 $R=2$

$R=2$일 때 전류와 전력을 구하면
$I = 6A, \ P = 144W$

13. Instrument Landing System에 사용되는 System과 가장 관계있는 것은?

㉮ Localizer, Glide Slope
㉯ LRRA, M/B
㉰ VOR, Localizer
㉱ ADF, M/B

14. 다음의 흐름 방향 제어 장치 중, 정상 유압 계통이 고장이 났을 때 비상 계통을 사용할 수 있도록 해 주는 장치는?

㉮ 시이퀀스 밸브(Sequence Valve)
㉯ 선택 밸브(Selector Valve)
㉰ 첵 밸브(Check Valve)
㉱ 셔틀 밸브(Shuttle Vlave)

15. 극이 4극인 교류발전기에서 400Hz의 주파수를 발생시키려면 발전기 계자 회전속도는 분당 얼마인가?

㉮ 6,000rpm ㉯ 8,000rpm
㉰ 10,000rpm ㉱ 12,000rpm

16. 발전기의 회전자 코어의 재료는?

㉮ 니켈강 ㉯ 철
㉰ 니켈-크롬강 ㉱ 규소강

17. 유압계통의 작동 피스톤의 작동 속도와 관계가 없는 것은?

㉮ 펌프의 회전속도
㉯ 실린더의 단면적
㉰ 실린더의 스트로우크
㉱ 펌프의 배출용량

▶ 작동유량 Q=AV, 속도 V=Q/A이므로 속도는 작동유의 유량과 피스톤의 단면적과 관련

18. Vapour Cycle System의 Freon Gas의 상태를 올바르게 설명한 것은?

㉮ Condensor를 거치면서 Low Pressure Liquid
㉯ Expansion Valve를 거치면서 Low Pressure Vapour
㉰ Evapourator를 지나면서 High Pressure Liquid
㉱ Compressor를 지나면서 High Pressure Vapour

▶ 저장탱크 → 팽창밸브 → 증발기 → 압축기 → 콘덴서 → 저장탱크

19. 납산 축전지에서 용량 표시 기호는?

㉮ Ah   ㉯ Wh
㉰ Vh   ㉱ h

20. 다음 화재 탐지 장치 중에서 Tube 내의 개스 팽창을 이용한 Pressure Type의 화재 탐지기는?

㉮ Lindberg Type   ㉯ Fenwal Type
㉰ Kidde Type   ㉱ Responder Type

▶ 센서는 가늘고 긴 스테인레스 튜브 가운데에 가스와 함께 저온시에는 다량의 가스를 흡수하고 고온시에는 방출하는 물질을 봉입하고 있으며 다른 끝에는 압력으로 작동하는 스위치를 가지고 있다.

1. ㉰	2. ㉮	3. ㉱	4. ㉯	5. ㉰
6. ㉰	7. ㉯	8. ㉯	9. ㉯	10. ㉮
11. ㉯	12. ㉮	13. ㉮	14. ㉱	15. ㉰
16. ㉱	17. ㉰	18. ㉱	19. ㉮	20. ㉮

2001년도 산업기사 1회 항공장비

1. 전파 고도계란?

㉮ 항공기에서 지상을 향해 전파를 발사하여 그 반사파가 되돌아 올 때까지의 주파수를 측정
㉯ 항공기에서 지상으로부터 기압고도를 측정
㉰ 항공기에서 지상을 향하여 전파를 발사하여 그 반사파가 되돌아 올 때까지의 시간을 측정
㉱ 항공기에서 지상으로부터 밀도고도를 측정

2. 도선 도표(wire chart)상에서 도선의 굵기를 정함에 있어서 고려되지 않아도 좋은 것은?

㉮ 전선의 길이 ㉯ 전류
㉰ 전선의 주위상태 ㉱ 내전전압

▶ wire chart에는 전압강하당 도선의 길이, 전류 및 주변여건 등이 고려되어 굵기를 결정하도록 되어 있다.

3. 항공기 브레이크 계통에서 브레이크로 가는 압력을 감소시키고, 유압유의 흐르는 양을 증가시키는 역할과 관계되는 것은?

㉮ 브레이크 제어밸브(brake control valve)
㉯ 셔틀밸브(shuttle valve)
㉰ 브레이크 조절밸브(Regulation valve)
㉱ 디부우스터 실린더(Debooter cylinder)

4. 위성 궤도와 배치 방식에 따른 위성 통신 방식이 아닌 것은?

㉮ 랜덤 위성 방식 ㉯ 정지 위성 방식
㉰ 위성 궤도 방식 ㉱ 위상 위성 방식

▶ 궤도조건과 배치방식에 따른 위성통신 방식
• 랜덤위성방식 : 초기 위성통신방식, 상시통신을 위해 다수의 위성 필요
• 위상위성방식 : 등간격의 다수의 위성 배치, 경제성이 문제
• 정지위성방식 : 현재 주로 사용하는 방식, 3개의 위성이 상시 통신망을 확보

5. 날개 및 날개 루트(Wing Root) 또는 랜딩기어에 장착되며, 항공기 축 방향을 조명하는 데 사용되는 등은?

㉮ 착빙감시등 ㉯ 선회등
㉰ 항공등 ㉱ 착륙등

6. 대기속도계에 대한 설명 중 잘못된 것은?

㉮ 밀폐된 케이스에 다이어프램이 들어있다.
㉯ 계기의 눈금은 속도에 비례한다.
㉰ 속도의 단위는 KNOT, MPH이다.
㉱ 난류에 의한 취부 오차가 발생한다.

▶ 케이스 내부에는 전압이 작용하는 다이어프램이 있으며, 다이어프램 외부에 정압이 작용하여 지시바늘이 그 차압(속도의 제곱)에 비례하여 움직인다.

7. 소화기로 사용되는 질소에 대한 설명 중 틀린 것은?

㉮ 문자기호로 N2이다.
㉯ 중량이 무겁다.
㉰ 질소를 액화하여 저장하는데 -70℃로 유지해야 한다.
㉱ 밀폐된 장소에 사용하면 위험성이 있다.

▶ 질소는 액화 저장할 때 -160℃로 유지해야 한다.

8. 연속이송형 펌프(Constant Delivery Pump)를 장착한 유압계통에서, 계통내 의 유압이 사용되지 않을 때, 어떤 구성품이 작동유를 순환시키는가?

㉮ 압력 릴리이프 밸브
㉯ 셔틀 밸브
㉰ 압력 조절기
㉱ 디부우스터 밸브

▶ 압력조절기는 불규칙한 배출 압력을 규정 범위로 조절하며 압력이 요구되지 않을 때 펌프에 부하가 걸리지 않도록 한다.

9. 압력 릴리이프 밸브를 조절할 때, 먼저 실시하여야 할 사항은?

㉮ 파이롯 체크 밸브(Pilot check valve)가 작동하지 못하게 한다.
㉯ 언로드 밸브(Unload valve)가 작동하지 못하게 한다.
㉰ 계통내의 유압을 새로운 것으로 교환한다.
㉱ 유량조절 밸브가 작동하지 못하게 한다.

▶ 계통 내에 규정압력이상이 적용되어야 릴리이프 밸브가 작동하게 된다.

10. 배기가스 온도계에 사용하는 열전쌍은?

㉮ 철-콘스탄탄
㉯ 구리-콘스탄탄
㉰ 구리-알루멜
㉱ 크로멜-알루멜

11. Y결선 3상 교류 발전기의 출력 중 임의의 두 개의 상전압을 합하면 그 결과 값은?

㉮ 상전압의 $\sqrt{3}$ 배
㉯ 상전압의 $\sqrt{2}$ 배
㉰ 상전압의 2배
㉱ 영의 전압

▶ Y결선의 특징으로 선간전압의 크기는 상전압의 $\sqrt{3}$ 배이고, 위상은 해당하는 상전압보다 30만큼 앞선다. 그리고 선전류의 크기와 위상은 상전류와 같다.

12. 니켈-카드뮴 축전지의 특성이 아닌 것은?

㉮ 고온 특성이 양호하다.
㉯ 고부하 특성이 좋다.
㉰ 큰 전류를 일시에 공급해도 안정된 전압을 유지한다.
㉱ 진동이 심한 장소에도 사용할 수 있다.

▶ 고부하 특성이 좋고 큰 전류 방전시에도 안정된 전압을 유지한다. 저온 특성이 양호하여 -40℃에도 규정용량의 75%는 방전할 수 있다. 진동에 강하며 부식성 가스를 거의 방출하지 않는다.

13. 다음 계기 중에서 온도보정 장치가 없는 것은?

㉮ 고도계
㉯ 흡기 압력계
㉰ 실린더 온도계
㉱ 전류계

▶ 공함을 사용하는 계기는 일반적으로 온도변화에 따라 팽창과 수축으로 인하여 오차가 발생하기도 하며 탄성계수가 변하여 오차가 발생하기도 한다.

14. 항공기 주전원 고장시에 대비한 비상전원(E-mergency battery)에 대한 설명 중 틀린 것은?

㉮ 비상전원은 운항에 필수적인 항법, 통

신장치에 전력을 공급한다.
㈏ 비상전원을 위해 AC 115V 단상 전력이 공급될 수 있다.
㈐ 비상전원은 엔진 점화시 사용될 수 있다.
㈑ 비상전원은 3시간이상 공급할 수 있는 용량이어야 한다.

15. Pitot 정압계통에 대한 설명으로 가장 올바른 것은?

㈎ Pitot line의 누설시험은 부압을 이용한다.
㈏ 승강계는 Pitot압을 이용한다.
㈐ 속도계는 Pitot압과 정압을 이용한다.
㈑ 정압 line의 누설시험은 압력을 가한다.

16. Voice recorder(음성녹음장치) Control panel의 erase switch의 기능인 것은?

㈎ switch 1초 push시 지워짐
㈏ switch 2초 이상 push시 지워짐
㈐ switch push시 VU meter 바늘이 청색까지 갔다옴
㈑ switch push시 VU meter 조금 움직임

17. 그림의 교류회로에서 임피던스의 값은?

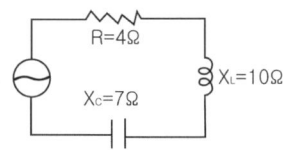

㈎ 5[Ω]   ㈏ 7[Ω]
㈐ 10[Ω] ㈑ 17[Ω]

▶ $|Z| = \sqrt{R^2 + (X_L - X_C)^2}$

18. Air Cooling System에서 냉각이 일어나는 부분은?

㈎ Compressor   ㈏ Turbine
㈐ Heat Exchanger ㈑ Water Separator

19. 다음은 항공교통관제(ATC) 트랜스폰더(transponder)에 대한 설명이다. 관계없는 내용은?

㈎ 항공교통관제 트랜스폰더를 이용하여 통신, 항법을 행할 수 있다
㈏ 교통량이 많은 공역을 비행할 때는 트랜스폰더 장착을 의무화한다
㈐ 지상 무선 시설의 질문에 응답하기 위한 장치이다.
㈑ 항공교통관제 트랜스폰더로부터는 아무런 정보를 얻을 수 없다

▶ 항공교통관제(ATC) 트랜스폰더(transponder)는 지상의 질문기로부터의 질문 신호를 수신한 후 일련의 부호화된 응답 신호를 자동적으로 지상으로 송신하는 장치이다.

20. 자이로의 강직성에 대한 설명 중 가장 올바른 것은?

㈎ Rotor의 회전속도가 클수록 강하다
㈏ Rotor의 회전속도가 클수록 약하다
㈐ Rotor의 질량이 회전축에서 멀리 분포할수록 약하다
㈑ Rotor의 질량이 회전축에서 가까이 분포할수록 강하다

▶ 강직성은 회전속도가 큰 만큼 강하며, 로우터의 질량이 회전축에서 멀리 분포하고 있는 만큼 강하다.

1. ㈐	2. ㈑	3. ㈑	4. ㈐	5. ㈑
6. ㈏	7. ㈐	8. ㈑	9. ㈐	10. ㈑
11. ㈏	12. ㈐	13. ㈐	14. ㈑	15. ㈐
16. ㈏	17. ㈎	18. ㈏	19. ㈎	20. ㈎

2001년도 산업기사  항공장비

1. 단면적 1.0cm², 길이 25cm인 어떤 도선의 전체 저항이 15Ω이 있다면 도선 재료의 고유 저항은 몇 Ω·cm인가?

㉮ 0.4 ㉯ 0.5
㉰ 0.6 ㉱ 0.8

▶ $R = \rho \dfrac{L}{A}$

2. 유체를 이용한 힘의 전달 방식은 다음 중 어느 원리에 기초를 두고 있는가?

㉮ 아르키메데스 법칙
㉯ 파스칼의 법칙
㉰ 뉴우톤의 법칙
㉱ 보일의 법칙

3. 객실 여압 장치를 설명한 내용으로 거리가 먼 것은?

㉮ 항공기의 운항 고도가 10,000ft이상인 경우에 필요하다.
㉯ 객실 압력이 필요 이상 올라가면 압축기를 끈다.
㉰ 압축된 공기는 온도가 높으므로 냉각 장치가 필요하다.
㉱ 추운 지방에서 운용하기 위해서 히터로 적절하게 가열한다.

4. 전원 전압 115/200V에 10μF의 콘덴서, 250mH의 코일이 직렬로 접속되어 있을 때, 이 회로의 공진 주파수를 구하면?

㉮ 0.04 Hz ㉯ 25.0 Hz
㉰ 100.7 Hz ㉱ 2500.0 Hz

▶ 직렬공진회로에서
$X_L = X_C$일 때의 주파수를 말하며
$2\pi f_0 L = \dfrac{1}{2\pi f_0 C}$, $f_0 = \dfrac{1}{2\pi\sqrt{LC}}$(Hz)

5. 자이로신 컴파스의 자방위판(컴파스 카드)은 어떤 신호에 의해 구동되는가?

㉮ 플럭스 밸브에서 전기 신호를 받아 구동된다.
㉯ 정침의의 신호를 받아 구동된다.
㉰ 수평의의 신호를 받아 구동된다.
㉱ 초단파전방위무선표시장치(VOR)의 신호를 받아 구동된다.

▶ 플럭스 밸브는 날개의 끝이나 꼬리부분에 위치하고 지자기의 방향에 따른 유도전류를 발생시켜 자이로의 회전자축이 자북을 향하게 한다.

6. 직류 전동기는 그 종류에 따라 부하에 대한 토크 특성이 다른데, 정격 이상의 부하에서 토크가 크게 발생하여 왕복기관의 시동기에 적합한 것은?

㉮ 분권식(Shunt-wound)
㉯ 복권식(Compound-wound)

㉰ 직권식(Series-wound)
㉱ 유도식

7. 직류 발전기에 계자 플래싱 이란?
㉮ 계자코일에 배터리로부터 역전류를 가하는 행위
㉯ 계자코일에 발전기로부터 역전류를 가하는 행위
㉰ 계자코일에 배터리로부터 정(+)의 방향에 전류를 가하는 행위
㉱ 계자코일에 발전기로부터 정(+)의 방향에 전류를 가하는 행위

8. A.C.M에서 수분 분리기의 역할에 대한 설명 중 가장 올바른 것은?
㉮ 공기와 수분을 분리한다.
㉯ 공기와 습도를 조절
㉰ 팽창 터빈 앞에 위치한다.
㉱ 수분을 객실내에 공급한다.

9. 싱크로 계기의 종류 중 Magnesyn에 대한 설명 내용으로 관계가 먼 것은?
㉮ AUTOSYN의 Rotor를 영구자석으로 바꾼 것을 MAGNESYN이라 한다.
㉯ 교류 전압이 Rotor에 가해진다.
㉰ AUTOSYN보다 작고 가볍다.
㉱ AUTOSYN보다 Torque가 약하고 정밀도가 떨어진다.

10. 속도계의 색표식(Color marking)중 Power-Off, Flap-up, Stall-speed는 어디에 표시되어 있는가?
㉮ 적색 방사선
㉯ 녹색 호선
㉰ 황색 호선
㉱ 백색 호선

11. Thermistor의 가장 큰 특성은?
㉮ 온도가 증가하면 저항이 증가된다.
㉯ 온도가 증가하면 저항이 감소된다.
㉰ 온도가 증가하면 저항이 증가하다가 감소된다.
㉱ 온도가 증가해도 저항은 변동이 없다.

12. 광물성유에 사용되는 seal은?
㉮ 천연 고무
㉯ 일반 고무
㉰ 네오프렌 합성 고무
㉱ 뷰틸 합성 고무

▶ • 식물성유 : 천연고무실 사용, 알콜로 세척 가능
• 광물성유 : 네오프렌 고무제 실 사용, 나프타(휘발유), 발솔 또는 솔벤트로 세척 가능
• 합성유 : 부틸, 실리콘 고무, 테프론 실 사용, 트리크로로에틸렌으로 세척 가능

13. 고도계의 오차와 관계없는 것은?
㉮ 북선 오차   ㉯ 기계 오차
㉰ 온도 오차   ㉱ 탄성 오차

14. Pitot-Static & Temperature probe Anti-icing system에 결빙이 생기지 않도록 이용되는 것은?
㉮ Hot Pneumatic Air
㉯ Electronic Heater
㉰ Gasket Heater
㉱ Patch Heater

15. 작동유 압력이 일정 압력 이하로 떨어지면 유로를 차단하는 기능을 갖는 것은?

㉮ System Accumulator
㉯ System Relief V/V
㉰ System Return Filter Module
㉱ Priority V/V

16. 활주로에 대하여 수직면 내의 정확한 진입각을 지시하여 항공기 착지점에 유도하는 장치는?

㉮ 관성항법장치(INS)
㉯ 로컬라이저(Localizer)
㉰ 글라이드 슬로프(Glide slope)
㉱ 마커비콘(Marker Beacon)

17. 인버터의 작동 중 바른 것은?

㉮ 직류를 교류로 바꾼다.
㉯ 교류를 직류로 바꾼다.
㉰ 시동시 고전압
㉱ 축전지에서 전류 역류를 방지한다.

18. Cockpit Voice Recorder의 설명 중 바른 것은?

㉮ 지상에서 항공기를 호출하기 위한 장치
㉯ 항공기 사고원인 규명을 위해 사용되는 녹음 장치
㉰ HF 또는 VHF를 이용하여 통화
㉱ 지상 정비사에게 Alert in하기 위한 장비

19. 연축전지(lead-acid battery)에 대한 설명으로 가장 올바른 것은?

㉮ 축전지의 충전상태는 전해액의 온도를 측정한다.
㉯ 축전지 여러 개를 충전할 때 정전류법은 병렬로 연결하여 충전한다.
㉰ 축전지 여러 개를 충전할 때 정전압법은 병렬로 연결하여 충전한다.
㉱ 정전류법으로 충전할 때에는 반드시 시작전에 캡을 닫아 놓아야 한다.

20. 9,346MHz 기상 레이더의 주파수 사용 밴드는?

㉮ X-Band   ㉯ D-Band
㉰ C-Band   ㉱ T-Band

▶ 기상 레이더는 주파수 5,400[MHz], 송신출력 75[kw], 펄스폭 2[μs]의 C-Band 레이더와 주파수 9375[MHz], 송신최대출력 40[kw], 펄스폭 5[μs]의 X-Band 레이더를 일반적으로 사용한다.

1. ㉰	2. ㉯	3. ㉯	4. ㉰	5. ㉮
6. ㉰	7. ㉰	8. ㉮	9. ㉯	10. ㉱
11. ㉯	12. ㉰	13. ㉮	14. ㉯	15. ㉱
16. ㉰	17. ㉮	18. ㉯	19. ㉰	20. ㉮

2001년도 산업기사 3회 항공장비

1. 고정된 부분에서 유체의 유출 방지 및 공기나 먼지의 유입을 방지하는 시일(seal)은?

    ㉮ 와셔   ㉯ 와이퍼
    ㉰ 패킹   ㉱ 가스켓

2. 에어컨디션 계통에서 믹싱(Mixing or Trim) 밸브의 기능은?

    ㉮ 객실공기와 환기실 공기를 섞는다.
    ㉯ 객실공기와 대기 공기를 섞는다.
    ㉰ 더운 공기, 차가운 공기, 서늘한 공기 흐름을 조절한다.
    ㉱ 습한 공기를 건조한 공기로 만든다.

3. 진대기속도계기와 마하계의 가장 큰 차이점?

    ㉮ 온도에 따른 음속 변화를 보정하여 마하계 지시
    ㉯ 진대기 속도에서 밀도보상을 하여 움직인다
    ㉰ 공기의 압축성 효과를 보정하여 마하계가 지시
    ㉱ 가속도편차를 수정하여 마하계 구동

    ▶ 공기 중에서 음파가 전해지는 속도는 그 장소의 공기의 상태(온도)로 결정한다.

4. 자동 방향 탐지기 계통과 관계가 없는 것은?

    ㉮ 루프(LOOP) 감도(SENSE)안테나
    ㉯ 무선방위 지시계
    ㉰ 무 지향성 표시 시설
    ㉱ 자이로 컴퍼스

    ▶ 지상의 무 지향표지시설로부터의 전파를 이용하여 항공기 방위를 시각 또는 청각을 통해 감지한다.

5. 500Mhz의 고주파를 측정할 수 있는 장치?

    ㉮ Multimeter
    ㉯ Wheatstone bridge
    ㉰ Oscilloscope
    ㉱ Galvanometer

    ▶ Oscilloscope를 사용하여 교류나 직류 전원의 파형 측정이나 HF, VHF 송신기의 출력 파형의 측정이 가능하다.

6. Rain Repellent system에 대한 설명으로 틀린 것?

    ㉮ 항공기의 이·착륙시 와이퍼와 같이 사용한다.
    ㉯ 표면장력을 작게 하기 위해서 특수용액을 사용한다.
    ㉰ 비의 양이 적을 때 효과적이다.
    ㉱ 윈드실드에 퍼짐을 방지한다.

7. 다음 중 히스테리시스를 포함하는 오차는?

    ㉮ 눈금오차   ㉯ 기계적오차
    ㉰ 탄성오차   ㉱ 온도오차

8. 내부저항이 2Ω인 축전지에서 최대전력을 흡수하기 위한 부하 저항값을 구하고, 그 때의 전력은 얼마인가?

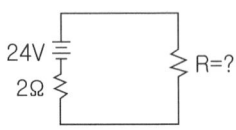

- ㉮ 2[Ω], 144[W]
- ㉯ 4[Ω], 64[W]
- ㉰ 1[Ω], 64[W]
- ㉱ 2[Ω], 72[W]

9. 다음 브리지회로가 평형이 될 때(전류=0) X=?

- ㉮ 2
- ㉯ 4
- ㉰ 6
- ㉱ 8

10. 아래 회로에서 전체 저항의 크기와 전류를 구하여라.

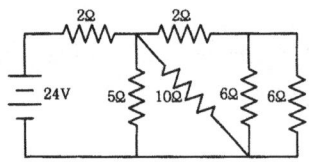

- ㉮ 2Ω, 12A
- ㉯ 4Ω, 8A
- ㉰ 4Ω, 6A
- ㉱ 6Ω, 4A

11. 종합 계기 PFD에 Display되지 않는 것은?

- ㉮ M/B
- ㉯ VOR
- ㉰ ILS
- ㉱ Altimeter

▶ • PFD(primary flight display) : 비행자세, 속도, 고도, 승강율, 기수방위, 오토파일롯, 마커등 등을 한곳에 집약하여 지시

• ND(navigation display) : 항법에 필요한 자료로 현재위치, 기수방위, 비행방향, 선택코스의 벗어남, 비행예정코스 등을 지시
• EICAS(engine indication & crew alerting system) : 기관 및 각 시스템의 상태를 지시하며 이상 발생 및 그 상황을 표시

12. 듀얼스풀형 APU에 전력을 공급하는 발전기는 무엇에 의해 구동되는가?

- ㉮ 시동기
- ㉯ 압축기에서 만들어진 압축공기
- ㉰ 저압 터빈/저압 압축기(N1)
- ㉱ 고압 터빈/고압 압축기(N2)

13. 고도계의 밀폐형 공함은?

- ㉮ 다이어프램
- ㉯ 아네로이드
- ㉰ 벨로우
- ㉱ 버든 튜브

14. 위성통신이란?

- ㉮ 우주국과 지구국간의 통신
- ㉯ 지구국과 지구국간의 상호 통신
- ㉰ 우주국에서 재송신하거나 반사하여 이루어지는 지구국 상호간의 통신
- ㉱ 우주국과 우주국 상호간의 통신

▶ 지상국 상호간의 송수신을 위해 통신위성을 중계점으로 지상 전파를 중계하는 무선통신

15. 다음 중 객실 여압 시스템에 대한 설명 중 틀린 것은?

- ㉮ 최대순항고도에서 8000ft 이내로 유지
- ㉯ 최대허용 압력차를 초과했을 때 outflow valve close
- ㉰ 최대허용객실고도를 초과했을 때 outflow valve close

㉣ Cabin Press Controller는 Pressure relief valve를 control 하지 않는다.

16. 항공기 브레이크 계통에서 페일세이프 보호란 무엇인가?

㉮ 브레이크 회로에서 유압의 압력 과도할 때 비상브레이크 계통으로 전환하여 작동된다.
㉯ 브레이크 회로에서 유압이 부적절하였을 때 비상브레이크 계통으로 전환하여 작동된다.
㉰ 수동으로 동작하는 브레이크계통을 자동브레이크 계통으로 전환하여 작동
㉱ 자동제어계통이 잘못되었을 때 자동적으로 브레이크계통을 수동으로 작동하게 한다.

17. 축전지의 캡에 대한 설명 중 틀린 것은?

㉮ 전해액의 보충, 비중 측정
㉯ 충전시 발생하는 가스 배출
㉰ 전압을 측정할 수 있다.
㉱ 배면 비행시 전해의 누설 방지

18. 스켈치(squelch)란 무엇인가?

㉮ AM 송신기에서 고역 강조하는 장치
㉯ FM 송신기에서 주파수 체배하는 장치
㉰ FM 수신기에서 신호가 없을 때 잡음 지우는 장치
㉱ AM 수신기에서 반송파를 제거하는 장치

▶ 스켈치(squelch)는 신호 입력이 없을 때에 임펄스성 잡음에 의해 동작되며 스켈치 회로(SQL : Squelch)는 신호입력이 없을 때 임펄스성 잡음

발생을 제거

19. 항공기의 대형화에 따라 지시부와 수감부 간의 거리가 멀어져서 원격지시계기의 일종으로 발전하게 된 것으로 기계적인 직선 또는 각변위를 수감하여 전기적인 양으로 변환한 다음 조종석에서 기계적인 변위로 재현시키는 장치는?

㉮ 자기 계기   ㉯ 자이로 계기
㉰ 싱크로 계기 ㉱ 회전 계기

20. 유압모터의 올바른 설명은?

㉮ 유압에너지를 회전운동으로 바꾼다.
㉯ 유압에너지를 직선운동으로 바꾼다.
㉰ 유압에너지를 수직운동으로 바꾼다.
㉱ 유압에너지를 상하운동으로 바꾼다.

▶ 압력에너지를 기계적인 운동 에너지로 변환시키는 장치를 작동기(actuator)라고 하며 직선운동 작동기(linear actuator)와 회전운동작동기(rotary actuator)로 분류된다.

1. ㉱	2. ㉰	3. ㉮	4. ㉱	5. ㉰
6. ㉰	7. ㉰	8. ㉮	9. ㉯	10. ㉰
11. ㉯	12. ㉰	13. ㉯	14. ㉰	15. ㉯
16. ㉱	17. ㉰	18. ㉰	19. ㉰	20. ㉮

2002년도 산업기사 1회 항공장비

1. 방빙이 되지 않는 곳은?

㉮ Static Pressure Port
㉯ Angle Of Attack Sensor
㉰ Pitot Tube
㉱ Glide Slope Antenna

2. 항공계기의 색표지(color maring)에서 붉은색 방사선은?

㉮ 사용범위의 최대를 표시
㉯ 경계 및 경고범위를 표시
㉰ 안전운용범위를 표시
㉱ 최대 및 최소 운용한계를 표시

3. 제동장치 계통의 작동점검에서 페이딩(fading) 현상이란?

㉮ 제동장치 계통에 공기가 차 있어서 제동력을 제거하여도 제동장치가 원상태로 회복이 잘 안 되는 현상
㉯ 제동라이닝에 기름이 묻어 제동상태가 원활하게 이루어지지 않는 현상
㉰ 제동장치의 작동기구가 파열되어 제동이 안 되는 현상
㉱ 제동장치가 가열되어 제동라이닝이 소실되므로써 미끄러지는 상태가 발생하여 제동효과가 감소되는 현상

4. 제우장치(Rain Protection) 시스템이 아닌 것은?

㉮ Windshield Wiper System
㉯ Air Curtain System
㉰ Rain Repellent System
㉱ Windshield Washer System

5. 다음 그림은 자이로의 섭동성을 나타낸 것이다. 자이로가 굵은 화살표 방향으로 회전하고 있을 때, F의 힘을 가하면 실제로 힘을 받는 부분은?

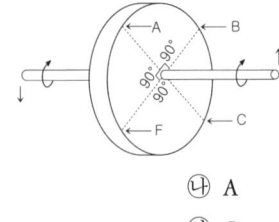

㉮ F   ㉯ A
㉰ B   ㉱ C

6. 도선도표(導線圖表, wire chart)상에서 도선의 굵기를 정하는데 있어 고려되지 않아도 되는 것은?

㉮ 전선의 길이   ㉯ 전류
㉰ 전선의 주위상태   ㉱ 내전전압

7. 전파 고도계란?

㉮ 항공기에서 지표를 향해 전파를 발사하여 그 반사파가 되돌아 올 때까지의 주파수를 측정

㉯ 항공기에서 지상까지의 기압고도를 측정
㉰ 항공기에서 지표를 향하여 전파를 발사하여 그 반사파가 되돌아 올 때까지의 시간을 측정
㉱ 항공기에서 지상까지의 밀도고도를 측정

8. 서로 떨어진 두 개의 송신소로부터 동기 신호를 수신하여 두 송신소에서 오는 신호의 시간차를 측정하여 자기위치를 결정하여 항행하는 무선항법은?

㉮ LORAN(Long Range Navigation)
㉯ TACAN(Tactical Air Navigation)
㉰ VOR(VHF Omni Range)
㉱ ADF(Automatic Direction Finder)

▶ 쌍곡선 항법장치 : 미리 위치를 알고 있는 두 송신국으로부터의 전파를 수신하고 그 도달 시간의 차 또는 위상차를 측정하여 위치를 결정하는 방식을 말하며 LORAN과 오메가 항법이 있다.

9. 대기속도계에 대한 설명 중 틀린 것은?

㉮ 밀폐된 케이스 안에 다이어프램이 들어 있다.
㉯ 계기의 눈금은 속도에 비례한다.
㉰ 속도의 단위는 KNOT 또는 MPH 이다.
㉱ 난류 등에 의한 취부오차가 발생한다.

10. 항공기 착륙장치가 완전하게 접혀 격납이 완료되었을 때 착륙장치 인디케이터(indicator)는 어떻게 지시하는가?

㉮ 적색 지시램프가 들어온다.
㉯ 녹색 지시램프가 들어온다.
㉰ 백색 지시램프가 들어온다.
㉱ 어떤 램프도 들어오지 않는다.

11. 다음 회로에서 스위치(SW)를 닫을 경우에 틀리는 것은? (단. E는 일정)

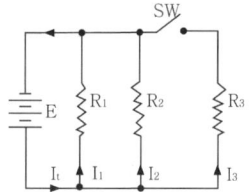

㉮ I_2는 변화 없다.   ㉯ I_t가 증가한다.
㉰ I_1은 변화 없다.   ㉱ I_t가 감소한다.

▶ 저항의 병렬 연결시 합성 저항값은 감소하므로 스위치를 닫을 경우 전체 합성 저항값은 감소하여 전체전류 I_t는 증가한다.

12. 항공기의 시동모터(starter)에 가장 적합한 전동기의 종류는?

㉮ 분권식   ㉯ 직권식
㉰ 복권식   ㉱ 스플릿(split)식

13. 전리층의 반사파를 이용하여 장거리 통신을 할 수 있는 방식은?

㉮ HF   ㉯ VHF
㉰ UHF   ㉱ SHF

▶ • HF 통신장치 : VHF통신장치의 2차적인 수단이며 주로 국제 항공로 등의 원거리 통신에 사용
• VHF 통신장치 : 대단히 안정된 통신이며 대부분의 국내선 및 공항 주변에서의 통신에 사용
• UHF 통신장치 : 단일통화방식에 의해 항공

기와 지상국 또는 항공기 상화간의 통신에
사용, 군용항공기에 한정

14. 14,000ft 미만에서 비행할 경우 사용하고, 비행도중 관제탑 등에서 보내준 기압정보에 따라서 기압 셋트를 수정하면서 고도 setting을 하는 방법은?

㉮ QNH setting ㉯ QNE setting
㉰ QFE setting ㉱ QFG setting

15. 비상 조명계통(Emergency System)에 대한 설명으로 가장 올바른 것은?

㉮ 비행시 비상조명스위치(Emergency Light Control Switch)의 정상위치(Normal Position)는 On Position이다.
㉯ 비상조명계통(Emergency Light System)은 비행시 (Flight Mode)에만 작동된다.
㉰ 비상조명스위치(Emergency Light Control Switch)는 Off, Test, Arm, On의 4 Position Toggle Switch이다.
㉱ 항공기에 전기공급을 차단할 때는 비상조명스위치(Emergency Light Control Switch)를 Off에 선택해야 배터리(Battery)의 방전을 방지할 수 있다.

▶ 비행시는 "armed" 위치하고 축전지 방전을 방지하기 위하여 지상에 주기시에는 "off" 위치한다. 그리고 "on"위치는 모든 비상조명이 On된다.

16. 감도가 20mA인 계기로 200A를 측정할 수 있는 내부저항이 10Ω 인 전류계를 만들 때 분류기(Shunt)를 얼마로 해야 하는가?

㉮ 0.001Ω ㉯ 0.01Ω
㉰ 0.1Ω   ㉱ 1Ω

▶ 션트저항
$= \dfrac{계기의\ 감도(암페어) \times 계기의\ 내부저항}{션트전류}$

17. Auto Flight Control System의 유도기능에 속하지 않는 것은?

㉮ DME에 의한 유도
㉯ VOR에 의한 유도
㉰ ILS에 의한 유도
㉱ INS에 의한 유도

▶ 자동조종장치의 기능 : 자세(gyro)유지모드, 자세제어(turn-knob)모드, 기수방위(HDG SEL)설정모드, 고도유지(ALT HOLD)모드, VOR/LOC 모드 ILS 모드, INS에 의한 유도, 성능관리 컴퓨터(PMS)에 의한 유도, 착륙왕복(GA)모드, 자동착륙(LAND)모드 등

18. 그림의 교류회로에서 임피던스를 구한 값은?

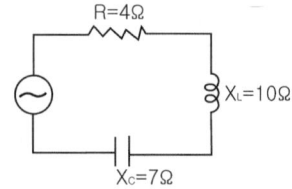

㉮ 5[Ω]   ㉯ 7[Ω]
㉰ 10[Ω] ㉱ 1[Ω]

19. 항공기용 축전지로 니켈-카드뮴 축전지가 많이 쓰이는데, 이 축전지를 설명한 것 중 틀린 것은?

㉮ 한 개의 CELL당 정격전압은 1.3볼트이다.
㉯ 전해액은 질산계의 산성액이다.
㉰ 충, 방전시 전해액의 농도 변화가 없다.
㉱ 방전기간 동안 전압의 차이가 적다.

20. 항공기 앤티-스키드(Anti-Skid)계통의 기능과 관계없는 것은?

㉮ 정상 스키드 제어(Normal skid control)
㉯ 록크드 차륜 스키드 제어(Locked wheel skid control)
㉰ 브레이크 스키드(Brake skid control)
㉱ 터치다운 보호(Touchdown protection)

1. ㉱	2. ㉱	3. ㉱	4. ㉱	5. ㉯
6. ㉱	7. ㉰	8. ㉮	9. ㉯	10. ㉱
11. ㉱	12. ㉯	13. ㉮	14. ㉮	15. ㉱
16. ㉮	17. ㉮	18. ㉮	19. ㉯	20. ㉰

2002년도 산업기사 2회 항공장비

1. 고도계 오차의 종류가 아닌 것은?

㉮ 눈금오차 ㉯ 밀도오차
㉰ 온도오차 ㉱ 기계적오차

2. 절대고도(absolute altitude)란?

㉮ 해면상으로부터의 고도
㉯ 표준대기 해면(29.92 inHg)으로부터의 고도
㉰ 표준대기의 밀도에 상당하는 고도
㉱ 지상으로부터 항공기까지의 거리

3. 날개 및 날개 루트(Wing Root)부분 또는 랜딩기어에 장착되며 항공기축 방향을 조명하는데 사용하는 등은?

㉮ 착빙 감시등 ㉯ 선회등
㉰ 항공등 ㉱ 착륙등

4. 항공기 유압회로에서 필터(Filter)에 부착되어 있는 차압 지시계(Different Pressure Indicator)의 주목적은?

㉮ 필터 엘레먼트(Element)가 오염되어 있는 상태를 알기 위한 지시계이다.
㉯ 필터 출력회로에 압력이 높아질 경우 압력차를 알기 위한 지시계이다.
㉰ 필터 출력회로에서 귀환되어 유압의 압력차를 지시하기 위한 지시계이다.
㉱ 필터 입력회로에 유압의 압력차를 지시하기 위한 지시계이다.

5. 도플러 항법장치를 갖고 있는 항공기가 정상 장거리 비행을 하기 위하여서는 도플러 레이더에서 얻어진 정보만으로는 지구에 대한 상대 관계가 확실치 않으므로 기수방위의 정보를 얻기 위하여 다음과 같은 장치를 하게 되는데 이 장치와 가장 관계되는 것은?

㉮ 자동 방향 탐지기(ADF)
㉯ 자이로 콤파스(Gyro Compass)
㉰ 초단파 전 방향 표시기(VOR)
㉱ 무 지향성 표시 시설(NDB)

◉ '이동체의 속도에 비례하여 수신 주파수가 변화한다.'는 도플러 원리를 이용한 것이며, 지상보조 시설을 필요로 하지 않고 직접 행할 수 있는 기상 항법장치 도플러 레이더로부터는 대지속도 및 편류각 정보를 받으며 컴파스로부터 기수방위 정보를 전달받는다.

6. External Power를 Control 및 Protection 기능을 하는 Part는?

㉮ GCU ㉯ ELCU
㉰ BPCU ㉱ TRU

◉ GCU(Generator Control Unit), BPCU(Bus Power Control Unit)

7. 연료량 지시계에서 콘덴서의 용량과 관계없는 것은?
  ㉮ 극판의 넓이
  ㉯ 극판과의 거리
  ㉰ 중간 매개체의 유전율
  ㉱ 중간 매개체의 절연율

▶ $C = \epsilon \dfrac{S}{L}$ (S : 극판의 면적, L : 극판간의 거리, ϵ : 유전체의 유전율)

8. 지자기에 대한 설명으로 틀린 것은?
  ㉮ 지자기의 남북과 지도상의 남북은 다르다.
  ㉯ 자석의 N극은 지리학상 지구의 남극을 가르킨다.
  ㉰ 자기컴파스는 일반적으로 65° 이상의 고위도에서는 사용할 수 없다.
  ㉱ 자성체에 의해서 지자기의 방향이 영향을 받는다.

9. 제빙부트 계통에서 팽창 순서를 조절하는 것은?
  ㉮ 분배 밸브   ㉯ 부트 구조
  ㉰ 진공 펌프   ㉱ 흡입 밸브

10. 교류 전동기가 아닌 것은?
  ㉮ 가역전동기
  ㉯ 유니버설 전동기
  ㉰ 유도전동기
  ㉱ 동기전동기

11. 항공용으로 사용되는 공기압 계통에 대한 설명으로 가장 관계가 먼 것은?
  ㉮ 대형항공기에는 주로 유압계통에 대한 보조 수단으로 사용된다.
  ㉯ 소형항공기에는 브레이크 장치, 플랩작동장치 작동에 사용된다.
  ㉰ 공기압 누설시 압력전달에 큰 영향을 주기 때문에 누설 허용은 안 된다.
  ㉱ 공기압 사용시 귀환관이 필요 없어 계통이 단순하다.

12. Windshield의 제우 장치로서 적합한 방법이 아닌 것은?
  ㉮ 화학물질을 분사하는 방법
  ㉯ Window Wiper를 사용하는 방법
  ㉰ 공기로 불어내는 방법
  ㉱ 전열기를 사용하는 방법

13. 알카리 축전지의 전해액 점검으로 옳은 것은?
  ㉮ 비중과 액량은 측정할 필요가 없다.
  ㉯ 비중과 액량은 때때로 측정할 필요가 있다.
  ㉰ 비중은 측정할 필요가 없지만 액량은 측정하고 정확히 보존하여야 한다.
  ㉱ 비중은 정해진 점검일시에 매회 점검할 필요가 있다.

14. 유압계통에서 체크 밸브의 주목적은?
  ㉮ 압력조절
  ㉯ 역류 방지
  ㉰ 기포방지
  ㉱ 비상시 유압차단

15. 20HP의 펌프를 쓰자면 몇 Kw의 전동기가 필요한가? (단, 펌프효율은 80%이다.)

㉮ 12kW ㉯ 19kW
㉰ 10kW ㉱ 8kW

▶ 1HP=746W
20×746=EI×0.8, EI=18650W≒19KW

16. 수동 비행시 조종사가 조종간을 움직이기 위하여 참고해야 할 기본 정보는?

㉮ 항공기의 자세 ㉯ 항공기의 위치
㉰ 항공기의 속도 ㉱ 항공기의 고도

17. 버든 튜브를 사용할 수 있는 계기는?

㉮ 고도계
㉯ 속도계
㉰ 승강계
㉱ 증기압식 온도계

▶ 증기압식 온도계는 액체의 증기압과 온도 사이에는 일정한 함수 관계를 이용하며, 증발성이 매우 강한 염화메틸(methyl chloride)을 충전시킨 벌브와 모세관 그리고 버든튜브로 구성되어 있다.

18. 위성 통신 장치 중 감지 제어계는?

㉮ 안테나의 도래 방향을 검출하는 방법
㉯ 안테나의 방향이 위성을 향하도록 제어하는 안테나 구동 제어 장치
㉰ 전파를 수신하여 방위 오차를 검출
㉱ 오차 신호를 동기 검파하여 오차의 크기와 부호를 검출할 기능이 없다.

▶ 감시제어계는 추적장치와 안테나 구동제어장치로 구성된다.

19. 객실압력 조절기의 작동은 무엇에 의해 조정되는가?

㉮ 압축 공기압 ㉯ 객실 공기압
㉰ 램 공기압   ㉱ 블리드 공기압

▶ 여압은 객실고도, 객실의 고도변화율 및 실제의 객실압력 등에 의해 정해진다.

20. Voice record(음성녹음장치) control panel 의 erase switch 의 기능인 것은?

㉮ switch 1초 push 시 지워짐
㉯ switch 2초 이상 push 시 지워짐
㉰ switch push 시 VU meter 바늘이 청색까지 갔다옴
㉱ switch push 시 VU meter 바늘이 조금 움직임

1. ㉯	2. ㉱	3. ㉱	4. ㉮	5. ㉯
6. ㉰	7. ㉱	8. ㉯	9. ㉮	10. ㉮
11. ㉰	12. ㉱	13. ㉰	14. ㉯	15. ㉯
16. ㉮	17. ㉱	18. ㉯	19. ㉯	20. ㉯

2002년도 산업기사 3회 항공장비

1. 자기계기에서 불이차의 발생 원인으로 가장 적합한 것은?
   ㉮ COMPASS의 중심선과 기축선이 서로 평행일
   ㉯ MAGNETIC BAR의 축선과 COMPASS CARD의 남북선이 서로 일치할 때
   ㉰ PIVOT와 LUBBER'S LINE을 연결한 선과 기축선이 서로 평행일 때
   ㉱ COMPASS의 중심선과 기축선이 서로 평행하지 않을 때

2. 기압눈금을 표준대기인 29.92inHg에 맞추어 기압고도를 얻을 수 있는 고도 지시법은?
   ㉮ QFE방식　　㉯ QNH방식
   ㉰ QNE방식　　㉱ QHE방식

3. 기관의 회전수와 관계없이 항상 일정한 회전수를 발전기 축에 전달하는 장치는?
   ㉮ 정속구동장치(C.S.D)
   ㉯ 전압 조절기(voltage regulator)
   ㉰ 감쇠 변압기(damping transformer)
   ㉱ 계자 제어장치(field control relay)

4. 전원회로에 전압계(VM), 전류계(AM)를 연결하는 방법으로 가장 올바른 것은?
   ㉮ VM는 병렬, AM는 직렬
   ㉯ VM는 직렬, AM는 병렬
   ㉰ VM와 AM을 직렬
   ㉱ VM와 AM을 병렬

5. 계기착륙장치(ILS)계통을 설명한 내용 중 가장 관계가 먼 것은?
   ㉮ 제어 스위치를 어프로치(approach)모드로 선택하면 초단파 전 방위 표시기(VOR) 안테나에서 레이돔(Radome) 안에 있는 로컬라이저(Localizer) 안테나로 전환되어 로칼라이저 빔을 수신한다.
   ㉯ 로컬라이저 주파수만 선택하면 글라이드 슬롭(Glideslop), 거리 측정 장치(DME)가 함께 동조된다.
   ㉰ 착륙기어가 내려졌을 때 레이돔의 글라이드 슬롭 캡춰(Capture) 안테나에서 노스 기어 도어에 위치한트랙(Track) 안테나로 전환되어 글라이드 슬롭 빔을 수신한다.
   ㉱ 마커 비콘(Maker Beacon) 수신장치는 같은 주파수를 수신하고 활주로 끝을 나타내기 위하여 청색, 주황색, 백색의 표시등을 켜지게 한다.

▶ 마커비콘 수신장치는 75MHz의 신호를 수신하여 각각 400, 1300, 3000Hz의 가청 주파수 신호를 분리하여 신호음과 함께 표시등이 점등되어 활주로부터의 거리를 나타낸다.

6. 유압장치의 작동기가 동작하고 있지 않은 상태에서 계통 작동유의 압력이 고르지 못할 때 압

력에 대한 완충작용을 함과 동시에 압력 조절기의 작동 빈도를 낮추기 위한 장치는?

㉮ reservoir ㉯ selector valve
㉰ accumulator ㉱ check valve

7. 항공기의 주전원이 고장나는 경우에 대비하는 비상전원(Emergency battery)에 대한 설명 중 잘못된 것은?

㉮ 비상전원은 운항에 필수적인 항법, 통신장치에 전력을 공급한다.
㉯ 비상전원을 이용하여 AC 115V 단상 전원을 공급한다.
㉰ 비상전원은 엔진 점화시 이용될 수 있다.
㉱ 비상전원은 3시간 이상 공급될 수 있는 용량이어야 한다.

8. 화재경보장치 중에서 열이 서서히 증가하는 것을 감지 할 수 있는 감지장치는?

㉮ 서미스터형(Thermistor Type)
㉯ 서모커플형(Thermocouple type)
㉰ 서멀 스위치형(Thermal Switch type)
㉱ 실버윈형(Silver Win Type)

● 저항루프형 화재탐지기(resistance loop type fire detector) : 전기저항이 온도에 의해 변화하는 세라믹(ceramic)이나 일정온도에 달하면 급격하게 전기저항이 떨어지는 소금(eutectic salt)을 이용하여 온도 상승을 전기적으로 탐지하는 탐지기

9. 대형 항공기 공압계통에서 공통 매니폴드(Manifold)에 공급되는 공기 공급원의 종류 중 틀리는 것은?

㉮ 전기 모터로 구동되는 압축기
(Electric Motor Compressor)
㉯ 터빈 엔진의 압축기(Compressor)
㉰ 엔진으로 구동되는 압축기
(Super Charger)
㉱ 그라운드 뉴메틱 카트
(Ground Pneumatic Cart)

10. 12000 rpm으로 회전하고 있는 교류 발전기로 400Hz의 교류를 발전하려면 몇 극(極, pole)으로 하여야 하는가?

㉮ 4극 ㉯ 8극
㉰ 12극 ㉱ 24극

11. P.A 계통의 우선순위가 맞는 것은?

㉮ 기내 안내방송 - 운항승무원 안내방송 - 재생 안내방송 - 기내음악
㉯ 운항승무원 안내방송 - 기내 안내방송 - 기내음악 - 재생 안내방송
㉰ 운항승무원 안내방송 - 기내 안내방송 - 재생 안내방송 - 기내음악
㉱ 운항승무원 안내방송 - 재생 안내방송 - 기내 안내방송 - 기내음악

12. 비행장의 활주로 중심선에 대하여 정확한 수평면의 방위를 지시하는 장치는?

㉮ LOCALIZER ㉯ GLIDE SLOP
㉰ MARKER BEACON ㉱ VOR

13. 직류 발전기의 보상권선(compensating winding)과 그 역할이 같은 것은?

㉮ 보극(inter-pole)
㉯ 직렬권선(series-winding)
㉰ 병렬권선(shunt-winding)

㉔ 회전자권선(armature coil)

● 보극과 같은 역할을 하도록 보극에 감기는 코일을 연장하여 주극 사이를 오가게 하는 것

14. SELCAL System의 설명으로 틀린 것은?

㉮ 지상에서 항공기를 호출하기 위한 장치이다.
㉯ HF, VHF System으로 송·수신된다.
㉰ SELCAL Code는 4개의 Code로 만들어져 있다.
㉱ 항공기의 편명에 따라 SELCAL Code가 바뀐다.

● 지상에서 항공기를 호출하기 위한 장치이며, 지상에서 4개의 code를 만들어 HF 또는 VHF 전파를 이용하여 송신하면 항공기에 장착된 HF 또는 VHF system의 안테나를 통하여 수신되어지며 수신된 부호 code를 항공기에 장착된 selcal decoder에서 해석하여 자기고유부호 code 여부를 분석. 해석된 code가 자기고유부호 code와 일치하면 chime과 light를 이용하여 조종사에게 알려줌

15. 공기냉각장치(Air cycle cooling sys)에서 공기의 냉각은?

㉮ 프리쿨러(Precooler)에 의하여 냉각된다.
㉯ 엔진 압축기에서의 Bleed air는 1,2차 열교환기와 쿨링터빈(Cooling turbine)을 지나면서 냉각된다.
㉰ 1,2차 열교환기에 의하여 냉각된다.
㉱ 프레온(Freon)의 응축에 의하여 냉각된다.

● 터빈을 지나 팽창되는 공기는 압력과 온도가 감소된다.

16. 압력계에 대한 설명 내용 중 가장 관계가 먼 것은?

㉮ 오일 압력계-버든 튜브식 압력계로 게이지압력을 지시
㉯ 흡기 압력계-다이아프램형 압력계로 절대 압력을 지시
㉰ 흡입 압력계-공함식 압력계로 2곳의 압력의 차를 지시
㉱ EPR계-벨로우관식 압력계로 2개의 압력의 비를 지시

17. 그라울러(growler)는?

㉮ 회전자(amature) 시험용
㉯ 코뮤테이터(commutator) 시험용
㉰ 브러시 시험용
㉱ 고정자코일(field coil) 시험용

● 발전기의 시험으로 전기자와 계자의 회로단선과 단락 시험을 실시한다.

18. 작동유 저장탱크에 관한 내용 중 가장 올바른 것은?

㉮ 재질은 일반적으로 알루미늄합금이나 마그네슘합금으로 되어있다.
㉯ 저장탱크의 압력은 사이트 게이지로 알 수 있다.
㉰ 배플은 불순물을 제거한다.
㉱ 저장탱크의 용량은 축압기를 포함한 모든 계통이 필요로 하는 용량의 75%이상이어야 한다.

● 레저버의 용량은 작동유의 온도가 38℃(100 F)에서 150%이상이거나 또는 축압기를 포함한 모든 계통이 필요로 하는 용량의 120%이상이어야 한다.

19. 자이로(Gyro)의 강성 또는 보전성이란?

㉮ 외력을 가하지 않는한 일정의 자세를 유지하는 성질
㉯ 외력을 가하면 그 힘의 방향으로 자세를 변하는 성질
㉰ 외력을 가하면 그 힘과 직각으로 자세를 변하는 성질
㉱ 외력을 가하면 그 힘과 반대방향으로 자세를 변하는 성질

20. 전원의 주파수를 측정하는데 사용되는 BRIDGE 회로는?

㉮ WIEN BRIDGE
㉯ MAXWELL BRIDGE
㉰ SYNCHRO BRIDGE
㉱ WHEATSTONE BRIDGE

- 직류 브릿지 회로
  WHEAST-STONE BRIDGE(미지의 저항을 측정)
- 교류 브릿지 회로
  WIEN BRIDGE(전원의 주파수 측정)
  MAXWELL BRIDGE(코일의 저항과 인덕턴스 측정)

1. ㉱	2. ㉰	3. ㉮	4. ㉮	5. ㉱
6. ㉰	7. ㉱	8. ㉮	9. ㉮	10. ㉮
11. ㉰	12. ㉮	13. ㉮	14. ㉱	15. ㉯
16. ㉯	17. ㉮	18. ㉮	19. ㉮	20. ㉮

2003년도 산업기사 1회 항공장비

1. 조종실에서 교신하는 통신 및 대화 내용, 엔진 등 백그라운드 노이즈(Background Noise)가 기록되는 장치는?

㉮ 비행기록장치(FDR)
㉯ 음성기록장치(CVR)
㉰ 음성관리장치(OMU)
㉱ 플라이트 인터폰

2. 어떤 교류 발전기의 정격이 115V, 1kVA, 역율(Power factor) 0.866이라면 무효전력은 얼마인가?

㉮ 450Var   ㉯ 500Var
㉰ 750Var   ㉱ 1000Var

3. 교류전동기에 대한 설명 중 옳지 않은 것은?

㉮ 자장발생, 전기자 유도에 의한 회전력의 발생은 직류 전동기와 다르다.
㉯ 교류전동기는 자장의 방향과 크기가 시간에 따라 변한다.
㉰ 교류전동기는 직류전동기보다 효율이 크다.
㉱ 무게에 비해 많은 동력을 얻을 수 있다.

4. 스켈치(squelch)는 무엇인가?

㉮ AM송신기에서 고역을 강조하는 장치
㉯ FM송신기에서 주파스 체배를 위한 장치
㉰ FM수신기 신호가 없을 때 잡음을 지울 수 있는 장치
㉱ AM수신기에서 반송파를 제거시키는 장치

5. 그림과 같은 회로에서 5[Ω]에 흐르는 I_2를 구하면?

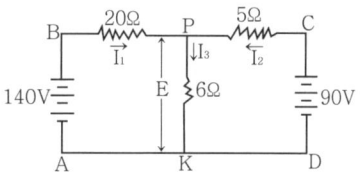

㉮ 4A   ㉯ 6A
㉰ 8A   ㉱ 10A

6. 객실 차압을 조절하기 위한 방법으로 가장 올바른 것은?

㉮ 객실 내의 공기를 배출
㉯ 밸브로 가는 압력을 조절
㉰ 공급원의 공기압을 조절
㉱ 객실 내의 공기를 공급

▶ 객실로 공급되는 압축공기는 객실 고도에 맞도록 압력이 조절되어 공급되는 것이 아니고 아웃플로 밸브에 의해 기체 밖으로 배출시킬 공기의 양을 조절함으로써 조절된다.

7. 지상에서 항공기의 연료 level을 측정할 때 사용하는 것은?

㉮ De electronic cell   ㉯ Float 기구

㉰ Dip Stick ㉱ Patassium

8. 수평상태지시기(HSI)의 전방향표지편이(VOR DEVIATION)의 1눈금(DOT) 편위 각도는?
㉮ 2도 ㉯ 5도
㉰ 7도 ㉱ 10도

9. 니켈-카드뮴 축전지의 셀 당 전압은?
㉮ 1~2V ㉯ 1.2~1.25V
㉰ 2~4V ㉱ 3~4V

10. 지자기 자력선의 방향과 수평선간의 각을 말하며 적도 부근에서는 거의 0도이고 양극으로 갈수록 90도에 가까워지는 것을 무엇이라 하는가?
㉮ 편각 ㉯ 복각
㉰ 수평분력 ㉱ 수직분력

11. 합성유(Skydrol Hydraulic Fluid)를 사용하는 계통을 세척할 때 사용하는 용액은?
㉮ 등유(Kerosene)
㉯ 납사(Naphtha)
㉰ 염화에틸렌(Trichlorethylene)
㉱ 알콜(Alcohol)

12. 직류발전기에서 잔류전기를 잃어 발전기 출력이 나오지 않을 경우 어떤 방법으로 잔류자기를 회복할 수 있는가?
㉮ 잔류자기가 회복될 때까지 반대방향으로 회전시킨다.
㉯ 계자권선에 직류전원을 공급한다.
㉰ Field Coil을 교환한다.
㉱ 잔류자기가 회복할 때까지 고속 회전시킨다.

13. 항공기 장비 냉각계통(Equipment Cooling System)에 대한 설명 내용으로 가장 올바른 것은?
㉮ 차가운 공기를 불어 넣어준다.
㉯ 바깥공기(RAM AIR)를 사용한다.
㉰ 압축기로부터 압축공기가 공급된다.
㉱ 객실 내의 공기를 사용한다.

14. 유량제어장치 중 유압관 파손시 작동유가 누설되는 것을 방지하기 위한 장치는?
㉮ 흐름 제한기(flow restrictor)
㉯ 유압 퓨우즈(fuse)
㉰ 흐름 조절기(flow regulator)
㉱ 유압관 분리 밸브(disconnect valve)

▶ 흐름제한기는 흐름률을 제한하는 오리피스이다.

15. 싱크로 전기기기에 대한 설명으로 틀린 것은?
㉮ 회전축의 위치를 측정 또는 제어하기 위해 사용되는 특수한 회전기이다.
㉯ 항공기에서의 콤파스계기 상에 VOR국이나 ADF국 방위를 지시하는 지시계기로서 사용되고 있다.
㉰ 구조는 고정자 측에 1차권선, 회전자 측에 2차권선을 가지는 회전변압기이고, 2차 측에는 정현파 교류가 발생하도록 되어 있다.
㉱ 각도검출 및 지시용으로는 2개의 싱크로 전기기기를 1조로 사용한다.

16. 조종실(Cockpit)온도변화에 따른 속도계 지시 보상방법으로 가장 올바른 것은?

㉮ 온도 보상은 필요 없다.
㉯ Bimetal에 의해서 보상된다.
㉰ 온도 보상표에 의해서 실시한다.
㉱ Thermal S.W에 의해서 전기적으로 실시된다.

17. 유압 계통에 사용되는 릴리이프 밸브의 특성 중 압력 오버 라이드(Over Ride)란?

㉮ 크래킹 압력(Cracking Pressure)에서부터 릴리이프 밸브가 닫힐 때까지의 압력 변화
㉯ 릴리이프 밸브가 열려서 있을 때 정격 유량의 압력 변화
㉰ 크래킹 압력에서부터 정격유량이 흐를 때까지의 압력 변화
㉱ 릴리이프 밸브가 닫쳐서 정격유량을 유지할 때까지의 압력 변화

18. 항공기의 색표시 중 적색 방사선(Red radiation)은 무엇을 나타내는가?

㉮ 최소, 최대운전 또는 운용한계
㉯ 계속운전범위(순항범위)
㉰ 경계 및 경고 범위
㉱ 연료와 공기 혼합기의 Auto-lean시의 계속운전범위

19. 집합계기의 장점이 아닌 것은?

㉮ 필요한 정보를 필요할 때 지시하게 할 수 있다.
㉯ 한 개의 정보를 여러 개의 화면에 나타낼 수 있다.
㉰ 다양한 정보를 도면을 이용하여 표시할 수 있다.
㉱ 항공기 상태를 그림, 숫자로 표시할 수 있다.

▶ 디지털 컴퓨터와 브라운관을 사용한 전자식 종합지시계기를 말한다.

20. 부르동관(bourdon tube)을 사용하는 온도계는 어느 것인가?

㉮ 바이메탈식 온도계
㉯ 증기압식 온도계
㉰ 열전쌍식 온도계
㉱ 전기저항식 온도계

1. ㉯	2. ㉯	3. ㉮	4. ㉰	5. ㉯
6. ㉮	7. ㉰	8. ㉯	9. ㉯	10. ㉯
11. ㉰	12. ㉯	13. ㉱	14. ㉯	15. ㉰
16. ㉯	17. ㉰	18. ㉮	19. ㉯	20. ㉯

2003년도 산업기사 2회 항공장비

1. 광전형 연기 감지기(Photo electric smoke detector)에 대한 설명 내용으로 가장 관계가 먼 것은?

   ㉮ 연기감지기 내부는 빛의 반사가 없도록 무광 흑색 페인트로 칠해져 있다.
   ㉯ 연기감지기 내부로 들어오는 연기는 항공기 내, 외의 기압차에 의한다.
   ㉰ 화재의 발생은 연기감지기 내의 포토-셀에서 감지하게 되어 있다.
   ㉱ 장기간 사용으로 이물질이 약간 있더라도 작동에는 이상이 없다.

   ● 광전형 연기 감지기는 광전기셀, 비컨 등, 시험등으로 구성되어 있고, 공기 중 연기가 10% 정도 존재할 경우 광전기셀은 전류를 발생한다.

2. 납산 축전지(lead acid battery)의 셀(cell)의 음극(-)과 양극(+)판의 수는 어떠한가?

   ㉮ 음극(-)판이 하나 더 많다.
   ㉯ 음극(-)판이 하나 더 적다.
   ㉰ 음극(-), 양극(+)판의 수는 똑같다.
   ㉱ 양극(+)판이 몇 개 더 많다.

3. 그림과 같은 회로에서 저항 6Ω의 양단전압 E를 구하면?

   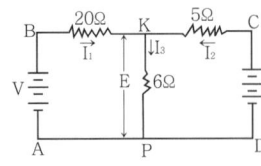

   ㉮ 20V   ㉯ 40V
   ㉰ 60V   ㉱ 80V

4. 항공기 유체계통을 연결시 신속분리 커플링(Quick-disconnect coupling)을 사용하는 가장 큰 목적은?

   ㉮ 유체계통 배관의 길이를 감소시킬 수 있다.
   ㉯ 유체의 압력이 상승할 경우 안전율(Safety factor)을 증가시킬 수 있다.
   ㉰ 유체의 손실이나 공기혼입이 없이 배관을 신속하게 분리할 수 있다.
   ㉱ 유체의 흐름을 여러 방향으로 손실 없이 분배할 수 있다.

5. 고도계의 오차와 관계없는 것은?

   ㉮ 복선오차   ㉯ 기계오차
   ㉰ 온도오차   ㉱ 탄성오차

6. 유압계통에 있는 축압기(Accumulator)의 설치위치와 가장 관계가 있는 것은?

   ㉮ 작업라인(Working Line)
   ㉯ 귀환라인(Return Line)
   ㉰ 공급라인(Supply Line)
   ㉱ 압력라인(Pressure Line)

7. 다음 값 중에서 온도가 올라가면 감소되는 것은?

㉮ 일반 금속의 전기저항
㉯ thermistor 내로 흐르는 전류
㉰ 연료의 유전율
㉱ 연료탱크 내의 유면의 높이

8. 항공기 각 시스템과 장비의 동력원이 되는 전력(Electric Power)과 공압(Pneumatic Power)을 공급하기 위한 동력 장치는?

㉮ 보조 동력 장치(Auxiliary Power Unit)
㉯ 지상 동력 장치(Ground Power Unit)
㉰ 개스 터빈 압축기(Gas Turbine Compressor)
㉱ 공기 구동 펌프(Air Driven Pump)

9. E_m은 전압의 최대값이고 θ는 위상각(Phase angle)이라고 할 때 순간전압 $e=E_m \sin(\omega t + \theta)$로 표시하는 방법은?

㉮ 삼각함수 표시법 ㉯ 극좌표 표시법
㉰ 지수함수 표시법 ㉱ 복소수 표시법

10. 지상에 설치한 무지향성 무선 표시국으로 부터 송신되는 전파의 도래 방향을 계기상에 지시하는 것은?

㉮ 거리측정장치(DME)
㉯ 항공교통관제장치(ATC)
㉰ 자동방향탐지기(ADF)
㉱ 무선고도계(RADIO ALTIMETER)

● 자동방향탐지기(ADF)는 지상에 무지향표지시설이 있고 항공기에는 안테나, 수신기, 방향지시기 및 전원장치로 구성되는 수신장치가 있다.

11. 항공기에 쓰이는 3상 교류는 주파수가 400 Hz이고 극수가 8이면 계자의 회전수는 몇 rpm이 되어야 하는가?

㉮ 2000   ㉯ 4000
㉰ 6000   ㉱ 8000

12. 피스톤형 밸브로서 브레이크(brake)의 작동을 신속하게 하기 위한 밸브는?

㉮ 디부우스터 밸브(debooster valve)
㉯ 퍼어지 밸브(purge valve)
㉰ 프라이오리티 밸브(priority valve)
㉱ 릴리이프 밸브(relief valve)

13. 항공계기 중 출력축이 스프링과 감쇄기(Damper)로 구성된 자이로스코프가 쓰이는 계기는?

㉮ 인공 수평의   ㉯ 자이로 콤파스
㉰ 선회 경사계   ㉱ 승강계

14. 직류 셀신에 대한 설명 내용으로 가장 관계가 먼 것은?

㉮ 전원을 직류로 사용한다.
㉯ 일종의 원격지시계이다.
㉰ 지시부와 수감부로 구성된다.
㉱ 로우터는 단상이고 스테이터는 3상이다.

15. 객실압력 조절기의 작동은 무엇을 조절하기 위한 것인가?

㉮ 객실고도(Cabin Altitude)
㉯ 외부공기압력(Ram Air Pressure)
㉰ 블리이드 공기압력
㉱ 압축공기 압력

● 객실압력 조절기는 객실 내부의 기압을 선택해 놓은 기준값이 되도록 조절되게 한다.

16. 서비스 통화 계통(service interphone system) 설명으로 가장 올바른 것은?

㉮ 비행 중에는 조종실과 객실 승무원 및 주방 간 통화
㉯ 지상에서는 조종실과 지상 정비사 간 직접통화
㉰ 정비사 상호간
㉱ 조종사 상호간

● • 서비스 인터폰 : 기체 내외부에 설치되어 있는 인터폰 잭을 사용하여 정비사가 조종실 및 객실, 그리고 인터폰 잭 상호간 정비를 위한 통화 목적으로 사용하며, 비행 중에는 사용하지 않는다.
• 플라이트 인터폰 : 조종실 내의 운항 승무원 상호간 통화를 하며, 지상에서는 비행을 위해 항공기가 택싱하는 동안 지상 조업 요원과 조종실 내 운항 승무권간의 통화를 위한 장비이다.

17. Selective Calling(SELCAL) 장치의 주 목적은 무엇인가?

㉮ 선택한 장비 타워를 호출하기 위하여
㉯ 선택한 관제기관을 호출하기 위하여
㉰ 선택한 항공회사를 호출하기 위하여
㉱ 선택한 항공기를 호출하기 위하여

18. 피토 정압관에서 측정되는 것은?

㉮ 정압과 동압의 차 ㉯ 정압
㉰ 동압   ㉱ 전압

19. 활주로에 대한 수직면 내의 정확한 진입각을 지시하여 항공기를 착지점으로 유도하는 장치는?

㉮ 관성항법장치(INS)
㉯ 로컬라이저(LOCALIZER)
㉰ 글라이드 슬롭(GLIDE SLOP)
㉱ 마커 비콘(MARKER BEACON)

● • ILS(Instrument Landing System) : 항공기가 착륙하는데 필요한 방위각, 활공각 및 마커 위치정보를 제공하며 로컬라이저(Localizer), 글라이드 슬롭(Glide Slope), 마커비콘(Marker Beacon)으로 구성된다.
• 로컬라이저(Localizer) : 활주로의 중심선의 연장을 나타내는 장치로 착륙 코스에서의 변위를 알 수 있다.
• 글라이드 슬롭(Glide Slope) : 활공경로, 즉 하강비행각을 표시해주는 장치
• 마커비콘(Marker Beacon) : 착륙 접근시 항공기로부터 활주로까지의 거리를 나타내주는 착륙 보조 시설
• ILS지시기 : 로컬라이저와 글라이드 슬롭의 크로스 포인터를 사용하고 그 교점이 착륙 코스를 지시히고 중심으로부터 움직임이 편위의 크기를 나타낸다.

20. 항공계기 중 전기계기 내부는 어느 것으로 충전시키는가?

㉮ 산소가스   ㉯ 질소가스
㉰ 수소가스   ㉱ 불활성가스

1. ㉱	2. ㉮	3. ㉰	4. ㉰	5. ㉮
6. ㉱	7. ㉰	8. ㉮	9. ㉮	10. ㉰
11. ㉰	12. ㉮	13. ㉰	14. ㉰	15. ㉮
16. ㉰	17. ㉱	18. ㉰	19. ㉰	20. ㉱

2003년도 산업기사 3회 항공장비

1. 8〔kΩ〕의 저항에 50〔mA〕의 전류를 흘리는 데 필요한 전압〔V〕은 얼마인가?
㉮ 360 ㉯ 380
㉰ 400 ㉱ 420

2. 속도계의 색표식(Color marking) 중 Power-Off, Flap-up, Stall-speed는 어디에 표시되어 있는가?
㉮ 적색 방사선 ㉯ 녹색 호선
㉰ 황색 호선 ㉱ 백색 호선

3. 연축전지(lead-acid battery)에 대한 설명으로 가장 올바른 것은?
㉮ 축전지의 충전상태는 전해액의 온도를 측정한다.
㉯ 축전지 여러 개를 충전할 때 정전류법은 병렬로 연결하여 충전한다.
㉰ 축전지 여러 개를 충전할 때 정전압법은 병렬로 연결하여 충전한다.
㉱ 정전류법으로 충전할 때에는 반드시 시작 전에 캡을 닫아 놓아야 한다.

4. 단거리 전파 고도계(LRRA)로 구할 수 있는 고도는?
㉮ 진고도 ㉯ 절대고도
㉰ 기압고도 ㉱ 마찰고도

5. 자기 컴퍼스의 동적 오차의 종류에 해당하지 않는 것은?
㉮ 시분 오차 ㉯ 오동 오차
㉰ 가속도 오차 ㉱ 북선 오차

· 정적오차 : 불이차, 사분원차, 반원차
· 동적오차 : 가속도오차, 북선오차, 와동오차

6. 항공기 기관의 구동축과 발전기 축 사이에 장착하여 주파수를 일정하게 하여 주는 장치를 무엇이라 하는가?
㉮ 정속 구동 장치
㉯ 변속 구동 장치
㉰ 출력 구동 장치
㉱ 주파수 구동 장치

7. 화재감시계통(Fire Detector System)에 대한 설명 내용으로 가장 올바른 것은?
㉮ 감지기(Sensing element)의 Kink, Dent 등은 허용범위 이내라 하더라도 수정하는 것이 바람직하다.
㉯ 감지기(Sensing element)의 Connection을 분리했을 때는 반드시 Cooper Crush Gasket을 교환해야 한다.
㉰ 감지기(Sensing element)의 절연저항 check은 Multi-Meter면 충분하다.
㉱ Ionization Smoke Detector는 수리를 위하여 Line에서 분리할 수 있다.

8. 항법장비 중에서 지상의 무선국이 없어도 되는 것은?
   ㉮ ADF   ㉯ VOR
   ㉰ LORAN ㉱ INS

   ● 관성항법장치는 자이로와 가속도계가 설치되어 항공기의 방향, 진행속도 및 위치를 계산한다.

9. 고도계의 보정 방법 중 활주로에서 고도계가 활주로 표고를 가리키도록 하는 보장방법은 무엇인가?
   ㉮ ONE 보정   ㉯ QNH 보정
   ㉰ QFE 보정   ㉱ QFH 보정

10. 전원 전압 115/200V에서 10μF의 콘덴서, 250mH의 코일이 직렬로 접속되어 있을 때, 이 회로의 공진 주파수를 구하면?
    ㉮ 0.04 Hz   ㉯ 25.0 Hz
    ㉰ 100.7 Hz ㉱ 2500.0 Hz

    ● 직렬공진회로에서 $X_L = X_C$ 일 때의 주파수를 말하며 $2\pi f_0 L = \frac{1}{2\pi f_0 C}$, $f_0 = \frac{1}{2\pi \sqrt{LC}}$ (Hz)

11. 그림과 같은 회로망에서 전류계와 전압계로써 각 단의 전류, 전압을 측정하려 한다. 연결이 바르게 된 것은?

    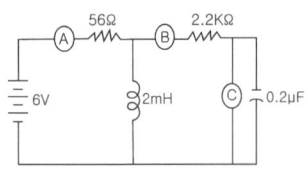

    ㉮ A와 B는 전압계, C는 전류계
    ㉯ A와 B는 전류계, C는 전압계
    ㉰ A는 전류계, B와 C는 전압계
    ㉱ A와 C는 전류계, B는 전압계

12. 항공기의 수직방향 속도를 분당 feet로 지시하는 계기는?
    ㉮ VSI   ㉯ LRRA
    ㉰ DME   ㉱ HSI

    ● 승강계는 항공기의 수직방향의 속도를 ft/min 단위로 지시하고 상승률과 하강률을 나타낸다.

13. 자이로에 대한 설명 중 틀린 것은?
    ㉮ 강직성은 자이로 로터의 질량이 클수록 강하다.
    ㉯ 강직성은 자이로 로터의 회전이 빠를수록 강하다.
    ㉰ 섭동성은 가해진 힘에 반비례하고 로터 회전속도에 비례한다.
    ㉱ 자이로를 이용한 계기로는 선회경사계, 방향자이로 지시계, 자이로 수평지시계

    ● 섭동성은 가해진 힘에 비례하고 로터회전 속도에 반비례한다.

14. 대형 항공기의 공기조화 계통에서 가열 계통에는 연소 가열기를 장치하여 사용한다. 온도가 규정값 이상에 도달하게 되면 연소 가열에 공급되는 연료를 자동 차단시킬 수 있는 밸브 장치는?
    ㉮ 솔레노이드밸브
    ㉯ 조정유닛밸브
    ㉰ 스필밸브
    ㉱ 버터블리이식 밸브

15. 유압계통에서 블리드를 하는 주요 목적은?
    ㉮ 계통에서 공기를 제거하기 위해
    ㉯ 계통의 누출을 방지하기 위해

㉰ 계통의 압력손실을 방지하기 위해
㉱ 씰의 손상을 방지

16. 전동기에서 시동특성이 가장 좋은 것은?

㉮ 직·병렬 모터 　㉯ 분권 모터
㉰ 션트 모터 　　　㉱ 직권 모터

17. 계기 착륙장치의 구성장치(Instrument Landing System)가 아닌 것은?

㉮ 로칼라이저 수신장치(Localizer)
㉯ 글라이더 슬롭 수신장치(Glide Slope)
㉰ 마커 수신장치(Marker Beacon)
㉱ 기상레이더

18. AIR CYCLE COOLING SYSTEM에서 turbine의 주 역할은?

㉮ compressor에서 압축된 공기가 turbine에서 팽창압력과 온도가 낮아지게 한다.
㉯ turbine에서 공기를 고압, 고온으로 만들어 compressor로 보낸다.
㉰ cooling fan을 작동시킨다.
㉱ heat exchanger용 냉각공기를 끌어들이는 fan을 동작시킨다.

19. 광물성유에 사용되는 seal은?

㉮ 천연고무
㉯ 일반 고무
㉰ 네오프렌 합성 고무
㉱ 뷰틸 합성 고무

▶ ・식물성유 : 천연고무실 사용, 알콜로 세척 가능
　・광물성유 : 네오프렌 고무제 실 사용, 나프타(휘발유), 발솔 또는 솔벤트로 세척 가능
　・합성유 : 부틸, 실리콘 고무, 테프론 실 사용, 트리크로로 에틸렌으로 세척 가능

20. 공유압 계통에서 다운 스트림이란?

㉮ 어떤 밸브를 기준으로 배출 압력관쪽
㉯ 어떤 밸브를 기준으로 유입구쪽
㉰ 밸브의 내리흐름
㉱ 어떤 밸브를 기준으로 하부흐름

1. ㉰	2. ㉱	3. ㉰	4. ㉯	5. ㉮
6. ㉮	7. ㉯	8. ㉱	9. ㉯	10. ㉰
11. ㉯	12. ㉮	13. ㉰	14. ㉯	15. ㉮
16. ㉱	17. ㉱	18. ㉮	19. ㉰	20. ㉮

2004년도 산업기사 1회 항공장비

1. 계기의 T형 배치에서 중심이 되는 것은?
- ㉮ 자세지시계
- ㉯ 속도계
- ㉰ 고도계
- ㉱ 방위지시계

2. 열전쌍식 온도계에서 사용되는 재료가 아닌 것은?
- ㉮ 철-콘스탄탄
- ㉯ 구리-콘스탄탄
- ㉰ 크로멜-알루멜
- ㉱ 카본-바이메탈

3. 항공기가 비행을 하면서 관성항법장치(INS)에서 얻을 수 있는 정보와 가장 관계가 먼 것은?
- ㉮ 위치
- ㉯ 자세
- ㉰ 자방위
- ㉱ 속도

4. 교류 발전기의 출력 주파수를 일정으로 유지시키는데 사용되는 것은?
- ㉮ magamp
- ㉯ brushless
- ㉰ carbon pile
- ㉱ C.S.D

5. 안테나의 종류와 특성 중 주파수 특성에 의해서 분류한 안테나는?
- ㉮ 렌즈 안테나
- ㉯ 광대역 안테나
- ㉰ 유전체용 안테나
- ㉱ 곡면 반사형 안테나

◉ 주파수 특성에 따라 광대역, 협대역, 정 임피던스 안테나로 분류한다.

6. 절대고도란 고도계의 어떤 setting방법인가?
- ㉮ QNH setting
- ㉯ QNE setting
- ㉰ QNT setting
- ㉱ QFE setting

7. 결빙 감지기의 종류가 아닌 것은?
- ㉮ 가변저항 이용
- ㉯ 압력차이 이용
- ㉰ 기계적 항력 이용
- ㉱ 고유진동 이용

8. 다음의 항공기 외부등 중 충돌방지등은 어느 것인가?
- ㉮ 동체 아랫면 : 점멸 백색등
- ㉯ 왼쪽 날개끝 : 백색등
- ㉰ 꼬리 끝 : 붉은색등
- ㉱ 동체 상부 또는 수직 안정판 꼭대기 : 붉은색등

9. 델린져 현상의 원인은 어느 것인가?
- ㉮ 흑점의 증가
- ㉯ 자기람
- ㉰ 태풍
- ㉱ 태양표면의 폭발

◉ 전리층의 불규칙한 변동으로 전리층 전파에 영향을 주어 단파 수신 전기장의 감도가 급격히 저하하고 때로 수신 불능상태가 수분 내지 수 시간 지속되다가 후에 점차 회복되는 현상

10. 유압펌프에서 정용량형 펌프란?
   ㉮ 1회전에 대한 이론 토출량이 일정
   ㉯ 펌프의 회전수와 관계없이 일정량의 유압유 토출
   ㉰ 부하 압력 변동에 관계없이 일정용량의 유압유 토출
   ㉱ 유압 실린더의 용량에 따라 일정량의 유압유 토출

11. 대형 항공기 공압계통에서 공통 매니폴드(Manifold)에 공급되는 공기의 온도조절은 어느 것에 의해 이루어지는가?
   ㉮ 팬 에어(Fan Air)
   ㉯ 열 교환기(Heat Exchanger)
   ㉰ 램 에어(Ran Air)
   ㉱ 브리딩 에어(Bleeding Air)

12. 계기 착륙 장치(ILS) 계통에서 로칼라이저(Localizer) 수신장치의 기능을 가장 올바르게 표현한 것은?
   ㉮ 활주로 수평, 진입 평면에 대한 항공기 진입각 표시
   ㉯ 활주로 상, 하 연장 평면에 대해 항공기 진입각 표시
   ㉰ 활주로 수직, 수평 연장선에 대해 진입 중인 항공기의 위치 표시
   ㉱ 활주로 중심, 수직인 평면에 대해 진입 중인 항공기의 위치 표시

13. 자이로를 이용하고 있는 계기가 아닌 것은?
   ㉮ 자이로 수평 지시계
   ㉯ 자기 컴퍼스
   ㉰ 방향 자이로 지시계
   ㉱ 선회 경사계

14. 작동유 압력이 일정 압력 이하로 떨어지면 유로를 차단하는 기능을 갖는 것은?
   ㉮ SYSTEM ACCUMULATOR
   ㉯ SYSTEM RELIEF VALVE
   ㉰ SYSTEM RETURN FILTER MODULE
   ㉱ PRIORITY VALVE

15. 고도계의 탄성오차가 아닌 것은?
   ㉮ 와동오차   ㉯ 편위
   ㉰ 히스테리시스   ㉱ 잔류효과

16. 니켈-카드뮴 축전기에서 24V축전지는 몇 개의 셀을 직렬로 연결하였는가?
   ㉮ 12개   ㉯ 15개
   ㉰ 17개   ㉱ 19개

17. 그림의 교류회로에서 임피이던스를 구한 값은?

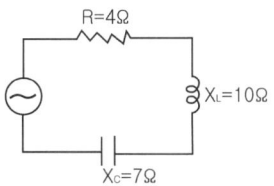

   ㉮ 5[Ω]   ㉯ 7[Ω]
   ㉰ 10[Ω]   ㉱ 17[Ω]

18. Rain Protection System 설명 중 틀린 것은?
   ㉮ 전면의 시야를 비나 눈으로부터 흐려짐

을 방지한다.
㈏ 윈드쉴드 와이퍼(Wind Shield Wiper)가 장착되어 있다.
㈐ Rain Repellent System이 장착되어 있다.
㈑ 윈드쉴드(Wind Shield) 내부의 김 서림을 방지한다.

19. 분류기(shunt)에 대한 설명 내용으로 가장 올바른 것은?

㈎ 저항, 전압 등의 전류를 측정할 수 있는 메타
㈏ 축전지가 충전되는가를 알기 위한 AM meter
㈐ 계기 보호용으로 삽입된 회로상의 휴즈
㈑ 전류계 외측에 대부분의 전류를 by-pass 시키는 금속 저항체

20. 시동 토오크가 크고 압력이 과대하게 되지 않으므로 시동 운전 시 가장 좋은 전동기는?

㈎ 분권 전동기 ㈏ 직권 전동기
㈐ 복권 전동기 ㈑ 화동복권 전동기

1. ㈎	2. ㈑	3. ㈐	4. ㈑	5. ㈏
6. ㈑	7. ㈎	8. ㈐	9. ㈑	10. ㈎
11. ㈏	12. ㈐	13. ㈏	14. ㈑	15. ㈎
16. ㈑	17. ㈎	18. ㈑	19. ㈑	20. ㈏

2004년도 산업기사 2회 항공장비

1. 항공기에 장착되어 있는 플라이트 인터폰(Flight Interphone)의 주목적은?

   ㉮ 운항중에 승무원 상호간의 통화와 통신 항법계통의 오디오 신호를 승무원에게 분배, 청취하기 위하여
   ㉯ 비행중에 항공기 내에서 유선통신을 사용하기 위하여
   ㉰ 비행중에 운항 승무원과 객실 승무원의 상호통화와 기타 오디오 신호를 승무원에게 분배, 청취하기 위하여
   ㉱ 비행중에 조종실과 지상 무선시설의 상호통화 및 오디오 신호를 청취하기 위하여

2. 다음 온도계의 종류 중 bourdon tube가 사용되는 것은?

   ㉮ 전기저항식   ㉯ 증기압력식
   ㉰ Bi-metal식   ㉱ thermo-couple식

3. 작동유압(Hydraulic)계통에서 압력 단위를 나타내는 것은?

   ㉮ G.P.M   ㉯ R.P.M
   ㉰ P.S.I   ㉱ P.P.M

4. 유압계통에서 레저버(reservoir)내의 stand pipe의 가장 중요한 역할은 무엇인가?

   ㉮ 계통내의 압력유동을 감소시킨다.
   ㉯ vent 역할을 한다.
   ㉰ 비상시 작동유의 예비공급 역할을 한다.
   ㉱ 탱크내의 거품이 생기는 것을 방지한다.

5. 장거리 통신에 가장 적합한 장치는?

   ㉮ HF 통신 장치   ㉯ VHF 통신 장치
   ㉰ UHF 통신 장치   ㉱ SHF 통신 장치

6. 스모크 감지기(Smoke Detector)에 대한 설명 내용으로 가장 올바른 것은?

   ㉮ 스모크 감지기(Smoke Detector)에 의해 연기가 감지
   되면 자동으로 소화장치가 작동되어 화재를 진압한다
   ㉯ 현대 항공기에는 연기입자에 의한 빛의 굴절을 이용한 Photo electric 방식의 감지기가 주로 사용된다.
   ㉰ 스모크 감지기(Smoke Detector)는 주로 Engine, APU(Auxiliary Power Unit)등에 화재감지를 위해 장착된다.
   ㉱ 스모크 감지기(Smoke Detector)는 공기를 감지기내로 끌어들이기 위한 별도의 장치가 필요치 않다.

7. 초단파 전방향 무선표지 시설(VOR)이란?

   ㉮ 지상 무선국에 해당되는 주파수를 선택하면 항공기가 지상 무선국으로부터 어

느 방향에 있는지 알 수 있다
㉯ 지상 무선국에 해당되는 주파수를 선택하면 지상 무선국의 방향을 지시한다.
㉰ 지상 무선국에 해당되는 주파수를 선택하면 지상 무선국에서 북서쪽 방향을 항공기에 지시한다.
㉱ 지상 무선국에 해당되는 주파수를 선택하면 지상 무선국에서 남서쪽 방향을 항공기에 지시한다.

8. 자차 수정시 자차의 허용범위는?

㉮ ±10°　　㉯ ±12°
㉰ ±14°　　㉱ ±16°

9. PITOT-STATIC 계통과 관계 없는 계기는?

㉮ 속도계(Airspeed meter)
㉯ 승강계(Rate-Of-Climb Indicator)
㉰ 고도계(Altimeter)
㉱ 가속도계(Accelerometer)

10. 발전기에서 외부에 부하를 연결하면 전기자 코일에 전류가 흐르고, 이에 의해 자장이 기울어지는 편류가 발생한다. 이 편류를 교정하기 위해 설치하는 것의 명칭은?

㉮ 정속구동장치　㉯ 정류자
㉰ C.P.U.　　㉱ 보극

11. 전류계(Ammeter)에 사용되는 션트(Shunt)저항은 다르송발(D'Arsonval)계기와 어떻게 연결되는가?

㉮ 직렬
㉯ 병렬
㉰ 직렬과 병렬 동시에
㉱ 션트(Shunt)저항은 필요 없다.

12. 프레온 에어콘 계통에서 콘덴서의 냉각공기는 어디로부터 오는가?

㉮ 엔진압축기　㉯ 바깥공기
㉰ 배기가스　　㉱ 객실공기

13. 내부저항이 2[Ω]인 축전지에서 가장 큰 전력을 흡수할 수 있는 부하 저항값을 구하고, 그때에 흡수되는 전력을 구하면?

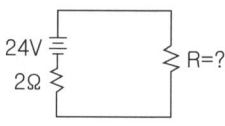

㉮ 2[Ω], 144[W]　㉯ 4[Ω], 64[W]
㉰ 1[Ω], 64[W]　㉱ 2[Ω], 72[W]

▶ 최대전력전달조건은 r=R이고
흡수전력 = $\dfrac{V^2}{R+r} = \dfrac{24^2}{(2+2)} = 144$

14. 날개 및 날개 루트(WING ROOT)부분 또는 랜딩기어에 장착되며 항공기축 방향을 조명하는 데 사용하는 등은?

㉮ 착빙 감시등　㉯ 선회등
㉰ 항공등　　　㉱ 착륙등

15. 다음은 탄성오차에 대한 설명이다. 틀린 것은?

㉮ 백래쉬(Backlash)에 의한 오차
㉯ 온도변화에 의해서 탄성계수가 바뀔 때의 오차
㉰ 크리프(creep) 현상에 의한 오차

㉑ 재료의 피로현상에 의한 오차

● 탄성오차 : 온도가 변하지 않아도 고도계 내부의 탄성체의 탄성율이 변하여 생기는 오차, 히스테리시스, 잔류효과, 편위 등이 있다.

16. 밸브의 장, 탈착에 대하여 가장 올바르게 설명한 것은?

㉮ 장착용 나사는 비자성체인 것을 사용해야 하며 사용
공구는 보통의 것이 좋다.
㉯ 장착용 나사, 사용공구에 대한 특별한 사용 제한이 없으므로 일반 공구를 사용해도 된다.
㉰ 장착용 나사, 사용공구 모두 비자성체인 것을 사용해야 한다.
㉱ 장착용 나사 중 어떤 것은 자기를 띤 것을 이용하는데 이때는 그 위치를 조정하여 자차를 보정한다.

● 플럭스밸브 : 자이로신 컴파스는 자기컴파스의 자기 탐지 능력과 방향지시자이로의 강직성을 전기적으로 조합시켜 자차와 동적오차가 없는 결과치를 지시하며, 플럭스밸브는 지자기를 수감한다.

17. 유압 및 공압 부품을 일정 기간이상 저장하면 안 되는 가장 큰 이유는 무엇인가?

㉮ 부품의 구성품이 부식되기 때문
㉯ 부품의 구성품이 노쇄되기 때문
㉰ 부품 내의 seal이 그 기간 이상 지나면 노화되기 때문
㉱ 법에 정하여 놓았기 때문

18. 제빙 부츠 취급시 주의해야 할 내용으로 틀린 사항은?

㉮ 가솔린, 오일, 그리스, 오염 그밖에 부츠의 고무를 열화시킬 수 있는 물이나 액체는 접촉시키지 않는다.
㉯ 부츠 위에 공구나 정비에 필요한 공구를 놓지 않는다.
㉰ 부츠를 저장하는 경우 천이나 종이로 덮어둔다.
㉱ 부츠에 흠집이나 열화가 확인되면 표면을 절대로 코팅해서는 안 된다.

19. 교류를 더하거나 빼는데 편리한 교류의 표시방법은 어느 것인가?

㉮ 삼각함수 표시법 ㉯ 극좌표 표시법
㉰ 지수함수 표시법 ㉱ 복소수 표시법

20. 싱크로 계기의 종류 중 MAGNESYN에 대한 설명 내용으로 가장 관계가 먼 것은?

㉮ Autosyn의 회전자를 영구자석으로 바꾼 것을 Magnesyn이라 한다.
㉯ 교류전압이 회전자에 가해진다.
㉰ Autosyn보다 작고 가볍다.
㉱ Autosyn보다 Torqye가 약하고 정밀도가 떨어진다.

1. ㉮	2. ㉯	3. ㉰	4. ㉰	5. ㉮
6. ㉯	7. ㉮	8. ㉮	9. ㉱	10. ㉱
11. ㉯	12. ㉰	13. ㉰	14. ㉱	15. ㉮
16. ㉰	17. ㉰	18. ㉱	19. ㉱	20. ㉯

2004년도 산업기사 3회 항공장비

1. 에어컨디션 계통에서 믹싱(Mixing or trim)밸브의 기능을 가장 올바르게 설명한 것은?

㉮ 객실공기와 환기실 공기를 섞는다.
㉯ 객실공기와 대기공기를 섞는다.
㉰ 더운 공기, 차가운 공기, 서늘한 공기의 흐름을 조절한다.
㉱ 습한 공기를 건조한 공기로 만든다.

2. Ni-Cd 축전지의 취급 방법과 가장 관계가 먼 것은?

㉮ 전해액인 수산화칼륨은 부식성이 매우 크므로 취급시 보안경, 고무장갑, 고무 앞치마등을 착용한다.
㉯ 수산화칼륨의 중화제로는 아세트산, 레몬주스가 있다.
㉰ 전해액을 만들때는 수산화칼륨에 물을 조금씩 떨어뜨려 섞어야 한다.
㉱ 완전히 충전된 후 3~4시간이 지나기 전에 물을 첨가해서는 안 된다.

3. 항공기의 항행 라이트(Navigation Light)에 대한 설명 중 옳은 것은?

㉮ 좌측 날개 끝 라이트(Left Wing Tip Light)-녹색
㉯ 우측 날개 끝 라이트(Right Wing Tip Light)-적색
㉰ 꼬리날개 라이트(Tail Light)-백색
㉱ 충돌 방지 라이트(Anti-Collision Light)-청색

4. 위성통신 장치에서 지상국 시스템의 송신계에 가장 적합한 증폭기는?

㉮ 저잡음 증폭기   ㉯ 저출력 증폭기
㉰ 고출력 증폭기   ㉱ 전자 냉각 증폭기

● 항공기 이동위성서비스의 구성 : 인공위성, 지상지구국, 항공기 지구국

5. 다음은 항공기가 비행하는데 필요한 항법 장치이다. 무선 원조 항법과 가장 관계가 먼 것은?

㉮ 자동 방향 탐지기(ADF)
㉯ 초단파 전방향 표시기(VOR)
㉰ 거리 측정 장치(DME)
㉱ 도플러(Doppler) 레이더

● 도플러레이더 : 이동체의 속도에 비례하여 수신 주파수가 변화한다는 도플러 원리를 이용한 것으로 지상원조시설을 필요로 하지 않고 직접적으로 행할 수 있는 기상항법장치

6. 대류권파의 페이딩(FADING) 현상이 가장 심한 주파수는?

㉮ LF   ㉯ IF
㉰ VHF   ㉱ MF

● 페이딩 : 전파의 전파에 관한 현상으로 수신 전기장의 세기기 둘 이상의 경로를 달리는 전파

사이의 간섭 또는 전파 경로의 상태 등에 의해서 시간적으로 변동하는 현상

7. 3상 교류발전기에서 발전된 전압을 정의 방향으로 순차적으로 모두 합하면 1개의 상전압과 비교할 때 몇 배가 되는가?

㉮ 0배
㉯ 1배
㉰ 2배
㉱ 3배

8. 화재진압장치는 소화용기의 상태를 계기에 지시하도록 되어 있다. 황색 디스크가 깨져있다면 어떤 상태인가?

㉮ 소화용기 내의 압력이 부족하다.
㉯ 화재 진압을 위해 분사되었다.
㉰ 소화용기 내의 압력이 너무 높다.
㉱ 소화기의 교체 시기가 지났다.

9. 기압 셋트를 29.92inHg로 하고 14,000ft 이상의 고고도 비행을 할 때의 고도 setting방법은?

㉮ QNH setting
㉯ QNE setting
㉰ QFE setting
㉱ QFF setting

10. 연료량 지시계에서 콘덴서의 용량과 가장 관계가 먼 것은?

㉮ 극판의 넓이
㉯ 극판간의 거리
㉰ 중간 매개체의 유전율
㉱ 중간 매개체의 절연율

11. 단면적이 1.0cm², 길이 25cm인 어떤 도선의 전기저항이 15Ω이었다면 도선재료의 고유저항은 몇 Ω·cm인가?

㉮ 0.4
㉯ 0.5
㉰ 0.6
㉱ 0.8

▶ $R = \rho \dfrac{l}{s}$

$\rho = R\dfrac{s}{l} = 15 \dfrac{1}{25} = 0.6$

12. 다음 설명 중 자기 콤파스(Magnetic compass)의 북선오차와 가장 관계가 먼 것은?

㉮ 콤파스 회전부의 중심과 피보트가 일치하지 않기 때문에 생긴다.
㉯ 항공기가 북진하다 선회할 때 실제 선회각 보다 작은 각이 지시된다.
㉰ 항공기가 가속 선회할 때 나타나는 오차도 이와 같은 원리이다.
㉱ 항공기가 북극 지방을 비행할 때 콤파스 회전부가 기울어지기 때문이다.

13. 유압회로의 열화작용이란?

㉮ 회로 내에 공기의 혼입으로 기름의 온도가 상승하는 것
㉯ 회로 내에 기름을 장시간 사용하므로서 온도가 상승하는 것
㉰ 회로 내에 기름이 부족하여 온도가 상승하는 것
㉱ 회로 내에 기름이 과대하여 온도가 상승하는 것

14. 교류발전기에서 주파수(f)계산 방식은?
(단, f=주파수(Hz, cps), P: 계자의 극수, N=분당회전수(r.p.m), V: 전압)

㉮ $\dfrac{N \cdot P \cdot V}{60}$
㉯ $\dfrac{N \cdot P}{V}$

㉢ $\dfrac{P \times 60}{N}$ ㉣ $\dfrac{P \cdot N}{2 \times 60}$

15. 항공용으로 사용되는 공기압 계통에 대한 설명으로 가장 관계가 먼 것은?

㉮ 대형항공기에는 주로 유압계통에 대한 보조수단으로 사용된다.
㉯ 소형항공기에는 브레이크장치, 플랩작동장치 작동에 사용된다.
㉰ 공기압 누설시 압력 전달에 큰 영향을 주기 때문에 누설 허용은 안 된다.
㉱ 공기압 사용시 귀환관이 필요없어 계통이 단순하다.

16. 항공기 유압회로와 가장 관계가 먼 것은?

㉮ 공급라인(line)   ㉯ 압력라인
㉰ 작업 및 귀환라인   ㉱ 점검라인

17. 비행계기에 속하지 않는 계기는?

㉮ 고도계   ㉯ 속도계
㉰ 선회경사계   ㉱ 회전계

18. 열전대(thermocouple)는 서로 다른 종류의 금속을 접합하여 온도계기로 쓰이는데, 이의 사용을 가장 올바르게 기술한 것은?

㉮ 사용하는 금속은 동과 철이다.
㉯ 브리지 회로를 만들어 전압을 공급한다.
㉰ 출력에 나타나는 전압은 온도에 반비례한다.
㉱ 지시계의 접합부의 온도를 바이메탈로 냉점보정한다.

19. 항공기의 선회율을 지시하는 자이로 계기는?

㉮ 레이트(rate)
㉯ 인테그랄(integral)
㉰ 버티칼(vertical)
㉱ 디렉숀날(directional)

20. 직류 발전기의 계자(界磁) 플래싱(field flashing)이란?

㉮ 계자코일에 배터리(battery)로부터 역전류를 가하는 행위
㉯ 계자코일에 발전기로부터 역전류를 가하는 행위
㉰ 계자코일에 배터리로부터 정의 방향 전류를 가하는 행위
㉱ 계자코일에 발전기로부터 정의 방향 전류를 가하는 행위

1. ㉰	2. ㉰	3. ㉰	4. ㉰	5. ㉱
6. ㉰	7. ㉮	8. ㉯	9. ㉯	10. ㉱
11. ㉰	12. ㉱	13. ㉮	14. ㉱	15. ㉱
16. ㉱	17. ㉱	18. ㉱	19. ㉮	20. ㉰

2005년도 산업기사 1회 항공장비

1. 직류 발전기의 보상권선(compensating winding)과 그 역할이 같은 것은?
   ㉮ 보극(interpole)
   ㉯ 직렬권선(series-winding)
   ㉰ 병렬권선(shunt-winding)
   ㉱ 회전자권선(armature coil)

2. 유압장치와 공압장치를 비교할 때 공압장치에서 필요 없는 부품은?
   ㉮ check valve
   ㉯ relief valve
   ㉰ reducing valve
   ㉱ accumulator

3. 납산 축전지에서 용량의 표시기호는?
   ㉮ Ah
   ㉯ Bh
   ㉰ Vh
   ㉱ Fh

4. 자기계기에서 볼이차의 발생 원인으로 가장 올바른 것은?
   ㉮ COMPASS의 중심선과 기축선이 서로 평행일 때
   ㉯ MAGNETIC BAR의 축선과 COMPASS CARD의 남북선이 서로 일치할 때
   ㉰ PIVOT와 LUBBER'S LINE을 연결한 선과 기축선이 서로 평행일 때
   ㉱ COMPASS의 중심선과 기축선이 서로 평행하지 않을 때

5. 항공기의 기압식 고도계를 QNE 방식에 맞추면, 어떤 고도를 지시하는가?
   ㉮ 기압고도
   ㉯ 절대고도
   ㉰ 진고도
   ㉱ 밀도고도

6. 압력조절기와 비슷한 역할을 하지만 압력조절기보다 약간 높게 조절되어 있어, 그 이상의 압력을 빼어주기 위한 장치는?
   ㉮ check valve
   ㉯ reservoir
   ㉰ accumulator
   ㉱ relief valve

7. 표류중에 위치를 알려주기 위한 긴급신호장치(Emergency Signal Equipment)가 아닌 것은?
   ㉮ FM RADIO
   ㉯ RADIO BEACON
   ㉰ MEGAPHONE
   ㉱ 백색광탄

8. HF 통신(Communication)의 용도로 가장 올바른 것은?
   ㉮ 항공기 상호간 단거리 통신
   ㉯ 항공기와 지상간의 단거리 통신
   ㉰ 항공기 상호간 및 항공기와 지상간의 단거리 통신
   ㉱ 항공기 상호간 및 항공기와 지상간의 장거리 통신

● HF통신 : 주로 해상 원거리 통신에 사용되고 국내 항공로에서 사용되는 VHF통신 장치의 2차적인 통신수단이며, 주로 국제 항공로의 원거리 통신에 사용된다.

9. 집합계기의 장점이 아닌 것은?

㉮ 필요한 정보를 필요할 때 지시하게 할 수 있다.
㉯ 한 개의 정보를 여러 개의 화면에 나타낼 수 있다.
㉰ 다양한 정보를 도면을 이용하여 표시할 수 있다.
㉱ 항공기 상태를 그림, 숫자로 표시할 수 있다.

10. Vapour cycle cooling system(freon)에서 air의 냉각은?

㉮ 고온 고압의 freon gas가 cooling air에 의해 열을 빼앗겨 냉각된다.
㉯ 액체 freon을 팽창시켜서 온도를 낮춘다.
㉰ freon의 응축에 의하여 냉각된다.
㉱ 액체 freon이 cabin air의 열을 흡수하여 기화하므로서 냉각된다.

11. 대형 항공기 공압계통에서 공통 매니폴드(Manifold)에 공급되는 공기 공급원의 종류와 가장 거리가 먼 것은?

㉮ 전기 모터로 구동되는 압축기(Electric Motor Compressor)
㉯ 터빈 엔진의 압축기(Compressor)
㉰ 엔진으로 구동되는 압축기(Super Charger)
㉱ 그라운드 뉴메틱 카트(Ground Pneumatic Cart)

12. 직류 전동기 중 변동률이 가장 심한 것은?

㉮ 분권형   ㉯ 직권형
㉰ 가동복권형   ㉱ 차동복권형

13. 작동유(Hydraulic fluid) 구비조건으로 가장 관계가 먼 것은?

㉮ 점도가 높을 것
㉯ 열전도율이 좋을 것
㉰ 화학적 안정성이 좋을 것
㉱ 부식성이 적을 것

14. Windshield의 제우장치로서 가장 거리가 먼 방법은?

㉮ 화학물질을 분사하는 방법
㉯ Window Wiper를 사용하는 방법
㉰ 공기로 불어내는 방법
㉱ 전열기를 사용하는 방법

15. 지자기의 요소 중 지자기 자력선의 방향과 수평선 간의 각을 의미하는 요소는?

㉮ 편각   ㉯ 복각
㉰ 수직분력   ㉱ 수평분력

16. 여압장치의 차압은 다음 어느 것에 의해 제한을 받는가?

㉮ 인체의 내성
㉯ 가압장치의 용량
㉰ 객실내의 산소함유량
㉱ 기체구조의 강도

17. 직류 발전기에서 잔류자기를 잃어 발전기 출력이 나오지 않을 경우 잔류자기를 회복할 수 있는 방법으로 가장 올바른 것은?

㉮ 잔류자기가 회복될 때까지 반대방향으로 회전시킨다.
㉯ 계자권선에 직류전원을 공급한다.
㉰ Field Coil을 교환한다.
㉱ 잔류자기가 회복될 때까지 고속 회전시킨다.

18. 항공기에 사용되는 액량계기의 형식에 대한 설명 내용 중 틀린 것은?

㉮ 직독식 액량계는 사이트 글라스(sight glass)에 의해 액량을 읽는다.
㉯ 플로우트식 액량계에서는 플로우트의 운동을 셀신 또는 전위차계 등을 이용하여 원격 지시하게 하는 것이 대부분이다.
㉰ 액압식 액량계는 오토신의 원리를 이용한 것이다.
㉱ 제트기에서는 전기용량식 액량계가 사용된다.

19. 그림과 같은 bridge 회로가 평형되었을 때 R의 값은?

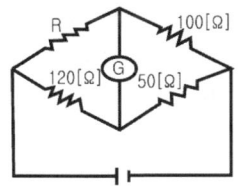

㉮ 60[Ω]
㉯ 80[Ω]
㉰ 120[Ω]
㉱ 240[Ω]

20. 항공기에서 거리측정장치(DME)의 기능을 가장 올바르게 설명한 내용은?

㉮ 질문펄스에서 응답펄스에 대한 펄스 간에 지체시간을 구하여 방위를 측정할 수 있다.
㉯ 질문펄스에서 응답펄스에 대한 펄스 간에 지체시간을 구하여 거리를 측정할 수 있다.
㉰ 응답펄스에서 질문펄스에 대한 시간차를 구하여 방위를 측정할 수 있다.
㉱ 응답펄스에서 선택된 주파수만을 계산하여 거리를 측정할 수 있다.

▶ DME는 기상장치와 지상장치로 구성되는 2차 레이더의 한 형식으로 거리의 측정은 펄스 신호가 두 점 사이를 왕복하는 시간을 측정하는 것이다. 항공기의 DME 기상국에 거리정보를 제공하는 것으로, VOR와 더불어 병설된 VOR/DME, VOR/TACAN 등 시설은 단거리 항법 원조 시설의 국제표준으로 규정되어 있음

1. ㉮	2. ㉱	3. ㉮	4. ㉱	5. ㉮
6. ㉱	7. ㉮	8. ㉱	9. ㉯	10. ㉰
11. ㉮	12. ㉯	13. ㉮	14. ㉰	15. ㉯
16. ㉰	17. ㉯	18. ㉰	19. ㉱	20. ㉯

2005년도 산업기사 2회 항공장비

1. 다음 계기 중 피토관의 동압관과 연결된 계기는?

   ㉮ 고도계　　㉯ 선회계
   ㉰ 자이로계기　㉱ 속도계

2. Cabin Interphone System의 목적과 가장 거리가 먼 것은?

   ㉮ 조종실과 객실 승무원과의 연락
   ㉯ 객실 승무원 상호 연락
   ㉰ 운항 승무원 상호 연락
   ㉱ Cargo항공기 화물 적재시 통화

3. 대기압에 대한 설명 내용으로 가장 거리가 먼 것은?

   ㉮ 공기의 무게에 의해서 생기는 압력이다.
   ㉯ 위도45°에서 15℃의 해면 위의 압력을 1기압으로 한다.
   ㉰ 지상에서 약 760mm의 수은주 아랫면에 작용하는 압력과 같다.
   ㉱ 1기압은 14.7psi 그리고 29.92inHg와 같다.

4. 고압력을 요구하는 계통에 사용되는 펌프의 구조로 가장 올바른 것은?

   ㉮ Gear식　　㉯ Vane식
   ㉰ Piston식　㉱ 유압식

5. 20HP의 펌프를 쓰자면 몇 kW의 전동기가 필요한가?

   (단, 펌프의 효율은 80%이다)

   ㉮ 12kW　　㉯ 19kW
   ㉰ 10kW　　㉱ 8kW

   전동기용량
   $= 20(HP) \times 0.745(kW) \div 0.8 = 18.6(kw)$

6. 액량계기와 유량계기에 관한 설명으로 가장 올바른 것은?

   ㉮ 액량계기는 연료탱크에서 기관으로 흐르는 연료의 유량을 지시한다.
   ㉯ 액량계기는 대형기와 소형기에 차이 없이 대부분 직독식 계기이다.
   ㉰ 유량계기는 연료탱크에서 기관으로 흐르는 연료의 유량을 시간당 부피 또는 무게단위로 나타낸다.
   ㉱ 유량계기는 연료탱크 내에 있는 연료량을 연료의 무게나 부피를 나타낸다.

7. 항공기 객실여압(Cabin Pressurization)계통에서 압력 릴리이프 밸브(Pressure Relief Valve)는 언제 열리게 되는가?

   ㉮ 객실압력이 외부압력보다 일정한 차압을 초과할 경우
   ㉯ 객실압력이 외부압력보다 일정한 차압을 초과하지 못할 경우

㉰ 객실압력을 외부로부터 흡인할 경우
㉱ 객실압력을 외부공기로 여압을 할 경우

8. 고도계의 보정방법 중 활주로에서 고도계가 활주로 표고를 가리키도록 하는 보정방법은 무엇인가?
   ㉮ QNE 보정   ㉯ QNH 보정
   ㉰ QFE 보정   ㉱ QFH 보정

9. 항공기에 사용되는 니켈-카드뮴 축전지의 일반적인 셀(cell)당 전압으로 가장 올바른 것은?
   ㉮ 1.2~1.25V   ㉯ 1.3~1.7V
   ㉰ 1.7~2.00V   ㉱ 2.00~2.25V

10. 가솔린 또는 유류화재의 분류는?
   ㉮ A급 화재   ㉯ B급 화재
   ㉰ C급 화재   ㉱ D급 화재

11. 항공기 유체계통을 연결시 신속분리 커플링(Quick-disconnect coupling)을 사용하는 가장 큰 목적은?
   ㉮ 유체계통 배관의 길이를 감소시킬 수 있다.
   ㉯ 유체의 압력이 상승할 경우 안전율(Safety factor)을 증가시킬 수 있다.
   ㉰ 유체의 손실이나 공기혼입이 없이 배관을 신속하게 분리할 수 있다.
   ㉱ 유체의 흐름을 여러 방향으로 손실 없이 분배할 수 있다.

12. 다음의 브릿지 회로가 평형되는 조건은 어느 것인가?

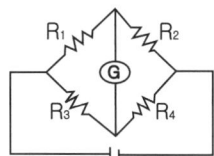

   ㉮ $R_1 \times R_2 = R_3 \times R_4$
   ㉯ $R_1 \times R_3 = R_2 \times R_4$
   ㉰ $R_1 \times R_4 = R_2 \times R_3$
   ㉱ $R1 \times R_2 \times R_3 = R_4$

13. 다음 고도계의 오차중 히스테리시스(Histerisis)로 인한 오차는 어느 것인가?
   ㉮ 눈금오차   ㉯ 온도오차
   ㉰ 탄성오차   ㉱ 기계적오차

14. 다음 전동기에서 시동특성이 가장 좋은 것은?
   ㉮ 직.병렬전동기   ㉯ 분권전동기
   ㉰ 션트전동기   ㉱ 직권전동기

15. 위성 통신장치의 위상 위성방식으로 가장 올바른 것은?
   ㉮ 지구상공 수백~수천km의 궤도상을 수시간의 주기로 선회하는 위성을 이용하는 방식
   ㉯ 지구상공에 위성을 배치하고 지구국은 안테나를 사용하여 차례로 위성을 추적하여 상시 통신하는 방식
   ㉰ 각종 관측 위상에서만 사용
   ㉱ 안테나를 설치하여 위성을 추적

16. 자동 방향 탐지기(ADF) 계통과 가장 관계가 먼 것은?
   ㉮ 루프(Loop), 감도(Sense) 안테나
   ㉯ 무선 방위 지시계(RMI)
   ㉰ 무지향성 표시 시설(NDB)
   ㉱ 자이로 컴파스(Gyro Compass)

▶ 자동방향탐지기는 190~1750kHz대의 전파를 사용하여 무선국으로부터의 전파 방향을 감지하여 항공기의 방위를 시각 또는 청각장치를 통해 알아내는 것(지상의 무지향표지시설, 항공기에는 안테나, 수신기, 방위지시기 및 전원장치로 구성되는 수신장치로 구성)

17. 단거리 전파 고도계(LRRA)에 대한 설명 내용으로 가장 올바른 것은?

㉮ 기압 고도계이다.
㉯ 고고도 측정에 사용된다.
㉰ 전파 고도계로 항공기가 착륙할 때 사용된다.
㉱ 평균 해수면 고도를 지시한다.

18. 션트저항을 계산하는 계산식 중 맞는 것은?

㉮ 션트저항 $= \dfrac{\text{계기의 감도(암페어)} \times \text{션트전류}}{\text{션트전류}}$

㉯ 션트저항 $= \dfrac{\text{계기의 감도(암페어)} \times \text{계기의 외부저항}}{\text{션트전류}}$

㉰ 션트저항 $= \dfrac{\text{계기의 감도(암페어)} \times \text{계기의 내부저항}}{\text{션트전류}}$

㉱ 션트저항 $= \dfrac{\text{션트전류} \times \text{계기의 외부저항}}{\text{계기의 감도(암페어)}}$

19. 자이로 스코프의 섭동성을 이용한 계기는 어느 것인가?

㉮ 경사계   ㉯ 인공 수평의
㉰ 선회계   ㉱ 정침의

20. 유압계통에서 시퀀스 밸브(Sequence valve)란?

㉮ 동작물체의 동작에 따른 작동유의 요구량 변화에도 흐름을 일정하게 해주는 밸브
㉯ 작동유의 속도를 일정하게 해주는 밸브
㉰ 작동유의 온도를 적당히 조절해 주는 밸브
㉱ 한 물체의 작동에 의해 유로를 형성시켜 줌으로서 다른 물체가 순차적으로 동작케 해주는 밸브

1. ㉱	2. ㉰	3. ㉯	4. ㉰	5. ㉯
6. ㉰	7. ㉮	8. ㉯	9. ㉮	10. ㉯
11. ㉰	12. ㉰	13. ㉰	14. ㉱	15. ㉯
16. ㉱	17. ㉰	18. ㉰	19. ㉰	20. ㉱

2005년도 산업기사 3회 항공장비

1. 항공계기의 특징과 조건을 설명한 내용 중 가장 거리가 먼 것은?
   - ㉮ 무게 : 적절한 중량이 있어야 한다.
   - ㉯ 습도 : 방습처리를 한다.
   - ㉰ 마찰 : 베어링에는 보석을 사용한다.
   - ㉱ 진동 : 방진장치를 설치한다.

2. 비행장에 설치된 콤파스 로즈(compassrose)의 주 용도는?
   - ㉮ 활주로의 방향을 표시하는 방위도
   - ㉯ 그 지역의 편각을 알려주기 위한 기준 방향
   - ㉰ 그 지역의 지자기의 세기를 알려준다.
   - ㉱ 기내에 설치된 자기 콤파스의 자차수정

3. 정상유압 동력계통에 고장이 생겼을 때 비상계통을 사용할 수 있도록 해주는 밸브는?
   - ㉮ 선택 밸브
   - ㉯ 체크 밸브
   - ㉰ 시퀀스 밸브
   - ㉱ 셔틀 밸브

4. 500MHz 고주파 전압의 파형을 측정할 수 있는 것은?
   - ㉮ MULTIMETER
   - ㉯ WHEATSTONE BRIDGE
   - ㉰ OSCILOSCOPE
   - ㉱ GALVANOMETER

5. 항공기에 사용하는 도선의 지름에 대한 가장 편리한 단위는?
   - ㉮ 센티미터(cm)
   - ㉯ 미터(m)
   - ㉰ 센티 밀(C mil)
   - ㉱ 밀(mil)

6. 9[A]의 전류가 흐르고 있는 4[Ω]저항의 양끝 사이의 전압은 얼마인가?
   - ㉮ 24V
   - ㉯ 28V
   - ㉰ 32V
   - ㉱ 36V

7. 그림과 같은 회로에서 5[Ω]에 흐르는 전류 I_2를 구하면?

   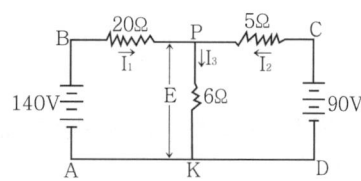

   - ㉮ 4A
   - ㉯ 6A
   - ㉰ 8A
   - ㉱ 10A

8. 교류 전동기에 대한 설명 중 가장 관계가 먼 것은?
   - ㉮ 자장발생, 전기자 유도에 의한 회전력의 발생은 직류 전동기와 다르다.
   - ㉯ 교류 전동기는 자장의 방향과 크기가 시간에 따라 변한다.
   - ㉰ 교류 전동기는 직류전동기보다 효율이

크다.
㉣ 무게에 비해 많은 동력을 얻을 수 있다.

9. Pitot 정압계통에 대한 설명으로 가장 올바른 것은?

㉮ Pitot Line의 누설 시험은 부압을 이용한다.
㉯ 승강계는 Pitot압을 사용한다.
㉰ 대기 속도계는 Pitot 압과 정압을 사용한다.
㉣ 정압 라인의 누설 시험은 압력을 가한다.

10. 작동 유압 계통에서 계기는 어느 압력을 지시하는가?

㉮ Reservoir Pressure
㉯ Pressure Manifold Pressure
㉰ Accumulator Pressure
㉣ Pressure Regulator Pressure

11. 항공기의 수직 방향 속도를 분당 feet로 지시하는 계기는?

㉮ VSI   ㉯ LRRA
㉰ DME   ㉣ HSI

12. 고도계(Altimeter)의 밀폐식 공함은 어느 것인가?

㉮ Diaphragm   ㉯ Aneroid
㉰ Bellow   ㉣ Bourdon Tube

13. 서로 떨어진 두개의 송신소로부터 동기신호를 수신하여 두 송신소에서 오는 신호의 시간차를 측정하여 자기 위치를 결정하여 항행하는 무선 항법은?

㉮ LOARN(Long Range Navigation)
㉯ TACAN(Tactical Air Navigation)
㉰ VOR(VHF Omni Range)
㉣ ADF(Automatic Direction Finder)

14. MIL-H-8794는 길이방향으로 노랑색 선이 그어져 있다. 노랑색 선이 의미하는 것은?

㉮ 호스의 압력 한계를 표시한다.
㉯ 호스가 꼬이지 않고 장착되었는지를 확인 할 수 있게 한다.
㉰ 호스가 윤활 계통에 한하여 사용 할 수 있다는 것을 의미한다.
㉣ 호스가 합성고무로 제작되었음을 의미한다.

15. 그라울러(growler)는?

㉮ 회전자(amature) 시험용
㉯ 코뮤레이터(commutator) 시험용
㉰ 브러시 시험용
㉣ 고정자코일(field coil) 시험용

16. 다음 중에서 지표파가 가장 잘 전파되는 전파는?

㉮ LF   ㉯ UHF
㉰ HF   ㉣ VHF

17. 다음 그림은 자이로의 섭동성을 나타낸 것이다. 자이로가 굵은 화살표의 방향으로 회전하고 있을 때, F의 힘을 가하면 실제로 힘을 받는 부분은?

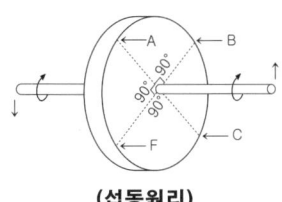

(섭동원리)

㉮ F ㉯ A
㉰ B ㉱ C

18. 객실여압 계통에서 대기압이 객실안의 기압보다 높은 경우에 사용하는 장치로 가장 올바른 것은?

㉮ 객실 하강율 조정기
㉯ 부압 릴리프 밸브
㉰ 슈퍼차져 오버스피트 밸브
㉱ 압축비 한계 스위치

19. Air-Cycle Air Conditionning System에서 Expansion Turbine에 대한 설명으로 가장 올바른 것은?

㉮ 1차 열 교환기를 거친 Air를 냉각시킨다.
㉯ 공기공급 라인이 파열되면 계통의 압력 손실을 막는다.
㉰ 공기-Condition 계통에서 가장 마지막으로 냉각이 일어난다.
㉱ 찬 공기와 뜨거운 공기가 섞이도록 한다.

20. 연기 감지기 (Smoke Detetor)에서 공기 내의 투과양을 측정하는 데 사용되는 것은?

㉮ 일렉트로 메카니켈장치
㉯ 포토 - 셀
㉰ 젖빛 유리
㉱ 전자적인 측정장비

1. ㉮	2. ㉱	3. ㉱	4. ㉰	5. ㉱
6. ㉱	7. ㉯	8. ㉮	9. ㉰	10. ㉱
11. ㉮	12. ㉯	13. ㉮	14. ㉯	15. ㉮
16. ㉮	17. ㉯	18. ㉯	19. ㉰	20. ㉯

2006년도 산업기사 1회 항공장비

1. 지시대기속도에 피토-정압관 장착 위치 및 계기 자체의 오차를 수정한 속도는?

   ㉮ EAS   ㉯ CAS
   ㉰ TAS   ㉱ IAS

2. 전리층의 반사파를 이용하여 장거리 통신을 할 수 있는 방식으로 가장 올바른 것은?

   ㉮ HF   ㉯ VHF
   ㉰ UHF   ㉱ SHF

3. 항공기 기관의 구동축과 발전기축 사이에 장착하여 주파수를 일정하게 하여 주는 장치를 무엇이라 하는가?

   ㉮ 정속 구동 장치
   ㉯ 변속 구동 장치
   ㉰ 출력 구동 장치
   ㉱ 주파수 구동 장치

4. 각속도 자이로가 사용되는 것은?

   ㉮ 정침의   ㉯ 인공수평의
   ㉰ 선회계   ㉱ 경사계

5. 8극 3상 교류 발전기로 1500Hz를 발생시키려면 회전수는 얼마인가?

   ㉮ 1,125rpm   ㉯ 22,500rpm
   ㉰ 100rpm   ㉱ 200rpm

   ▶ $N = \dfrac{120f}{P} = \dfrac{120 \times 1500}{8} = 22,500(rpm)$

6. 공기냉각장치에서 공기의 냉각을 가장 올바르게 설명한 것은?

   ㉮ 프리쿨러에 의하여 냉각된다.
   ㉯ 엔진 압축기에서의 브리드에어는 1, 2차 열교환기와 쿨링터빈을 지나면서 냉각된다.
   ㉰ 1, 2차 열교환기에 의하여 냉각된다.
   ㉱ 프레온의 응축에 의하여 냉각된다.

7. 시동 토크가 크고 입력이 과대하게 되지 않으므로 시동운전시 가장 좋은 전동기는?

   ㉮ 분권 전동기
   ㉯ 직권 전동기
   ㉰ 복권 전동기
   ㉱ 화동복권 전동기

8. 화재탐지기에 요구되는 기능과 성능에 대한 설명으로 가장 관계가 먼 것은?

   ㉮ 화재가 발생되지 않는 경우에는 작동이나 경고를 발하지 않을 것
   ㉯ 화재가 계속 진행하고 있을 때는 연속적으로 작동할 것
   ㉰ 정비나 취급이 복잡하더라도 중량이 가볍고 장착이 용이할 것
   ㉱ 화재가 꺼진 후에는 정확하게 지시가

제거될 것

9. 항공 교통 관제 (ATC)에서 항공기가 응답하는 비행고도로 가장 올바른 것은?

㉮ 진고도
㉯ 기압고도
㉰ 절대고도
㉱ 상대고도

10. 항공기에 사용하는 축전지에는 몇 시간 방전율을 적용하는가?

㉮ 3시간
㉯ 4시간
㉰ 5시간
㉱ 6시간

11. AUTO FLIGHT CONTROL SYSTEM의 유도기능에 속하지 않는 것은?

㉮ DME에 의한 유도
㉯ VOR에 의한 유도
㉰ ILS에 의한 유도
㉱ INS에 의한 유도

12. 공유압 계통도에서 다운 스트림을 가장 올바르게 설명한 것은?

㉮ 어떤 밸브를 기준으로 배출 방향쪽
㉯ 어떤 밸브를 기준으로 유입구쪽
㉰ 밸브의 내부흐름
㉱ 어떤 밸브를 기준으로 하부 흐름

13. 항공기의 수직방향 속도를 분당 FEET로 지시하는 계기는 어느 것인가?

㉮ VSI
㉯ LRRA
㉰ DME
㉱ HSI

14. 전기 저항식 온도계에서 규정보다 높은 저항의 수감부를 사용했다면 그 지시값은?

㉮ 규정보다 높아진다.
㉯ 규정보다 낮아진다.
㉰ 변함이 없다.
㉱ 0을 가리킨다.

15. 싱크로 전기기기에 대한 설명으로 틀린 것은?

㉮ 회전축의 위치를 측정 또는 제어하기 위해 사용되는 특수한 회전기이다.
㉯ 항공기에서는 콤파스 계기상에 VOR국이나 ADF국 방위를 지시하는 지시계기로서 사용되고 있다.
㉰ 구조는 고정자측에 1차 권선, 회전자측에 2차 권선을 가지는 회전 변압기이고, 2차측에는 정현파 교류가 발생하도록 되어 있다.
㉱ 각도검출 및 지시용으로는 2개의 싱크로 전기기기를 1조로 사용한다.

16. 유압계통의 작동유는 열팽창이 적은 것을 요구한다. 그 이유로 가장 올바른 것은?

㉮ 고 고도에서 증발 감소를 위해서다.
㉯ 고온일 때 과대압력을 방지한다.
㉰ 화재을 최소한 방지한다.
㉱ 작동유의 순환불능을 해소한다.

17. 24v, 1/3HP motor 가 효율 75%에서 동작되고 있으면 그 때의 전류는?

㉮ 4.6A
㉯ 13.8A
㉰ 22.8A
㉱ 30.0A

$$I = \frac{(\frac{1}{3} \times 0.745 \times 1000)}{24 \times 0.75} = 13.79(A)$$

18. 광물성 작동유에 사용되는 SEAL은?

㉮ 천연고무
㉯ 일반고무
㉰ 네오프렌 합성고무
㉱ 뷰틸 합성 고무

19. 항공기 Position 그리고 Attitude를 Visual Indication 해주는 Light는?

㉮ Anticollision light
㉯ Navigation light
㉰ Landing light
㉱ Emergency light

20. 빗방울을 제거하는 목적으로 사용되는 계통이 아닌 것은?

㉮ 윈드실드 와이퍼　㉯ 에어커텐
㉰ 방빙부츠　㉱ 레인 리펠런트

1. ㉯	2. ㉮	3. ㉮	4. ㉰	5. ㉯
6. ㉯	7. ㉯	8. ㉰	9. ㉯	10. ㉰
11. ㉮	12. ㉮	13. ㉮	14. ㉮	15. ㉰
16. ㉯	17. ㉯	18. ㉰	19. ㉯	20. ㉰

2006년도 산업기사  항공장비

1. 대형 항공기의 공기조화 계통에서 가열 계통에는 연소가열기를 장치하여 사용한다. 온도가 규정값 이상에 도달하게 되면 연소가열에 공급되는 연료를 자동차단 시킬 수 있는 밸브 장치는?

   ㉮ 솔레노이드 밸브
   ㉯ 조정유닛 밸브
   ㉰ 스필 밸브
   ㉱ 버터플라이식 밸브

   ▶ 솔레노이드밸브는 가열계통에서 온도가 규정값 이상에 도달하면 연소가열기에 공급되는 연료를 자동으로 차단한다.

2. 전동기에서 자장의 방향과 전류의 방향을 알고 있을 때 도체의 운동(힘) 방향을 알 수 있는 법칙은?

   ㉮ 렌즈의 법칙
   ㉯ 페러데이 법칙
   ㉰ 플레밍의 왼손법칙
   ㉱ 플레밍의 오른손 법칙

3. 전파 고도계를 가장 올바르게 설명한 것은?

   ㉮ 항공기에서 지표를 향하여 전파를 발사하여 그 반사파가 되돌아올 때까지의 전압을 측정
   ㉯ 항공기에서 지상까지의 기압고도를 측정
   ㉰ 항공기에서 지표를 향하여 전파를 발사하여 그 반사파가 되돌아올 때까지의 시간을 측정
   ㉱ 항공기에서 지상까지의 밀도고도를 측정

4. 항공기용 축전지에 적용하는 방전율(dischrge rate)은?

   ㉮ 1시간 방전율   ㉯ 3시간 방전율
   ㉰ 5시간 방전율   ㉱ 8시간 방전율

5. 8〔kΩ〕의 저항에 50〔mA〕의 전류를 흘리는 데 필요한 전압〔V〕은 얼마인가?

   ㉮ 360   ㉯ 380
   ㉰ 400   ㉱ 420

6. 직류 전동기는 그 종류에 따라 부하에 대한 토크 특성이 다른데, 정격이상의 부하에서 토크가 크게 발생하여 왕복기관의 시동기에 가장 적합한 것은?

   ㉮ 분권식(shunt-wound)
   ㉯ 복권식(compound-wound)
   ㉰ 직권식(series-wound)
   ㉱ 유도식(induction type)

7. 자이로의 강직성에 대한 설명으로 가장 올바른 것은?

   ㉮ ROTOR의 회전속도가 큰 만큼 강하다.
   ㉯ ROTOR의 회전속도가 큰 만큼 약하다.

㉰ ROTOR의 질량이 회전축에서 멀리 분포하고 있는 만큼 약하다.
㉱ ROTOR의 질량이 회전축에서 가까이 분포하고 있는 만큼 강하다.

8. 종합계기 PFD에 Display 되지 않은 계기는?
㉮ Marker beacon(M/B)
㉯ Very high frequency(VHF)
㉰ Instrument Landing System(ILS)
㉱ Altimeter

● PFD(primary flight display)는 기계식 장치였던 ADI에 속도계, 기압고도계, 승강계, 기수방위 지시기, 자동조종작동모드표시 등을 한 곳에 집약하여 지시하는 계기

9. 장거리 통신에 가장 적합한 장치는?
㉮ HF 통신 장치 ㉯ VHF 통신 장치
㉰ UHF 통신 장치 ㉱ SHF 통신 장치

10. 대형 항공기 공압 계통에서 공통 매니폴트(Manifold)에 공급되는 공기의 온도조절은 주로 어느 것에 의해 이루어지는가?
㉮ 팬 에어(Fan Air)
㉯ 열 교환기(Heat Exchanger)
㉰ 램 에어(Ram Air)
㉱ 브리딩 에어(Bleeding Air)

11. 연속 이송형 펌프(Constant Delivery Pump)를 장착한 유압계통에서 계통 내의 유압이 사용되지 않고 있다면 어떤 구성품에 의해 작동유가 순환되는가?
㉮ 압력 릴리프 밸브 ㉯ 셔틀 밸브
㉰ 압력 조정기 ㉱ 디브스터 밸브

12. 항공기 유압회로에서 가장 높은 압력으로 setting된 밸브는?
㉮ 퍼지 밸브(Purge valve)
㉯ 시퀀스 밸브(Sequence valve)
㉰ 첵크 밸브(Check valve)
㉱ 릴리프 밸브(Relief valve)

13. 교류 발전기의 출력 주파수를 일정하게 유지시키는 데 사용되는 것은?
㉮ magamp
㉯ brushless
㉰ carbon pile
㉱ constant speed drive

14. 비행 중에는 조종실 내의 운항 승무원 상호간에 통화를 하며, 지상에서는 항공기가 Taxing 하는 동안에 지상 조업요원과 조종실 내의 운항 승무원간에 통화하는 인터폰은?
㉮ Passenger 인터폰 ㉯ Cabin 인터폰
㉰ Service 인터폰 ㉱ Flight 인터폰

15. 비행 중에 비로부터 시계를 확보하기 위한 제우 장치(Rain Protection) 시스템과 거리가 먼 것은?
㉮ Windshield Wiper System
㉯ Air Curtain System
㉰ Rain Repellent System
㉱ Windshield Washer System

16. 다음의 열기전력을 이용할 수 있는 금속의 구성 중 가장 높은 고온을 측정할 수 있는 것은?

㉮ 크로멜-철　　㉯ 철-동
㉰ 크로멜-알루멜　㉱ 알루멜-콘스탄탄

17. 공함(collapsible chamber)계기에 대한 설명으로 가장 거리가 먼 내용은?

㉮ 공함은 압력을 기계적 변위로 바꾸어 주는 장치이다.
㉯ 속이 진공인 공함을 다이어프램(diaph-ram)이라 한다.
㉰ 공함 재료로는 베릴륨-구리 합금이 쓰인다.
㉱ 공함 계기로는 고도계, 승강계, 속도계 등이 있다.

18. 고도계의 오차와 가장 관계가 먼 것은?

㉮ 북선오차　　㉯ 기계오차
㉰ 온도오차　　㉱ 탄성오차

19. 싱크로 계기에 속하지 않는 것은?

㉮ 직류셀신(D.C selsyn)
㉯ 오토신(autosyn)
㉰ 동기계(synchroscope)
㉱ 마그네신(magnesyn)

20. 항공기의 제빙 장치에 사용되는 화학물질은?

㉮ 가성소다　　㉯ 알콜
㉰ 솔벤트　　　㉱ 벤젠

1. ㉮	2. ㉰	3. ㉰	4. ㉰	5. ㉰
6. ㉰	7. ㉮	8. ㉯	9. ㉮	10. ㉯
11. ㉰	12. ㉰	13. ㉰	14. ㉰	15. ㉱
16. ㉰	17. ㉯	18. ㉮	19. ㉰	20. ㉯

2006년도 산업기사 3회 항공장비

1. 싱크로 계기가 아닌 것은?

   ㉮ 오토신   ㉯ 자이로신
   ㉰ 직류데신 ㉱ 마그네신

2. 선회계의 지시 방법에서 1바늘폭이 90°/min의 선회 각속도를 뜻하고, 2바늘폭이 180°/min의 선회 각속도를 뜻하는 지시방법은?

   ㉮ 1분계   ㉯ 2분계
   ㉰ 3분계   ㉱ 4분계

   ▶ 4분계 : 가스터빈항공기에 사용, 1바늘 폭의 단위가 90°/min이고, 2바늘 폭의 단위가 180°/min의 선회각속도를 의미

3. 미국 도선규격으로 채택된 도선규격은?

   ㉮ AM 도선 규격   ㉯ AS 도선 규격
   ㉰ BS 도선 규격   ㉱ DIN 도선 규격

4. 항공기에 사용되는 교류는 400Hz이다. 8000 rpm으로 구동되는 교류발전기는 몇 극이어야 하는가?

   ㉮ 2극   ㉯ 4극
   ㉰ 6극   ㉱ 8극

   ▶ $P = \dfrac{120f}{N} = \dfrac{120 \times 400}{8,000} = 6$

5. 대형 항공기에서 주로 엔진출구의 온도를 측정하는데 가장 적합한 과열 탐지기는?

   ㉮ 열스위치식 탐지기
   ㉯ 서머커플형 탐지기
   ㉰ 튜브형 탐지기
   ㉱ 가변저항식 탐지기

6. 수평의는 항공기에서 어떤 축의 자세를 감지하는가?

   ㉮ 기수 방위
   ㉯ 롤 및 피치
   ㉰ 롤 및 기수 방위
   ㉱ 피치, 롤 및 기수방위

7. 전원회로에서 전압계 VM와 전류계 PM을 부하와 연결하는 방법으로 옳은 것은?

   ㉮ VM는 병렬, AM는 직렬
   ㉯ VM는 직렬, AM는 병렬
   ㉰ VM와 AM을 직렬
   ㉱ VM와 AM을 병렬

8. 항공기 유압계통에 사용되는 파이프의 크기 표시로 가장 올바른 것은?

   ㉮ 외경은 인치의 소수, 두께는 인치의 분수로 표시한다.
   ㉯ 외경은 인치의 분수, 두께는 인치의 소수로 표시한다.
   ㉰ 외경, 두께 모두를 인치의 소수로 표시한다.

㉣ 외경, 두께 모두를 인치의 분수로 표시한다.

9. 공·유압 계통에서 공압과 유압을 필요에 따라 선택할 때에 사용되는 밸브는?

㉮ 감압밸브　　㉯ 셔틀밸브
㉰ 유압관 분리밸브　㉣ 선택밸브

10. 화재의 등급에서 마그네슘과 분말금속 등에 의한 금속화재는 어느 등급으로 분류되는가?

㉮ A　　㉯ B
㉰ C　　㉣ D

11. 해면상에서부터 항공기까지의 고도로 가장 올바른 것은?

㉮ 절대고도　　㉯ 진고도
㉰ 밀도고도　　㉣ 기압고도

12. 다음 구성품 중 관성항법 장치와 가장 관계가 가장 먼 것은?

㉮ 속도계
㉯ 가속도계
㉰ 자이로를 이용한 안정판
㉣ 컴퓨터

13. 고정된 부분에서 유체의 유출방지 및 공기나 먼지의 유입을 방지하는 시일은?

㉮ 와셔　　㉯ 와이퍼
㉰ 패킹　　㉣ 가스켓

14. 브리지 회로에서 ud형이 취하여졌다. 저항 R의 값은?

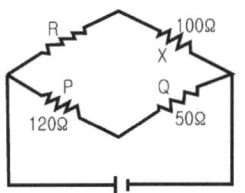

㉮ 60Ω　　㉯ 80Ω
㉰ 120Ω　　㉣ 240Ω

15. 14,000ft 미만에서 비행할 경우 사용하고, 비행도중 관제탑 등에서 보내준 기압정보에 따라서 기압셋트를 수정하면서 고도 setting을 하는 방법은?

㉮ QNH　　㉯ QNE
㉰ QFE　　㉣ QFG

16. 서비스 통화 계통에 대한 설명으로 가장 올바른 것은?

㉮ 비행 중에는 조종실과 객실 승무원 및 주방간 통화
㉯ Flight를 위하여 조종사와 지상조업 요원간 직접통화
㉰ 정비사 상호간 통화
㉣ 조종사 상호간의 통화

17. 액량계기의 형식과 가장 거리가 먼 것은?

㉮ 직독식 액량계
㉯ 부자식 액량계
㉰ 차압식 액량계
㉣ 전기용량식 액량계

18. 궤도조건과 배치방식에 따른 위성통신방식과 가장 거리가 먼 것은?

㉮ 랜덤 위성 방식   ㉯ 정지 위성 방식
㉰ 위성 궤도 방식   ㉱ 위상 위성 방식

• 랜덤 위성방식 : 수 시간 주기로 선회하는 위성을 이용하는 초기의 통신 방식
• 위상 위성방식 : 지구상 등간격으로 배치된 위성으로부터 상시 통신망을 확보하는 방식
• 정지 위성방식 : 현재 사용하는 방식으로 적도상의 3개의 위성을 통하여 상시적으로 통신망을 확보하는 방식

19. 산소계통에서 고압의 산소를 저압으로 낮추는 데 사용하는 부품은?

㉮ Pressure reduce valve
㉯ Pressure relief valve
㉰ 고정된 Calibrated Orifice
㉱ Diluter-demand regulator

20. 직류를 교류로 변환시키는 장치는?

㉮ 인버터   ㉯ 콘버터
㉰ DC 발전기   ㉱ 바이브레이터

1. ㉯	2. ㉱	3. ㉰	4. ㉰	5. ㉯
6. ㉯	7. ㉮	8. ㉯	9. ㉯	10. ㉱
11. ㉯	12. ㉮	13. ㉰	14. ㉱	15. ㉮
16. ㉰	17. ㉰	18. ㉰	19. ㉮	20. ㉮

2007년도 산업기사 1회 항공장비

1. 다음 중 관성항법장치를 나타내는 용어는?

㉮ INS   ㉯ GPS
㉰ FMS   ㉱ DME

- ILS(Instrument Landing System) : 항공기가 착륙하는데 필요한 방위각, 활공각, 및 마커위치정보를 제공하며 로컬라이저(Localizer), 글라이드 슬롭(Glide Slope), 마커비콘(Marker Beacon)로 구성된다.
  - 로컬라이저(Localizer) : 활주로의 중심선의 연장을 나타내는 장치로 착륙 코스에서의 변위를 알 수 있다.
  - 글라이드 슬롭(Glide Slope) : 활공경로 즉 하강비행각을 표시해 주는 장치
  - 마커비콘(Marker Beacon) : 착륙 접근시 항공기로부터 활주로까지의 거리를 나타내주는 착륙 보조 시설
  - ILS지시기 : 로컬라이저와 글라이드 슬롭의 크로스 포인터를 사용하고 그 교점이 착륙 코스를 지시하고 중심으로부터의 움직임이 편위의 크기를 나타낸다.

2. 교류와 직류의 겸용이 가능하며, 인가되는 전류의 형식에 구애됨이 없이 항상 일정한 방향으로 구동될 수 있는 전동기(motor)는?

㉮ universal motor   ㉯ induction motor
㉰ synchronous motor   ㉱ reversible motor

3. 비행 중에는 조종실 내의 운항 승무원 상호간에 통화를 하며, 지상에서는 Flight를 위하여 항공기가 Taxing 하는 동안 지상조업 요원과 조종실 내 운항 승무원 간에 통화하기 위한 시스템은?

㉮ passenger address system
㉯ cabin interphone system
㉰ flight interphone system
㉱ service interphone system

- 서비스 인터폰 : 기체 내외부에 설치되어 있는 인터폰 잭을 이용하여 정비사가 조종실 및 객실, 그리고 인터폰 잭 상호간 정비를 위한 통화 목적으로 사용되며, 비행 중에는 사용하지 않는다.
- 플라이트 인터폰 : 조종실 내의 운항 승무원 상호간 통화를 하며, 지상에서는 비행을 위해 항공기가 택싱하는 동안 지상 조업 요원과 조종실 내 운항 승무원간의 통화를 위한 장비이다.

4. 항법등에서 꼬리 끝에 있는 등은 어떤 색깔인가?

㉮ 적색등   ㉯ 녹색등
㉰ 흰색등   ㉱ 황색등

5. 다음 중 탄성오차에 대한 설명으로 옳지 않은 것은?

㉮ 백래쉬(Backlash)에 의한 오차이다.
㉯ 온도변화에 의해서 탄성계수가 바뀔 때의 오차이다.
㉰ 크리프(creep) 현상에 의한 오차이다.
㉱ 재료의 피로현상에 의한 오차이다.

▶ 탄성체에 있어 압력과 변형의 관계가 압력의 증가와 감소의 경우에 있어 일치하지 않고 루프를 형성하게 되는데 이를 지연효과라고 하며 이러한 현상을 히스테리시스(hysteresis)하고 한다.

6. PITOT-STATIC 계통과 가장 관계가 먼 계기는?

㉮ 속도계(Airspeed meter)
㉯ 승강계(Rate-Of-Climb Indicator)
㉰ 고도계(Alti meter)
㉱ 가속도계(Accelero meter)

7. CSD(Constant Speed Drive)의 작동에 대한 설명으로 가장 올바른 것은?

㉮ 기관의 회전수에 맞추어 발전기 축에 부하를 일정하게 한다.
㉯ 기관의 회전수에 관계없이 항상 일정한 회전수를 발전기 축에 전달한다.
㉰ 연료펌프의 회전수 및 압력을 일정하게 한다.
㉱ 유압펌프의 회전수 및 압력을 일정하게 한다.

▶ 정속구동장치 : 기관 구동축과 발전기축 사이에 장착되어 있으며 기관의 회전수에 관계없이 일정한 회전수를 발전기 축에 전달하여 교류발전기의 출력주파수를 일정하게 유지시켜 준다.

8. 위성통신장치에서 지상국 시스템의 송신계에 가장 적합한 증폭기는?

㉮ 저잡음 증폭기
㉯ 저출력 증폭기
㉰ 고출력 증폭기
㉱ 전자 냉각 증폭기

9. 전파의 이상현상과 가장 거리가 먼 것은?

㉮ FADING(페이딩)
㉯ MAGNETIC STORM(자기폭풍)
㉰ DELLINGER(델린저)
㉱ WHITE NOISE(백색잡음)

▶ ・페이딩 현상 : 전파의 수신 전기장의 강도가 시간적으로 변동하는 현상
・전리층교란 : 자기폭풍에 의해 단파의 감쇠가 증가하여 수신감도가 저하
・델린저 현상 : 전리층의 불규칙한 변동으로 인해 전리층 전파에 영향을 주는 현상

10. 연료 유량계의 종류가 아닌 것은?

㉮ 차압식 유량계
㉯ 베인식 유량계
㉰ 부자식 유량계
㉱ 동기 전동기식 유량계

11. 도체의 고유 저항 또는 비저항을 나타내는 단위는?

㉮ ohm - mil/in^2 ㉯ ohm - cir mil/in^2
㉰ ohm - mil/ft   ㉱ ohm - cir mil/ft

▶ 단면이 원형인 도선의 지름을 나타내는 단위 항공기에서는 미국과 영국에서 도선의 규격으로 사용되는 밀을 사용
1밀은 0.0254mm(1/1000in)

12. 그림의 교류회로에서 임피던스를 구한 값은?

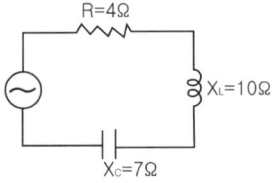

㉮ 5Ω　　　　㉯ 7Ω
㉰ 10Ω　　　 ㉱ 17Ω

● 회로가 유도성 리액턴스와 용량성 리액턴스를 포함하는 경우의 임피던스는
$Z = \sqrt{R^2 + (X_L - X_C)^2}$

13. 다음 중 자장을 감지하여 그 방향으로 향하는 전기신호로 변환하는 장치는?

㉮ 플럭스(FLUX) 밸브
㉯ 수평의
㉰ 콤파스 카드
㉱ 루버 라인(LUBBER'S LINE)

● 플럭스 밸브는 날개의 끝이나 꼬리부분에 위치하고 지자기의 방향에 따른 유도전류를 발생시켜 자이로의 회전자축이 자북을 향하게 한다. 자이로신 컴파스는 자기컴파스의 자기 탐지 능력과 방향지시자이로의 강직성을 전기적으로 조합시켜 자차와 동적오차가 없는 결과치를 지시하며, 플럭스밸브는 지자기를 수감한다.

14. 다음의 화재탐지장치 중 온도 상승을 바이메탈로 탐지하며, 일명 스폿형(Spot type)이라고 부르는 것은?

㉮ 서멀스위치형 화재탐지기
㉯ 서머커플형 화재탐지기
㉰ 저항루프형 화재탐지기
㉱ 광전자형 화재 탐지기

15. 교류발전기를 병렬운전에 들어가기 전에 반드시 일치시켜야 할 확인사항에 들지 않는 것은?

㉮ 전압(voltage)
㉯ 주파수(frequency)
㉰ 토크(torque)
㉱ 위상(phase)

● 교류발전기를 병렬운전 해야하는 경우 각 발전기의 전압, 주파수, 위상 등이 서로 일치하는지 확인하고 이들이 이상 없을 때 병렬운전 시킨다.

16. 제빙부츠를 취급할 때에 주의해야 할 사항으로 옳지 않은 것은?

㉮ 부츠 위에서 연료 호스(Hose)를 끌지 않는다.
㉯ 부츠 위에 공구나 정비에 필요한 공구를 놓지 않는다.
㉰ 부츠를 저장하는 경우 그리스나 오일로 깨끗하게 닦은 다음 기름 종이로 덮어 둔다.
㉱ 부츠에 흠집이나 열화가 확인되면 가능한 빨리 수리하거나 표면을 다시 코팅한다.

17. 계기 착륙장치(INSTRUMENT LANDING SYSTEM)의 구성장치가 아닌 것은?

㉮ 로컬라이저(Localizer)
㉯ 글라이드 슬로프(Glide slope)
㉰ 마커 비컨(Marker Beacon)
㉱ 기상 레이다(Weather Radar)

18. 유압계통에서 레저버(reservoir)내에 있는 stand pipe의 주 역할은?

㉮ 계통 내의 압력 유동을 감소시키는 역할을 한다.
㉯ vent 역할을 한다.
㉰ 비상시 작동유의 예비공급 역할을 한다.
㉱ 탱크 내의 거품이 생기는 것을 방지하

는 역할을 한다.

19. 항공기에서 사용되는 공기압 계통에 대한 설명 중 가장 관계가 먼 내용은?

㉮ 대형 항공기에는 주로 유압계통에 대한 보조수단으로 사용한다.
㉯ 소형 항공기에서는 브레이크장치, 플랩 장동장치 등을 작동시키는데 사용한다.
㉰ 적은 양으로 큰 힘을 얻을 수 있고, 깨끗하며 불연성(Non-inflammable)이다.
㉱ 공기압의 재활용으로 귀환관이 필요하나 유압계통보다는 계통이 단순하다.

20. 항공기에 사용되는 니켈-카드뮴 축전지의 방전상태를 측정하는 장비로 가장 적합한 것은?

㉮ 저항계(ohmmeter)
㉯ 전압계(voltmeter)
㉰ 와트미터(wattmeter)
㉱ 전류계(ammeter)

1. ㉮	2. ㉮	3. ㉰	4. ㉰	5. ㉮
6. ㉱	7. ㉯	8. ㉰	9. ㉱	10. ㉰
11. ㉰	12. ㉮	13. ㉮	14. ㉮	15. ㉱
16. ㉰	17. ㉱	18. ㉰	19. ㉱	20. ㉯

2007년도 산업기사 2회 항공장비

1. 정전 용량식 액량계에서 사용되는 콘덴서의 용량과 가장 관계가 먼 것은?

㉮ 극판의 넓이
㉯ 극판간의 거리
㉰ 중간 매개체의 유전율
㉱ 중간 매개체의 전연율

● $C = \epsilon \dfrac{S}{L}$ (S : 극판의 면적, L : 극판간의 거리, ϵ : 유전체의 유전율)

2. 여압장치가 되어 있는 항공기는 제작 순항고도에서의 객실고도를 미 연방 항공청에서는 얼마로 취하도록 규정되어 있는가?

㉮ 해면
㉯ 3,000ft
㉰ 8,000ft
㉱ 20,000ft

● 사람이 외부의 영향을 받지 않고 정상적인 활동이 가능한 고도는 해면상으로부터 약 10,000ft로 알려져 있고 고고도 비행을 하는 항공기에 대해 그 순항고도에서 객실내의 압력을 8,000ft에 상당하는 기압으로 유지할 수 있는 여압계통을 구비해야 한다.

3. 유압 계통에 있는 필터에서 필터 내에 바이패스 릴리프밸브의 주 목적은?

㉮ 필터 엘리먼트 내에 유압유 압력이 높아지면 귀환 라인으로 유압유를 보내기 위하여
㉯ 필터 엘리먼트가 막힐 경우 유압유를 계통에 공급하기 위하여
㉰ 유압유 공급 라인에 압력이 과도하여지는 것으로부터 계통을 보호하기 위하여
㉱ 회로 압력을 설정 값 이하로 제한하여 계통을 보호하기 위하여

4. 공기압식 제빙 계통에서 부츠의 팽창 순서를 조절하는 것은?

㉮ 분배 밸브   ㉯ 부츠 구조
㉰ 진공 펌프   ㉱ 흡입 밸브

● 팽창순서는 공급기밸브(distributor valve, 분배밸브)나 공기 흡입구 부근의 솔레노이드 작동 밸브에 의해 제어된다.

5. 항공기 공압계통에서 수위치의 위치와 밸브위치가 일치했을 때 점등하는 LIGHT는?

㉮ Agreement Light
㉯ Disagreement Light
㉰ Intransit Light
㉱ Condition Light

● 스위치의 위치와 밸브의 위치, 밸브의 작동의 관계
· agreement light : 스위치의 위치와 밸브의 위치가 일치
· disagreement light : 스위치의 위치와 밸브의 위치가 불일치
· intransit light : 스위치의 위치와 관계없이 밸브가 완전히 열렸거나 닫힌 위치 이외의 경우

6. ACM의 작동 중 압력과 온도가 떨어지도록 역할을 하는 곳은?
   ㉮ 팽창밸브   ㉯ 팽창 터빈
   ㉰ 열교환기   ㉱ 압축기

7. 듀얼 스풀형 APU에서 전력을 공급하는 발전기는 무엇에 의해서 구동되는가?
   ㉮ 시동기
   ㉯ 압축기에서 만들어진 압축공기
   ㉰ 저압터빈/저압 압축기축
   ㉱ 고압터빈/고압 압축기축

   · 저압터빈/저압압축기(N1): 발전기 구동
   · 고압터빈/고압압축기(N2): 공기동력계통, gas generator 구동

8. 스테인리스 강이나 인코넬 튜브로 만들어져 있으며, 인코넬 튜브안은 절연체 세라믹으로 채워져 있고, 전기적 신호를 전송하기 위하여 2개의 니켈 전선이 들어 있는 항공기 화재 탐지기는?
   ㉮ 열전쌍식   ㉯ 광전지식
   ㉰ 열스위치식 ㉱ 저항루프식

   저항루프형 화재탐지기(resistance loop type fire detector) : 전기저항이 온도에 의해 변화하는 세라믹(ceramic)이나 일정온도에 달하면 급격하게 전기저항이 떨어지는 소금(eutectic salt)을 이용하여 온도 상승을 전기적으로 탐지하는 탐지기

9. NI-Cd 축전지에 대한 설명 중 가장 올바른 것은?
   ㉮ 전해액의 부식성이 적어 안전하다.
   ㉯ 단위 Cell 당 전압은 연 축전지보다 높다.
   ㉰ 방전할 때는 음극판이 3수산화니켈이 된다.
   ㉱ 연 축전지에 비해 수명이 길다.

10. 다음 중에서 교류를 더하거나 빼는데 편리한 교류의 표시방법으로 옳은 것은?
    ㉮ 삼각함수 표시법   ㉯ 극좌표 표시법
    ㉰ 지수함수 표시법   ㉱ 복소수 표시법

    · 삼각함수표시법($e = E_m \sin\theta\omega t$) : 기본표시법, 교류를 그림으로 취급할 때
    · 극좌표 표시법($e = E_m \angle \theta$), 지수함수 표시법($e = E_m \cdot e^{j\theta}$) : 2개 이상의 교류를 곱하거나 나눌 때
    · 복소수 표시법($e = E_m(\cos\theta + j \sin\theta)$) : 교류를 더하거나 빼는 계산에 활용

11. 항공기에 장착되어 있는 플라이트 인터폰을 가장 올바르게 설명한 것은?
    ㉮ 비행 중에는 승무원 상호간의 통화를 하며, 지상에서는 Flight를 위해 항공기가 택싱하는 동안 지상조업요원과 조종실 내 운항 승무원간에 통화를 한다.
    ㉯ 정비사가 항공기 정비를 위하여 정비사들 상호간에 통화를 한다.
    ㉰ 비행 중에 운항 승무원과 객실 승무원의 상호통화와 객실승무원과 승객 상호간에 통화를 한다.
    ㉱ 비행중에 조종실과 지상 무선시설의 상호통화 및 오디오 신호를 청취한다.

12. 극수가 4인 교류발전기로 400Hz의 주파수를 얻으려면 발전기의 계자 회전속도는 분당 얼마가 되어야 하는가?
    ㉮ 6,000rpm   ㉯ 8,000rpm

㉰ 10,000rpm   ㉱ 12,000rpm

▶ $f = \dfrac{PN}{120}$ $\therefore N = \dfrac{120f}{P}$

13. 항법의 중요한 3가지 요소와 가장 거리가 먼 것은?

㉮ 항공기 위치의 확인
㉯ 침로의 결정
㉰ 도착 예정시간의 산출
㉱ 비행 항로의 기상

▶ 항공기가 목적지까지 정확하게 비행하기 위해서는 현재의 위치를 측정하여 목적지까지의 거리나 방향을 알아야 하며 이 결과에 따라 진행 방향, 고도, 속도를 정확하게 유지하여 비행하는 것을 항법이라 한다.

14. 다음 중 DC Power를 AC Power로 바꾸어 주는 것은?

㉮ Battery Charger
㉯ Static Inverter
㉰ TRU(Transformer Rectifier Unit)
㉱ Load Controller

▶ · 인버터(inverter) : 직류를 교류로 변환시키는 장치
· 다이너모터(dynamotor) : 직류의 전압을 변환시키는 장치
· 컨버터(converter) : 직류 전류를 변환시키는 장치
· 정류기(transformer rectifier unit) : 교류를 직류로 변환시키는 장치
· 변압기(transformer) : 교류 전압을 변환시키는 장치
· 변류기(current transformer) : 교류 전류를 변환시키는 장치

15. 항공기 계기판의 설명으로 가장 관계가 먼 것은?

㉮ 계기판은 비자성재료인 알루미늄 합금으로 되어 있다.
㉯ 기체 및 기관의 진동으로부터 보호하기 위해 완충 마운트를 설치한다.
㉰ 계기판은 지시를 쉽게 읽을 수 있도록 무광택의 검은색을 칠한다.
㉱ 야간비행시 조종석은 밝게 하여 계기의 눈금과 바늘이 잘 보이도록 한다.

16. 항공기에서 사용되는 압력계에 대한 설명 중 가장 관계가 먼 것은?

㉮ 오일 압력계는 버든 튜브식 압력계로 게이지압력을 지시
㉯ 흡기 압력계는 다이아프램형 압력계로 절대 압력을 지시
㉰ 흡인 합력계는 공함식 압력계로 2곳의 압력의 차를 지시
㉱ EPR계는 벨로우관식 압력계로 2개의 압력 비를 지시

17. 다음 중 지상파의 종류가 아닌 것은?

㉮ E층 반사파   ㉯ 건물 반사파
㉰ 대지 반사파   ㉱ 지표파

▶ 지상파 : 직접파, 대지반사파, 지표파, 회절파
공간파 : 대류권 산란파, 전리층파(E층 반사파, F층 반사파, 전리층 활행파, 전리층, 산란파)

18. 절대고도란 고도계의 어떤 세팅 방법인가?

㉮ QNH setting   ㉯ QNE setting
㉰ QNT setting   ㉱ QFE setting

- ・QNE 보정 : 14,000ft 이상의 고도 비행시 사용, 표준 기압면(29.92inHg)으로부터의 고도를 지시 기압고도을 지시
  ・QNH 보정 : 고도 14,000ft 미만의 고도에서 사용하는 것, 해면으로부터의 기압고도, 일반적인 고도계 보정방법, 진고도를 지시
  ・QFE 보정 : 활주로 위에서 고도계가 0ft를 지시하도록 비행장의 기압을 보정, 절대고도를 지시, 이착륙훈련시 사용

19. 활주로에 접근하는 비행기에 활주로 중심선을 제공해주는 지상시설은?

㉮ Localizer
㉯ Glide Slop
㉰ Maker Beacon
㉱ VOR

20. 피토-정압계통에서 피토 튜브에 걸리는 공기압은?

㉮ 정압   ㉯ 동압
㉰ 대기압 ㉱ 전압

- 피토우관은 전압과 정압을 수감하는 장치이며 전압과 정압의 차(동압)를 이용하는 계기는 속도계이다.
  ・고도계 : 정압을 수감하여 표준대기로부터 간접적으로 고도환산
  ・속도계 : 피토우-정압관으로부터 전압과 정압을 수감하여 그 차압인 동압을 이용하여 항공기의 대기 속도를 지시
  ・승강계 : 정압을 수감하여 고도변화에 따른 순간적인 대기압의 변화를 이용하여 항공기의 수직 방향의 속도 지시

1. ㉱	2. ㉰	3. ㉯	4. ㉮	5. ㉮
6. ㉯	7. ㉱	8. ㉱	9. ㉱	10. ㉱
11. ㉮	12. ㉱	13. ㉱	14. ㉯	15. ㉱
16. ㉯	17. ㉮	18. ㉰	19. ㉮	20. ㉰

2007년도 산업기사  항공장비

1. 8kΩ 의 저항에 50mA 의 전류를 흘리는데 필요한 전압은 몇 V인가?

㉮ 360 ㉯ 380
㉰ 400 ㉱ 420

2. 직류 전동기는 그 종류에 따라 부하에 대한 토크 특성이 다른데, 정격이상의 부하에서 토크가 크게 발생하여 왕복 기관의 시동기에 가장 적합한 것은?

㉮ 분권식(shunt-wound)
㉯ 복권식(compound-wound)
㉰ 직권식(series-wound)
㉱ 유도식(induction type)

3. 동압(dynamic pressure)에 의해서 작동되는 계기가 아닌 것은?

㉮ 대기 속도계 ㉯ 진대기 속도계
㉰ 수직 속도계 ㉱ 마하계

4. 고도계의 setting 방법 중에서 진고도를 나타나게 하는 방식은?

㉮ QNE ㉯ QNH
㉰ QFE ㉱ 29.92에 set

5. Loop 식 화재탐지 장치의 thermistor 재료에 대한 설명으로 가장 올바른 것은?

㉮ 온도가 올라가면 저항이 커져서 회로가 형성되도록 한다.
㉯ 온도가 내려가면 저항이 커져서 회로가 형성되도록 한다.
㉰ 온도가 올라가면 저항이 작아져서 회로가 형성되도록 한다.
㉱ 온도가 내려가면 저항이 작아져서 회로가 형성되도록 한다.

6. 공압계통이 유압계통과 다른 점을 가장 올바르게 설명한 것은?

㉮ 공기압은 압축성이라 그대로의 힘이 손실 없이 전달된다.
㉯ 공기압은 비압축성이라 그대로의 힘이 전달되지 못하고 손실된다.
㉰ 공압계통은 압축성이며 return line이 요구되지 않는다.
㉱ 공압계통은 비압축성이며 return line이 요구되지 않는다.

7. 유압계통에서 블리드(BLEED)를 하는 주 목적은 무엇인가?

㉮ 계통에서 공기를 제어하기 위해
㉯ 계통의 누출을 방지하기 위해
㉰ 계통의 압력손실을 방지하기 위해
㉱ 씰의 손상을 방지하기 위해

8. 기본적인 에어 사이클 냉각계통의 구성으로 가장 옳은 것은?

㉮ 압축기, 열교환기, 터빈, 수분분리기
㉯ 히터, 냉각기, 압축기, 수분분리기
㉰ 바깥공기, 압축기, 엔진 블리드공기
㉱ 열교환기, 이베퍼레이터, 수분분리기

9. 제빙장치에서 압력 매니폴드에 들어가기 전에 오일 분리기로 제거할 수 없는 여분의 오일을 제거하는 장치는?

㉮ 안전밸브 (safety valve)
㉯ 콤비네이션 유닛(combination unit)
㉰ 흡입압력조절밸브(suction regulation valve)
㉱ 솔레노이드분배밸브(solenoid distributor valve)

10. 액추레이팅 실린더에 대한 설명으로 가장 올바른 것은?

㉮ 작동유압을 기계적 운동으로 변화시키는 장치
㉯ 작동유의 흐름을 제어하는 장치
㉰ 운동에너지와 안정된 정역학적 부하를 흡수하는 장치
㉱ 왕복운동을 회전운동으로 변화시키는 장치

11. 속도계에만 표시되는 것으로 최대 착륙하중시의 실속속도에서 flap을 내릴 수 있는 속도까지의 범위를 나타내는 색표식의 색깔은?

㉮ 녹색   ㉯ 황색
㉰ 청색   ㉱ 백색

12. 발전기의 병렬운전 조건으로 가장 올바른 것은?

㉮ 전압, 주파수, 상이 같아야 한다.
㉯ 전압, 주파수, 출력이 같아야 한다.
㉰ 전압, 주파수, 전류가 같아야 한다.
㉱ 전압, 전류, 상이 같아야 한다.

13. 어떤 교류발전기의 정격이 115V, 1kVA, 역률이 0.866 이라면 무효전력(Reactive power)은 얼마인가?(단, 역률(power factor) 0.866은 cos30°에 해당된다.)

㉮ 500W   ㉯ 866W
㉰ 500Var   ㉱ 866Var

▶ 무효전력＝피상전력×sinθ
(역률＝cosθ＝0.866, θ＝30°)

14. BATTERY TERMINAL에 부식을 방지하기 위한 방법으로 가장 올바른 것은?

㉮ Terminal에 grease로 엷은 막을 만들어 준다.
㉯ Terminal에 Paint로 엷은 막을 만들어 준다.
㉰ Terminal에 납땜을 한다.
㉱ 증류수로 씻어낸다.

15. Cockpit Voice Recorder 설명으로 가장 올바른 것은?

㉮ 지상에서 항공기를 호출하기 위한 장치이다.
㉯ 항공기 사고원인 규명을 위해 사용되는 녹음장치이다.
㉰ HF 또는 VHF를 이용하여 통화를 한다.

㉣ 지상에 있는 정비사에게 Alerting 하기 위한 장비이다.

16. 전파자방위지시계(RMI)의 기능을 가장 올바르게 설명한 것은?

㉮ 항공기의 자세를 표시하는 계기
㉯ 자북극 방향에 대해 전방향 표시(VOR) 신호 방향과 각도 및 항공기의 방위 지시
㉰ 조종사에게 진로를 지시하는 계기
㉣ 기수방위를 나타내는 컴파스 카드와 코스를 지시

▶ 자북방향에 대한 VOR 신호방향과의 각도 및 항공기의 방위각을 나타내며 VOR지침과 ADF 지침을 가지고 있다.

17. 단파(High Frequency) 통신에는 안테나 커플러(Antenna Couler)가 장착되어 있는데 이것의 주 목적은?

㉮ 송·수신장치와 안테나의 전기적인 매칭을 위하여
㉯ 송·수신장치와 안테나를 접속시키기 위하여
㉰ 송·수신장치를 이용하여 통신을 용이하게 하기위하여
㉣ 송·수신장치에서 주파수 선택을 용이하게 하기 위하여

18. 다음 중 계기 착륙장치(ILS)와 관계가 없는 것은?

㉮ 전 방향 표시 장치(VOR)
㉯ 로칼라이져(Localizer)
㉰ 글라이더 슬로프(Glide Slope)
㉣ 마커 비컨(Maker Beacon)

19. 항공기가 비행을 하면서 관성항법장치(INS)에서 얻을 수 있는 정보와 가장 관계가 먼 것은?

㉮ 위치   ㉯ 자세
㉰ 자방위   ㉣ 속도

20. 다음 중 자기컴파스의 컴파스 스윙으로 수정할 수 있는 것은?

㉮ 북선오차   ㉯ 장착오차
㉰ 가속도오차 ㉣ 편차

1. ㉰	2. ㉰	3. ㉰	4. ㉯	5. ㉰
6. ㉰	7. ㉮	8. ㉮	9. ㉯	10. ㉮
11. ㉣	12. ㉮	13. ㉰	14. ㉮	15. ㉯
16. ㉯	17. ㉮	18. ㉮	19. ㉰	20. ㉯

2008년도 산업기사 1회 항공장비

1. HF통신계통에 사용되는 안테나 커플러(Antenna Coupler)에 대한 설명으로 옳은 것은?

㉮ 안테나와 안테나를 연결시켜주는 기구이다.
㉯ 안테나를 항공기에서 떼어낼 때 사용하는 것이다
㉰ 안테나를 항공기에 부착시킬 때 사용하는 것이다.
㉱ 안테나와 송수신기의 매칭(Matching)이 이루어지게 한다.

2. 항공기에서 사용되는 공압(Pneumatic)계통의 공압기에 대한 설명으로 틀린 것은?

㉮ 적은 양으로 큰 힘을 얻을 수 있다.
㉯ 불연성(Non-inflammable)이고 깨끗하다.
㉰ 서보(Servo)계통으로서 정밀한 조정이 가능하다.
㉱ Reservoir, Return Line에 해당하는 장치가 필요하다.

3. 항공기의 전기회로에 사용되는 스위치의 설명 중 틀린 것은?

㉮ 푸시버튼스위치(push button switch)는 접속방식에 따라 SPUT, SPWT, DPUT, DPWT가 있다.
㉯ 토글스위치(toggle switch)는 항공기에 가장 많이 사용되는 스위치로서, 운동부분이 공기 중에 노출되지 않도록 케이스로 보호되어있다.
㉰ 회선선택스위치(rotary selector switch)는 한회로만 개방하고 다른 회로는 동시에 닫히게 하는 역할을 한다.
㉱ 마이크로스위치(micro switch)는 짧은 움직임으로 회로를 개폐시키는 것으로, 착륙장치와 플랩 등을 작동시키는 전동기의 작동을 제한하는 스위치로 사용된다.

4. 3상 교류발전기에서 발전된 전압을 정의 방향으로 순차적으로 모두 합하면 얼마가 되겠는가?

㉮ 0
㉯ 1
㉰ $\sqrt{3}$
㉱ 3

5. 길이가 L인 도선에 1V의 전압을 가했더니 1A의 전류가 흐르고 있었다. 이 때 도선의 단면적을 $\frac{1}{2}$로 줄이고 대신 길이를 2배로 늘리면 도선의 저항은 원래보다 몇 배가 되는가?(단, 도선 고유의 저항 및 전압은 변함이 없다고 본다)

㉮ $\frac{1}{4}$
㉯ $\frac{1}{2}$
㉰ 2배
㉱ 4배

6. 거리측정장치(DME)에 대한 설명으로 가장 관계가 먼 것은?
   - ㉮ DME는 초단파 전방향 무선 표지 시설과 병설되어 VOR로도 불리며, 국제 표준으로 규정되어 있다.
   - ㉯ DME 시스템의 사용 주파수대역은 500~1215KHz로 넓은 범위의 주파수 대역을 사용한다.
   - ㉰ DME 지시기에 표시되는 거리는 항공기에서 DME국까지의 경사거리이다.
   - ㉱ DME의 거리측정은 항공기로부터 질문 퍼스가 발사되어 지상국의 응답펄스를 수신할 때까지의 지연시간을 측정하여 거리로 환산하는 방법이다.

   ● DME는 기상장치와 지상장치로 구성되는 2차 레이더의 한 형식으로 거리의 측정은 펄스 신호가 두 점사이를 왕복하는 시간을 측정하는 것이다. 항공기의 DME 기상국에 거리정보를 제공하는 것으로, VOR와 더불어 병설된 VOR/DME, VOR/TACAN 등 시설은 단거리 항법 원조 시설의 국제표준으로 규정되어 있음

7. 에어콘 계통에서 콘덴서의 냉각공기는 어디로부터 공급되는가?
   - ㉮ 엔진압축기
   - ㉯ 바깥 공기
   - ㉰ 배기가스
   - ㉱ 객실 공기

8. 항공기 유압회로에서 프라이어리티 밸브(Priority Valve)에 대한 설명으로 옳은 것은?
   - ㉮ 유로를 선택하고 작동유의 공급과 리턴 회로를 만들고 기구의 작동방향을 결정하는 밸브이다.
   - ㉯ 한 방향으로 자유로이 작동유를 흐르게 하지만 반대방향으로 흐르지 못하게 하는 밸브이다.
   - ㉰ 작동유 압력이 일정압력 이하로 떨어지면 유로를 차단하는 기능을 가진 밸브이다.
   - ㉱ 한 개의 선택 밸브에 의해 복수의 기구를 작동시켰을 때, 그 작동순서를 결정하는 밸브이다.

9. 피토관은 다음중 어떤 압력을 측정하여 국부유속을 측정하는가?
   - ㉮ 정압－대기압
   - ㉯ 동압＋대기압
   - ㉰ 전압－정압
   - ㉱ 전압＋동압

10. 비행 중에는 사용하지 않고 정비를 위한 통화 목적으로 사용하는 Interphone System은?
    - ㉮ Galley 와 Galley 상호간 통화
    - ㉯ Carbin Interphone
    - ㉰ Flight Interphone
    - ㉱ Service Interphone

11. 고도계의 탄성오차가 아닌 것은?
    - ㉮ 와동오차
    - ㉯ 편위
    - ㉰ 히스테리시스
    - ㉱ 잔류효과

12. 다음의 Thermo-couple 조합 중 그 측정온도가 가장 높은 것은?
    - ㉮ 크로멜-알루멜
    - ㉯ 철-콘스탄탄
    - ㉰ 구리-콘스탄탄
    - ㉱ 알루멜-콘스탄탄

13. 조종실에서 교신하는 통신 및 대화 내용, 엔진 등 백 그라운드 노이즈(Back Ground Noise)가 기록되는 장치는?

㉮ 비행기록 장치(FDR)
㉯ 음성기록 장치(CVR)
㉰ 음성관리 장치(OMU)
㉱ 플라이트 인터폰

14. 다음 중 니켈-카드뮴 축전지에 대한 설명으로 틀린 것은?

㉮ 전해액은 질산계의 산성액이다.
㉯ 고부하 특성이 좋고 큰 전류 방전시에는 안정된 전압을 유지한다.
㉰ 진동이 심한장소에 사용 가능하고, 부식성 가스를 거의 방출하지 않는다.
㉱ 한 개의 셀(cell)의 기전력은 무부하 상태에서 1.2~1.25V 정도이다.

15. 다음은 항공 교통관제(ATC) 트랜스폰더(Transponder)에 대한 설명으로 옳은 것은?

㉮ 지상 무선 시설의 질문에 응답하기 위한 장치이며, 교통량이 많은 공역을 비행할 때에는 트랜스폰더의 탑재를 의무화한다.
㉯ 인공위성에서 발사한 전파를 수신하여 관측점까지 소요시간을 측정함으로서 항공기의 위치를 구하는 장치이다.
㉰ 전파가 물체에 부딪쳐서 반사되는 성질을 이용하여 지상과 항공기사이의 수직거리를 측정하는 장치이다.
㉱ 항공기가 지상으로 과도하게 접근시 조종사에게 시각 및 청각경고를 제공하는 장치이다.

▶ 항공교통관제(ATC) 트랜스폰더(transponder)는 지상의 질문기로부터의 질문 신호를 수신한 후 일련의 부호화된 응답 신호를 자동적으로 지상으로 송신하는 장치이다. 항공기의 고도, 기종, 편명, 위치, 진행방향, 속도 등을 식별할 수 있다.

16. 원격지시계기의 오토신과 마그네신에 대한 설명으로 틀린 것은?

㉮ 오토신, 마그네신 모두 교류전원을 필요로 한다.
㉯ 마그네신은 오토신보다 대형이며, 토크가 크고, 정밀도가 좋다.
㉰ 오토신의 전압은 회전자에 가해지고, 마그네신은 고정자에 가해진다.
㉱ 오토신은 회전자로 전자석을 사용하는 대신 마그네신은 회전자로 강력한 영구자석을 사용한다.

17. 비행자세지시기(ADI)를 옳게 설명한 것은?

㉮ 기수 방위와 설정 기수 방위를 나타낸다.
㉯ 기수 방위각, 기수 오차각을 자동 조종한다.
㉰ 기체의 상승 또는 하강한 높이 정보를 자동 조종한다.
㉱ 피치 자세를 받아 기체의 자세를 알기 쉽게 나타내며, 비행지시장치에 조타 명령을 지시한다.

▶ 현재의 비행자세를 알려주고, 미리 설정된 모드로 비행행하기 위한 명령을 지시한다.

18. 다음 중 항공기의 내부조명등에 해당하지 않는 것은?

㉮ 계기등　　㉯ 항법등
㉰ 객실 조명등　㉱ 화물실 조명등

19. 두 장의 금속판에 전위를 주었을 때 생기는 흡입력, 반발력을 이용한 것으로 소비전력이 극히 작고, 고(高) 임피던스 회로의 전압측정에 가장 적합한 계기는?

㉮ 정전형계기 ㉯ 유도형계기
㉰ 정류형 계기 ㉱ 전력계형 계기

▶ 정전형 계기(electrostatic type instrument) : 충전된 두 전극간에 가해진 전압의 제곱에 비례한 정전 인력이 생기는 것을 이용하는 계기. 교류·직류 양용으로서 같은 눈금으로 사용할 수 있다. 전극 변위 방식(계측 범위 100~1,500V), 전극 회전 방식(계측 범위 수 10kV까지)이 있다. 배전반용 전압계로서 사용된다.

20. 다음 중 화재탐지기로 사용하는 것이 아닌 것은?

㉮ 온도상승률 탐지기
㉯ 스모그 탐지기
㉰ 이산화탄소 탐지기
㉱ 과열탐지기

1. ㉱	2. ㉱	3. ㉮	4. ㉮	5. ㉱
6. ㉯	7. ㉯	8. ㉰	9. ㉰	10. ㉱
11. ㉮	12. ㉮	13. ㉯	14. ㉮	15. ㉮
16. ㉯	17. ㉱	18. ㉯	19. ㉮	20. ㉰

2008년도 산업기사 2회 항공장비

1. 항공기 브레이크 (Brake)계통에서 브레이크로 가는 압력을 감소시키고 유압유의 흐르는 양을 증가시키는 역할과 관계되는 것은?
   ㉮ 셔틀밸브(Shuttle valve)
   ㉯ 디부스터 실린더(Debooster cylinder)
   ㉰ 브레이크 제어밸브
      (Brake control valve)
   ㉱ 브레이크 조절밸브
      (Brake Regulation valve)

2. 대형 항공기에서 객실여압 (Pressurization) 장치를 설비하는데 고려되어야 할 내용과 가장 거리가 먼 것은?
   ㉮ 항공기 내부와 외부의 압력차
   ㉯ 항공기 최대 운용 속도
   ㉰ 항공기의 기체 구조 자재의 선택과 제작
   ㉱ 최대 운용 고도에서 일정한 객실 고도를 유지

3. 항공계기의 색표지에 대한 설명 중 틀린 것은?
   ㉮ 녹색호선은 안전운용범위를 나타낸다.
   ㉯ 붉은색 방사선은 최대 및 최소운용한계를 나타낸다.
   ㉰ 흰색호선은 기화기를 장착한 항공기에만 사용된다.
   ㉱ 노란색호선은 안전운용범위에서 초과금지까지의 경계 및 경고범위를 나타낸다.

4. 자기컴파스 오차(MAGNETIC COMPASS ERROR) 중 동적오차는 무엇인가?
   ㉮ 반원차   ㉯ 사분원차
   ㉰ 불이차   ㉱ 북선오차

5. 유압 계통에 사용되는 릴리프 밸브의 특성 중 압력 오버라이드 (Over Ride)란 무엇인가?
   ㉮ 릴리프 밸브가 열려 있을 때 정격유량의 압력 변화
   ㉯ 릴리프 밸브가 닫쳐서 정격유량을 유지할 때까지의 압력변화
   ㉰ 크래킹 압력에서부터 정격유량이 흐를 때까지의 압력 변화
   ㉱ 크래킹 압력 (Cracking Pressure)에서부터 릴리프 밸브가 닫힐 때까지의 압력 변화

6. 4극 랩결선(lap winding)직류발전기는 4개의 병렬결선회전자(armature)를 갖고 있다. 소요되는 브러시(brush)의 수는 몇 개 인가?
   ㉮ 2   ㉯ 4
   ㉰ 6   ㉱ 8

7. 대부분의 결빙은 대기 온도가 빙점에 가깝거나 약간 낮을 때에 발생된다. 다음 중 결빙발생 온도가 가장 높은 부분은?
   ㉮ Wing Leading Edge

㉯ Drain Master
㉰ Carburetor
㉱ Engine Inlet

8. 인버터의 작동에 대한 설명으로 옳은 것은?

㉮ 직류를 교류로 얻는데 쓰인다.
㉯ 교류를 직류로 얻는데 쓰인다.
㉰ 시동시 고전압을 얻는데 쓰인다.
㉱ 축전지에서 전류가 역류되는 것을 막는다.

9. 바이메탈스위치형 화재탐지 계통의 열스위치는 일정한 온도에서 회로가 작동되는 열감지 유니트를 갖고 있다. 이 회로의 연결방식으로 다음 중 가장 적당한 것은?

㉮ 스위치끼리는 직렬로, 스위치와 경고장치는 직렬로 연결한다.
㉯ 스위치끼리는 병렬로, 스위치와 경고장치는 병렬로 연결한다.
㉰ 스위치끼리는 직렬로, 스위치와 경고장치는 병렬로 연결한다.
㉱ 스위치끼리는 병렬로, 스위치와 경고장치는 직렬로 연결한다.

10. 〔그림〕은 선회 및 경사계를 나타내고 있다. 좌선회 외활 비행을 나타내고 있는 것은?

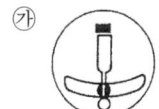
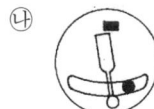

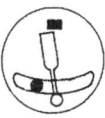

㉮ 직선비행   ㉯ 좌선회(skid)
㉰ 좌선회(slip)   ㉱ 정상우선회

11. 스켈치 (squelch)회로에 대한 설명으로 가장 옳은 것은?

㉮ AM 송신기에서 고역을 강조하는 회로
㉯ FM 송신기에서 주파수 체배를 위한 회로
㉰ AM 수신기에서 반송파를 제거시키는 회로
㉱ FM 수신기 신호가 없을 때 잡음을 지울 수 있는 회로

12. 지자기의 3요소 중 복각에 대한 설명으로 옳은 것은?

㉮ 지자력의 지구 수평에 대한 분력을 의미한다.
㉯ 지자기 자력선의 방향과 수평선 간의 각을 말하며, 양극으로 갈수록 90°에 가까워진다.
㉰ 지축과 자기축이 서로 일치하지 않음으로서 발생되는 진방위와 자방위의 차이를 말한다.
㉱ 지자력의 지구 수평에 대한 분력을 말하며 적도부근에서는 최대이고 양극에서는 0°에 가깝다.

13. 교류 전동기 중에서 유도전동기에 대한 설명으로 틀린 것은?

㉮ 부하 감당 범위가 넓다.
㉯ 교류에 대한 작동 특성이 좋다.
㉰ 브러쉬와 정류자편이 필요 없다.
㉱ 직류 전원만을 사용할 수 있다.

14. 브레이크 (Brake)계통의 유압이 누출될 경우 이것은 무엇에 의해서 보상 될 수 있는가?

㉮ Linkage(연동장치)
㉯ Piston Return Spring
㉰ Actuating Cylinder Reservoir
㉱ Master Cylinder Reservoir

15. 다음 중 전원 주파수를 측정하는데 사용되는 BRIDGE 회로는?

㉮ WIEN BRIDGE
㉯ MAXWELL BRIDGE
㉰ SYNCHRO BRIDGE
㉱ WHEATSTONE BRIDGE

16. 비행 중에는 조종실 내의 운항 승무원 상호간에 통화를 하며, 지상에서는 Flight를 위하여 항공기가 Taxing하는 동안 지상조업 요원과 조종실 내 운항 승무원 간에 통화하기 위한 시스템은?

㉮ passenger address system
㉯ cabin interphone system
㉰ flight interphone system
㉱ service interphone system

17. 직류발전기의 계자(界磁) 플래싱(field flashing)이란?

㉮ 계자코일에 배터리로부터 역전류를 가하는 행위
㉯ 계자코일에 발전기로부터 역전류를 가하는 행위
㉰ 계자코일에 배터리로부터 정방향의 전류를 가하는 행위
㉱ 계자코일에 발전기로부터 정방향의 전류를 가하는 행위

18. 계기의 T형 배치에서 중심이 되는 것은?

㉮ 자세지시계   ㉯ 속도계
㉰ 고도계   ㉱ 방위지시계

19. 항공기의 자세가 3축 방향에서 결정되는 것과 같이 자동 제동 계통도 3축방향이 있다. 다음 중 3축이 아닌 것은?

㉮ 옆놀이 축   ㉯ 중심 축
㉰ 키놀이 축   ㉱ 빗놀이 축

20. 전원 전압 115 / 200V 에 10μF의 콘덴서 250mH의 코일이 직렬로 접속되어 있을 때 이 회로의 공진주파수는 약 몇 Hz인가?

㉮ 0.04   ㉯ 25.8
㉰ 100.7   ㉱ 711.5

▶ 직렬공진회로에서 $X_L = X_C$일때의 주파수를 말하며 $2\pi f_0 L = \dfrac{1}{2\pi f_0 C}$, $f_0 = \dfrac{1}{2\pi \sqrt{LC}}$ (Hz)

1. ㉯	2. ㉯	3. ㉰	4. ㉱	5. ㉰
6. ㉰	7. ㉰	8. ㉮	9. ㉱	10. ㉯
11. ㉱	12. ㉯	13. ㉰	14. ㉱	15. ㉮
16. ㉰	17. ㉰	18. ㉮	19. ㉯	20. ㉰

2008년도 산업기사 4회 항공장비

1. 그림과 같은 병렬 공진회로의 공진주파수는 약 몇 kHz인가?

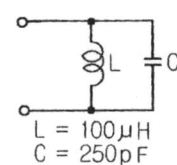

L = 100μH
C = 250pF

㉮ 15.9   ㉯ 31.8
㉰ 318   ㉱ 1006.6

● 직렬공진회로에서 $X_L = X_C$ 일때의 주파수를 말하며 $2\pi f_0 L = \dfrac{1}{2\pi f_0 C}$, $f_0 = \dfrac{1}{2\pi\sqrt{LC}}$ (Hz)

2. 다음 항공기용 스위치 중 스프링을 이용한 스위치의 결함을 방지하기 위하여 스위치와 피검출물과 기계적 접촉을 없앤 구조의 스위치는?

㉮ 토글 스위치(Toggle switch)
㉯ 마이크로 스위치(Micro switch)
㉰ 플럭시미티 스위치(Proximity switch)
㉱ 회전 선택 스위치(Rotary selector switch)

● 플럭시미티 스위치(Proximity switch)는 항공기 승객출입문, 화물문 등과 같이 완전히 닫히지 않을 때의 경고용회로로 사용한다.

3. 정상유압 동력계통에 고장이 발생했을 때 비상계통을 사용할 수 있도록 해주는 밸브는?

㉮ 셔틀밸브(Shuttle valve)
㉯ 선택밸브(Selector valve)
㉰ 시퀀스밸브(Sequence valve)
㉱ 수동체크밸브(Manual Check valve)

4. 24V, $\dfrac{1}{3}HP$인 전동기가 효율 75%로 작동하고 있다면 이 때 전류는 약 몇 A 인가?

㉮ 7.8   ㉯ 13.8
㉰ 22.8   ㉱ 30.0

5. 항공기에 정속구동장치(Constant Speed Drive)를 장착하는 주목적은 무엇을 유지하기 위한 것인가?

㉮ 전압   ㉯ 전류
㉰ 위상   ㉱ 주파수

6. 그림과 같은 Wheatstone bridge가 평형이 되려면 X의 저항은 몇 Ω이 되어야 하는가?

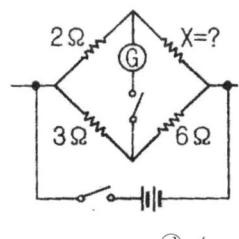

㉮ 3   ㉯ 4
㉰ 5   ㉱ 6

7. 다음 중 자이로(Gyro)의 강직성 또는 보전성에 대하여 옳게 설명한 것은?

㉮ 외력을 가하지 않는 한 일정한 자세를 유지하려는 성질
㉯ 외력을 가하면 그 힘의 방향으로 자세가 변하려는 성질
㉰ 외력을 가하면 그 힘과 직각방향으로 자세가 변하려는 성질
㉱ 외력을 가하면 그 힘과 반대방향으로 자세가 변하려는 성질

8. 자기 컴파스가 위도에 따라 기울어지는 현상은 무엇 때문인가?

㉮ 지자기의 편각
㉯ 지자기의 수평분력
㉰ 지자기의 복각
㉱ 컴파스 자체의 북선오차

9. 항공기 VHF 통신 장치에 관한 설명 중 틀린 것은?

㉮ 근거리 통신에 이용된다.
㉯ VHF 통신 채널 간격은 30kHz이다.
㉰ 수신기에는 잡음을 없애는 스퀠치회로를 사용하기도 한다.
㉱ 국제적으로 규정된 항공 초단파 통신주파수 대역은 108~136MHz 이다.

10. 다음 중 고도계에서 발생되는 오차가 아닌 것은?

㉮ 북선오차   ㉯ 기계오차
㉰ 온도오차   ㉱ 탄성오차

11. 항공기 유압계통의 작동유(Hydraulic fluid)가 갖추어야 할 조건이 아닌 것은?

㉮ 점도가 높을 것
㉯ 부식성이 낮을 것
㉰ 열전도율이 좋을 것
㉱ 화학적 안정성이 높을 것

12. HF 통신계통에서 안테나 커플러(Coupler)를 장착하는 주된 이유는?

㉮ 안테나의 강도를 높이기 위하여
㉯ 항공기의 구조적인 안전을 위하여
㉰ 항공기의 항속거리를 높이기 위하여
㉱ 송수신기와 안테나간의 주파수 매칭을 위하여

13. 열팽창률이 높은 스테인리스 케이스 안에 열팽창률이 낮은 니켈-철의 합금편 2대를 마주보게 휘어 장착한 것으로써 열에 의해 케이스가 합금편보다 많이 팽창하여 두 합금편이 접촉되면서 화재를 알려주는 방법의 화재 탐지 장치는?

㉮ 용량형   ㉯ 서모 커플형
㉰ 저항 루프형   ㉱ 서멀 스위치형

14. 전기저항식 온도계의 온도 수감부(temperature bulb)가 단선되었을 때 지시값의 변화로 옳은 것은?

㉮ 단선 직전의 값을 지시한다.
㉯ 지시계의 지침은 '0'값을 지시한다.
㉰ 지시계의 지침은 저온측의 최소값을 지시한다.
㉱ 지시계의 지침은 고온측의 최대값을 지시한다.

▶ 전기저항식 온도계는 온도 증가에 따른 저항이 증가하는 성질을 이용하여 측정한다.

15. 방빙 계통에 대한 다음 설명 중 옳은 것은?

㉮ 프로펠러의 방빙, 제빙에는 스링거 링(Slinger Ring)을 이용해 날개끝 부분에 뜨거운 공기를 공급한다.
㉯ 기화기(Carburetor)는 Water Separator를 사용하여 흡입공기의 수분을 제거함으로써 방빙을 한다.
㉰ Drain Master의 예열은 지상 계류시에는 저전압으로 예열된다.
㉱ 연료에 수분이 포함되면 필터부분에 결빙이 발생되므로 이를 방지하기 위해 필터 앞에 전기히터를 설치한다.

16. 다음 중 비행계기만을 포함하고 있는 것은?

㉮ 고도계, 속도계, 나침반, TACAN
㉯ 고도계, 속도계, 승강계, 연료 압력계
㉰ 고도계, 속도계, 자세지시계, Machmeter
㉱ 고도계, 속도계, 회전계, 흡입공기 온도계

17. 다음 중 작동유가 과도하게 흐르는 것을 방지하기 위한 장치는?

㉮ Filter
㉯ Priority Valve
㉰ By-Pass valve
㉱ Hydraulic Fuse

18. 다음 중 압력조절기와 비슷한 역할을 하지만 압력조절기 보다 약간 높게 조절되어 있어, 이 이상의 압력이 되면 작동되는 장치는?

㉮ 리저버 (Reservoir)
㉯ 체크밸브 (Check valve)
㉰ 축압기 (Accumulator)
㉱ 안전밸브 (Relief valve)

19. 항공기 객실여압(Cabin Pressurization)과 직접 관계되지 않은 것은?

㉮ 항공기 기체구조 강도
㉯ 항공기 운용고도
㉰ 항공기 객실 여압고도
㉱ 항공기 착륙안전고도

20. EICAS(Engine Indication and Crew Alerting System)의 기능이 아닌 것은?

㉮ Engine Parameter를 지시한다.
㉯ 항공기의 각 System을 감시한다.
㉰ Engine 출력을 설정할 수 있다.
㉱ System의 이상상태 발생을 지시해 준다.

▶ EICAS(engine indication & crew alerting system)
- 기관 및 각 시스템의 상태를 지시하며 이상 발생 및 그 상황을 표시

1. ㉱	2. ㉰	3. ㉮	4. ㉮	5. ㉱
6. ㉯	7. ㉮	8. ㉰	9. ㉯	10. ㉮
11. ㉮	12. ㉱	13. ㉯	14. ㉱	15. ㉰
16. ㉰	17. ㉱	18. ㉱	19. ㉱	20. ㉰

2009년도 산업기사 1회 항공장비

1. 다음 중 자이로(gyro)를 이용하는 계기는?
   - ㉮ 데이신
   - ㉯ 선회 경사계
   - ㉰ 마그네신 컴파스
   - ㉱ 자기 컴파스

2. 전방향 표지시설(VOR) 주파수의 범위로 가장 적절한 것은?
   - ㉮ 1.8~108 MHz
   - ㉯ 18~106 MHz
   - ㉰ 108~118 MHz
   - ㉱ 130~165 MHz

   ▶ 전방향 표지 시설은 유효거리 내에 있는 모든 항공기에 VOR 지상국에 대한 자기 방위를 연속적으로 지시해 주거 정확한 항공로를 알 수 있게 한다.

3. 미국연방항공청(FAA)에서 정한 압축 공기의 공급 기준으로 객실 내의 기압은 고도 몇 ft 에 상당하는 기압 이하로 내려가지 않도록 규정하고 있는가?
   - ㉮ 8000
   - ㉯ 10000
   - ㉰ 15000
   - ㉱ 35000

4. 서로 떨어진 두 개의 송신소로부터 동기신호를 수신하여 두 송신소에서 오는 신호의 시간차를 측정하여 자기위치를 결정하여 항행하는 장거리 쌍곡선 무선 항법은?
   - ㉮ VOR(VHF Omni Range)
   - ㉯ TACAN(Tactical Air Navigation)
   - ㉰ LORAN C(Long Range Navigation C)
   - ㉱ ADF(Automatic Direction Finder)

5. 항공기에서 직류를 교류를 변환시켜 주는 장치는?
   - ㉮ 정류기(Rectifier)
   - ㉯ 인버터(Inverter)
   - ㉰ 컨버터(Converter)
   - ㉱ 변압기(Tranaformer)

6. 어느 도체의 단면에 1시간 동안 10800C 의 전하가 흘렀다면 전류는 몇 A 인가?
   - ㉮ 3
   - ㉯ 18
   - ㉰ 30
   - ㉱ 180

7. 안테나 종류에서 구조에 의한 분류 중 판상 안테나에 해당하는 것은?
   - ㉮ 반사형
   - ㉯ 집중정수형
   - ㉰ 분포정수형
   - ㉱ 복합 개구면형

   ▶ 반사형 안테나(reflector antenna) 하나 내지는 복수의 반사면, 및 방사(수신) 궤전계로 구성되는 안테나

8. 액량계기와 유량계기에 관한 설명으로 옳은 것은?
   - ㉮ 액량계기는 연료탱크에서 기관으로 흐르는 연료의 유량을 지시한다.

㉯ 액량계기는 대형기와 소형기에 차이 없이 대부분 동압식 계기이다.
㉰ 유량계기는 연료탱크에서 기관으로 흐르는 연료의 유량을 시간당 부피 또는 무게단위로 나타낸다.
㉱ 유량계기는 직독시, 플로우트식, 액압식 등이 있다.

9. 16극을 가진 교류 발전기에서 400Hz 를 얻기 위해서는 회전자계의 분당 회전수는 얼마인가?

㉮ 50
㉯ 500
㉰ 3000
㉱ 6000

10. 다음 중 전기적인 방빙을 사용하는 부분이 아닌 것은?

㉮ 정압공
㉯ 피토튜브
㉰ 코어 카울링
㉱ 프로펠러

11. 회로보호장치(circuit protection device) 중 비교적 높은 전류를 짧은 시간 동안 허용할 수 있게 하는 장치는?

㉮ 리밋 스위치(Limit switch)
㉯ 전류제한기(Current limiter)
㉰ 회로차단기(Circuit breaker)
㉱ 열 보호장치(Thermal protector)

12. 전파고도계(Ratio Altimeter)에 대한 설명으로 틀린 것은?

㉮ 전파고도계는 지형과 항공기의 수직거리를 나타낸다.
㉯ 항공기 착륙에 이용하는 전파 고도계의 측정범위는 0 ~ 2500ft 정도이다.
㉰ 절대 고도계라고도 하며, 높은 고도용의 FM형과 낮은 고도용의 펄스형이 있다.
㉱ 항공기에서 지표를 향해 전파를 발사하여, 그 반사파가 되돌아올 때까지의 시간을 측정하여 고도를 표시한다.

13. 관성항법장치(INS)의 특징에 대한 설명으로 틀린 것은?

㉮ GPS 보다 정밀도가 우수하다.
㉯ 전세계 어디에서도 사용가능하다.
㉰ 시간의 경과에 따라 오차도 커진다.
㉱ 지상의 항법 원조시설의 도움없이 독립적으로 작동한다.

14. 객실여압 계통의 아웃플로우 밸브(Outflow Valve)의 가장 기본적인 기능은?

㉮ 객실의 온도 조절
㉯ 객실의 균형 조절
㉰ 객실의 습도 조절
㉱ 객실의 압력 조절

15. 화재탐지장치 중 온도상승을 바이메탈(Bimetal)로 탐지하는 것은?

㉮ 용량형(Capacitance Type)
㉯ 서머커플형(Thermo Couple Type)
㉰ 서멀스위치형(Thermal Switch Type)
㉱ 저항루프형(Resistance Loop Type)

16. 유량 제어장치 중 유압관 파손시 작동유가 누설되는 것을 방지하기 위한 장치는?

㉮ 유압 퓨즈(Fuse)
㉯ 흐름 조절기(Flow regulator)
㉰ 흐름 제한기(Flow restrictor)
㉱ 유압관 분리 밸브(Disconnect valve)

17. 다음 중 직류전동기가 아닌 것은?

㉮ 유도전동기　　㉯ 분권전동기
㉰ 복권전동기　　㉱ 유니버설전동기

18. 다음 중 부르동관(bourden tube)을 사용하는 계기는?

㉮ 증기압식 온도계
㉯ 바이메탈식 온도계
㉰ 열전쌍식 온도계
㉱ 전기저항식 온도계

19. 기압눈금을 표준 대기압인 29.92inHg 에 맞추어 표준기압면으로부터의 기압고도를 얻을 수 있는 고도 지시법은?

㉮ QFE방식　　㉯ QNH방식
㉰ QNE방식　　㉱ QHE방식

20. 유압 작동유 중 인화점이 낮아 항공기 유압계통에는 사용되지 않고 착륙장치의 완충기에 사용되는 작동유는?

㉮ 식물성유　　㉯ 합성유
㉰ 광물성유　　㉱ 동물성유

1. ㉯	2. ㉰	3. ㉮	4. ㉱	5. ㉯
6. ㉮	7. ㉮	8. ㉰	9. ㉱	10. ㉰
11. ㉯	12. ㉰	13. ㉮	14. ㉰	15. ㉱
16. ㉮	17. ㉮	18. ㉮	19. ㉰	20. ㉰

2009년도 산업기사 2회 항공장비

1. 다음 중 지자기의 3요소가 아닌 것은?

   ㉮ 복각(Dip)
   ㉯ 편차(Variation)
   ㉰ 수직분력(Vertical component)
   ㉱ 수평분력(Horizontal component)

2. 모든 부품을 항공기 구조에 전기적으로 연결하는 방법으로 고전압 정전기의 방전을 도와 스파크 현상을 방지시키는 역할을 하는 것을 무엇이라 하는가?

   ㉮ 공전(Static)
   ㉯ 접지(Earth)
   ㉰ 본딩(Bonding)
   ㉱ 절제(Temperance)

3. 소화기로 사용되는 질소에 대한 설명으로 틀린 것은?

   ㉮ 중량이 비교적 무겁다.
   ㉯ 불황성가스로 독성이 낮다.
   ㉰ 밀폐된 장소에 사용하면 위험성이 있다.
   ㉱ 질소를 액화하여 저장하는데 -30℃만 유지하면 되기 때문에 모든 항공기에서 사용한다.

4. 미리 설정된 정격값 이상의 전류가 흐르면 회로를 차단하는 것으로 재사용이 가능한 회로보호 장치는?

   ㉮ 퓨즈(Fuse)
   ㉯ 릴레이(Relay)
   ㉰ 서킷 브레이커(Circuit braker)
   ㉱ 서큘라 커넥터(Circular connector)

5. 다음 중 납산 축전지 캡(Cap)의 용도가 아닌 것은?

   ㉮ 외부와 내부의 전선연결
   ㉯ 전해액의 보충, 비중측정
   ㉰ 충전시 발생되는 가스배출
   ㉱ 배면 비행시 전해액의 누설방지

6. 다음 중 항공기의 기관계기만으로 짝지어진 것은?

   ㉮ 회전속도계, 연료유량계, 마하계
   ㉯ 회전속도계, 연료압력계, 승강계
   ㉰ 대기속도계, 승강계, 대기온도계
   ㉱ 연료유량계, 연료압력계, 회전속도계

7. 항공기 유압계통에 사용되는 유체의 힘 전달 방식에 대한 원리는?

   ㉮ 뉴톤의 원리
   ㉯ 파스칼의 원리
   ㉰ 작용 및 반작용의 원리
   ㉱ 베르누이의 정리

8. 제빙부츠를 취급할 때에 주의해야 할 사항으로 틀린 것은?

㉮ 부츠 위에서 연료 호스(Hose)를 끌지 않는다.
㉯ 부츠 위에 공구나 정비에 필요한 공구를 놓지 않는다.
㉰ 부츠를 저장하는 경우 그리스나 오일로 깨끗하게 닦은 다음 기름종이로 덮어둔다.
㉱ 부츠에 흠집이나 열화가 확인되면 가능한 한 빨리 수리하거나 표면을 다시 코팅한다.

9. 위성으로부터 전파를 수신하여 자신의 위치를 알아내는 계통으로서 처음에는 군사 목적으로 이용하였으나 민간여객기, 자동차용으로도 실용화되어 사용 중인 것은?

㉮ 로란(LORAN) ㉯ 오메가(OMEGA)
㉰ 관성항법(IRS) ㉱ 위성항법(GPS)

10. 감도가 20mA 인 계기로 200A 를 측정할 수 있는 내부저항이 10Ω 인 전류계를 만들 때 분류기(Shunt)는 약 몇 Ω 으로 해야 하는가?

㉮ 1 ㉯ 0.1 ㉰ 0.01 ㉱ 0.001

11. 전기 저항식 온도계에서 규정보다 높은 저항의 수감부(Sensing bulb)를 사용했다면 그 지시값은 어떻게 되는가?

㉮ 0을 가리킨다.
㉯ 규정보다 낮아진다.
㉰ 변함이 없다.
㉱ 규정보다 높아진다.

12. 항공계기의 색표지(Color marking)에서 붉은색 방사선이 의미하는 것은?

㉮ 플랩의 조작속도 범위
㉯ 안전운용범위를 표시
㉰ 일반사용범위에서의 경고범위
㉱ 최대 및 최소 운용한계를 표시

13. SELCAL System에 대한 설명 중 가장 관계가 먼 내용은?

㉮ HF, VHF System으로 송·수신된다.
㉯ 지상에서 항공기를 호출하기 위한 장치이다.
㉰ 항공기위험 사항을 알리기 위한 비상호출장치이다.
㉱ 일반적으로 SELCAL Code는 4개의 Code로 만들어져 있다.

14. 광물성 작동유(MIL-H-5606)를 사용하는 유압계통에 장착할 수 있는 O-링의 재질로 가장 적당한 것은?

㉮ 부틸   ㉯ 천연고무
㉰ 테프론   ㉱ 네오프렌고무

15. 다음 중 종합계기 PFD에 지시되지 않은 것은?

㉮ M/B(Marker beacon)
㉯ VHF(Very high frequency)
㉰ ILS(Instrument landing system)
㉱ MDA(Minimum descent altitude)

💡 PFD(primary flight display) 는 기계식 장치였던 ADI에 속도계, 기압고도계, 승강계, 기수방위지시기, 자동조종작동모드표시 등을 한 곳에

집약하여 지시하는 계기로 비행자세지시부, 속도관련지시부, 고도관련지시부 및 기수방위 등을 지시하는 기타지시부로 나누어진다.

16. 다음 중 D급 화재에 대한 설명은?

㉮ 기름에서 일어나는 화재
㉯ 금속물질에서 일어나는 화재
㉰ 나무 및 종이에서 일어나는 화재
㉱ 전기가 원인이 되어 전기 계통에 일어나는 화재

17. 단파(High frequency) 통신에는 안테나 커플러(Antenna coupler)가 장착되어 있는데 이것의 주 목적은?

㉮ 송·수신장치의 방빙효과를 높이기 위하여
㉯ 송·수신장치와 안테나를 직접 연결시키기 위하여
㉰ 송·수신장치에서 주파수의 범위를 넓히기 위하여
㉱ 송·수신장치와 안테나의 전기적인 매칭(Matching)을 위하여

18. CSD(Constant Speed Drive)의 주된 역할에 대한 설명으로 옳은 것은?

㉮ 유압펌프의 회전수 및 압력을 일정하게 한다.
㉯ 연료펌프의 회전수 및 압력을 일정하게 한다.
㉰ 기관의 회전수에 맞추어 발전기 축의 부하를 낮춘다.
㉱ 기관의 회전수에 관계없이 항상 일정한 회전수를 발전기 축에 전달한다.

19. 그림과 같은 델타(△) 결선에서 Rab=5Ω, Rbc=4Ω, Rca=3Ω 일 때 등가인 Y결선 각 변의 저항은 약 몇 Ω 인가?

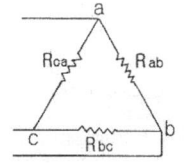 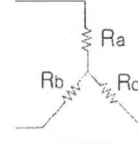

㉮ Ra=0.75,   Rb=1.25,   Rc=1.00
㉯ Ra=1.00,   Rb=1.67,   Rc=1.25
㉰ Ra=1.25,   Rb=1.67,   Rc=0.75
㉱ Ra=1.25,   Rb=1.67,   Rc=1.00

$Z_\Delta = \frac{1}{3} Z_Y = R_{ab} + R_{bc} + R_{ca}$

$R_a = \frac{R_{ab} \times R_{ca}}{Z_\Delta},\ R_b = \frac{R_{bc} \times R_{ab}}{Z_\Delta},\ R_c = \frac{R_{ca} \times R_{bc}}{Z_\Delta}$

20. 공압계통에서 공기저장통 안에 설치되어 수분이나 윤활유가 계통으로 섞여 나가지 않도록 하는 것은?

㉮ 핀   ㉯ 스택 파이프
㉰ 배플   ㉱ 스탠드 파이프

1. ㉰	2. ㉰	3. ㉱	4. ㉰	5. ㉮
6. ㉱	7. ㉯	8. ㉰	9. ㉱	10. ㉱
11. ㉱	12. ㉱	13. ㉰	14. ㉰	15. ㉯
16. ㉯	17. ㉱	18. ㉱	19. ㉱	20. ㉯

2009년도 산업기사 4회 항공장비

1. 유압 계통에서 레저버(Reservoir) 내에 있는 stand pipe의 주된 역할은?

   가. Vent 역할을 한다.
   나. 비상시 작동유의 예비공급 역할을 한다.
   다. 계통 내의 압력 유동을 감소시키는 역할을 한다.
   라. 탱크 내의 거품이 생기는 것을 방지하는 역할을 한다.

2. 항공기 부품을 사용하기 위하여 4셀 14.8V과 2200mAh의 축전지를 사용하였다면 1셀의 전압과 용량으로 옳은 것은?

   가. 3.7V, 2200mAh
   나. 7.4V, 2200mAh
   다. 14.8V, 1100mAh
   라. 14.8V, 2200mAh

3. 대형 제트항공기에서 결빙을 억제하기 위한 법 중 틀린 것은?

   가. 전열선을 사용한다.
   나. 뜨거운 공기를 사용한다.
   다. 부츠의 팽창과 수축을 사용한다.
   라. 습기를 제거하기 위하여 진공장치를 사용한다.

4. Transmitter와 Indicator 양쪽 모두 △ 또는 Y 결선의 Stator와 교류 전자석의 Rotor 사이에서 발생되는 전류와 자장발생에 의해 동조되는 방식의 계기는?

   가. 데신(Desyn)
   나. 마그네신(Magnesyn)
   다. 오토신(Autosyn)
   라. 일렉트로신(Electrosyn)

5. 고도계의 보정(Setting)방법이 아닌 것은?

   가. QNH 보정   나. QNG 보정
   다. QNE 보정   라. QFE 보정

6. 항공기에서 사용되는 공기압 계통에 대한 설명 중 가장 관계가 먼 내용은?

   가. 대형 항공기에는 주로 유압계통에 대한 보조수단으로 사용한다.
   나. 소형 항공기에서는 브레이크장치, 플랩 작동장치 등을 작동시키는데 사용한다.
   다. 적은 양으로 큰 힘을 얻을 수 있고, 깨끗하며 불연성(Non-inflammable)이다.
   라. 공기압의 재활용으로 귀환관이 필요하나 유압계통 보다는 계통이 단순하다.

▶ 공기압 계통
   ① 공기압 계통은 압력 전달 매체로서 공기를 사용하고 비압축성 작동유와 달리 어느 정도 계통의 누설을 허용하더라도 압력 전달에는 큰 영향을 주지 않음.
   ② 공기압 계통은 무게가 가볍고 사용한 공기를 대기 중으로 배출시키므로 공기가 실린

더로 되돌아오는 귀환관이 필요 없어 계통이 단순.
③ 소형 항공기에서는 브레이크 장치나 플랩 작동장치 등을 작동시키는데 사용되고 대형 항공기에서는 착륙장치의 비상 작동장치와 비상 브레이크 작동 장치 및 화물실 도어의 작동 등에 사용.

7. 지자기의 3요소 중 편각에 대한 설명으로 옳은 것은?

가. Flux Valve가 편각을 감지한다.
나. 지자력의 지구수평에 대한 분력을 의미한다.
다. 지자기 자력선의 방향과 수평선 간의 각을 말하며 양극으로 갈수록 90°에 가까워진다.
라. 지축과 지자기축이 서로 일치하지 않음으로서 발생되는 진방위와 자방위의 차이를 말한다.

8. 기본적인 에어 사이클 냉각 계통의 구성으로 옳은 것은?

가. 히터, 냉각기, 압축기
나. 열교환기, 증발기, 히터
다. 압축기, 열교환기, 터빈
라. 바깥공기, 압축기, 엔진브리드공기

9. 객실 여압장치를 통하여 최대운용고도를 유지하고 있는 항공기에서 환기장치를 작동하여 객실 내에 있는 공기를 급격히 배출하였을 때 일어나는 현상으로 옳은 것은?

가. 객실 고도가 올라간다.
나. 객실 압력이 증가한다.
다. 객실 고도가 내려간다.
라. 객실 공기밀도가 증가한다.

10. 교류와 직류의 겸용이 가능하며, 인가되는 전류의 형식에 구애됨이 없이 항상 일정한 방향으로 구동될 수 있는 전기는?

가. Induction motor
나. Universal motor
다. Synchronous motor
라. Reversible motor

11. 자이로의 섭동성을 이용한 것으로 항공기의 선회율을 지시하는 계기는?

가. 자세지시계   나. 선회경사계
다. 마하속도계   라. 방향지시계

12. 전파(Radio Wave)가 공중으로 발사되어 전리층에 의해서 반사되는데 이 전리층을 설명한 내용으로 틀린 것은?

가. 태양에서 발사된 복사선 및 복사 미립자에 의해 대기가 전리된 영역이다.
나. 주간에만 나타나 단파대에 영향이 나타나며 D층에서는 전파가 흡수된다.
다. 전리층이 전파에 미치는 영향은 그 안의 전자 밀도와는 관계가 없다.
라. 전리층의 높이나 전리의 정도는 시각, 계절에 따라 변한다.

13. 다음 중 3Ω의 저항 3개로 서로 직렬 또는 병렬연결 하여 얻을 수 있는 가장 적은 저항값은 몇 Ω 인가?

가. $\frac{1}{3}$ 나. $\frac{2}{3}$
다. 1 라. 3

14. 위성통신장치에서 지상국 시스템의 송신계에 가장 적합한 증폭기는?

가. 저잡음 증폭기 나. 저출력 증폭기
다. 고출력 증폭기 라. 전자 냉각 증폭기

15. 다음 중 화재시 사용되는 소화제로 적당하지 않은 것은?

가. 이산화탄소 나. 물
다. 암모니아가스 라. 하론1211

16. 일반적으로 항공기에서 사용하는 AWG 도선 규격에서 mil의 의미로 옳은 것은?

가. 도선의 지름을 1/1000 인치 단위로 환산한 분자의 수치
나. 도선의 단면적을 1/1000 인치 단위로 환산한 분자의 수치
다. 도선의 지름을 1/1000 인치 단위로 환산하여 분자의 수치를 제곱한 것
라. 도선의 단면적을 1/1000 인치 단위로 환산하여 분자의 수치를 제곱한 것

17. 압력조절기가 너무 빈번하게 작동하는 것을 방지하며, 갑작스럽게 계통압력이 상승할 때 압력을 흡수하는 유압 구성품은?

가. 레저버 나. 체크 밸브
다. 축압기 라. 릴리프 밸브

18. 다음 중 구름이나 비에 대해 반사되기 쉬운 주파수를 이용하여 영상을 만들어 안전 비행을 위하여 기상 상태를 알려주는 항법 시스템은?

가. Localizer 나. Weather Radar
다. Glide Slop 라. Marker Beacon

19. 온도 보상용으로 쓰일 수 있는 소자로 가장 적합한 것은?

가. 바리스터(Varister)
나. 서미스터(Thermister)
다. 제너다이오드(Zener diode)
라. 바렉터다이오드(Varactor diode)

20. 3상 교류발전기에서 발전된 전압을 정의 방향으로 순차적으로 모두 합하면 얼마가 되겠는가?

가. 0 나. 1
다. $\sqrt{3}$ 라. 3

1	2	3	4	5	6	7	8	9	10
나	가	라	다	나	라	라	다	가	나
11	12	13	14	15	16	17	18	19	20
나	다	다	다	다	다	다	나	나	가

2010년도 산업기사 1회 항공장비

1. 객실고도를 옳게 설명한 것은?

㉮ 항공기 내부의 압력을 표준대기 상태의 압력에 해당되는 고도로 표현한다.
㉯ 항공기 내부의 압력을 현 비행 상태의 압력에 해당되는 고도로 표현한다.
㉰ 항공기 외부의 압력을 표준대기 상태의 압력에 해당되는 고도로 표현한다.
㉱ 항공기 외부의 압력을 현 비행 상태의 압력에 해당되는 고도로 표현한다.

2. 항공기를 구성하는 연철과 같은 철재에서 지자기가 감응되어 일시적으로 자기를 띠었다 잃었다 하는 현상에 의해 생기는 오차를 무엇이라고 하는가?

㉮ 반원차   ㉯ 사분원차
㉰ 불이차   ㉱ 와동오차

▶ 자기 컴퍼스의 정적 오차
 ① 반원차 : 항공기에 사용되고 있는 수평 철재 및 전류에 의해서 생기는 오차
 ② 사분원차 : 항공기에 사용되고 있는 수평 철재에 의해서 생기는 오차
 ③ 불이차 : 모든 자방위에서 일정한 크기로 나타나는 오차로 컴퍼스 자체의 제작상 오차 또는 장착 잘못에 의한 오차

3. 탄성 압력계의 수감부 형태에 해당되지 않는 것은?

㉮ 흡입형 압력계
㉯ 부르동형 압력계
㉰ 다이아프램형 압력계
㉱ 벨로우형 압력계

4. 조종실의 온도변화에 따른 속도계 지시 보상방법으로 가장 적합한 것은?

㉮ 진대기 속도값을 이용한다.
㉯ 등가대기 속도값을 이용한다.
㉰ 바이메탈(Bimetal)에 의해서 보상된다.
㉱ 서멀스위치에 의해서 전기적으로 실시된다.

5. 배기가스를 히터로 사용하는 계통에서 부품의 결함을 검사하는 방법으로 가장 효율적인 것은?

㉮ 자기탐상검사를 주기적으로 실시한다.
㉯ 주기적으로 일산화탄소 감지시험을 한다.
㉰ 기관 오버홀시 히터를 새것으로 교환한다.
㉱ 매100시간 마다 배기계통의 부품을 교환한다.

6. 비상시 사용되는 배터리의 DC 전원을 AC 전원으로 전환시켜주는 장치는?

㉮ GPU(Ground Power Unit)
㉯ APU(Auxiliary Power Unit)
㉰ 스태틱 인버터(static Inverter)
㉱ TRU(Transformer Rectifier Unit)

7. 항공기 공압계통에서 스위치의 위치와 밸브의 위치가 일치 했을 때 점등하는 등(Light)은?

㉮ Agreement Light
㉯ Disagreement Light
㉰ Intransit Light
㉱ Condition Light

▶ 공압계통의 스위치와 밸브 위치(condition light)
① intransit light : 스위치의 위치에 관계없이 밸브의 위치가 완전히 열리거나 닫히는 위치 이외에 있을 때
② agreement light : 스위치의 위치와 밸브 위치와 일치했을 때
③ disagreement light : 스위치의 위치와 밸브의 위치가일치하지 않을 때

8. 항공기가 운항하기 위해 필요한 음성 통신을 주로 어떤 장치를 이용하는가?

㉮ GPS 통신장치
㉯ ADF 수신기
㉰ VHF 통신장치
㉱ VOR 통신장치

9. 항공기의 기내 방송(Passenger address) 중 제1순위에 해당되는 것은?

㉮ 기내 음악 방송
㉯ 조종실에서의 방송
㉰ 개별 좌석 방송
㉱ 객실 승무원의 방송

▶ 통화장치의 종류
① 운항 승무원 상호간 통화장치(flight interphone system) : 조종실 내에서 운항 승무원 상호 간의 통화 연락을 위해 각종 통신이나 음성 신호를 각 운항 승무원석에 배분.
② 승무원 상호간 통화장치(service interphone system) : 비행 중에는 조종실과 객실 승무원석 및 갤리(galley)간의 통화 연락을, 지상에서는 조종실과 정비 및 점검상 필요한 기체 외부와의 통화 연락을 하기 위한 장치
③ 객실 통화장치(cabin interphone system) : 조종실과 객실 승무원석 및 각 배치로 나누어진 객실 승무원 상호간의 통화 연락을 하기 위한 장치

10. EICAS(Engine Indication and Crew Alerting System)의 기능이 아닌 것은?

㉮ Engine Parameter를 지시한다.
㉯ 항공기의 각 System을 감시한다.
㉰ Engine 출력을 설정할 수 있다.
㉱ System의 이상상태 발생을 지시한다.

▶ EICAS(engine indication and crew alerting system) : 기관의 각 성능이나 상태를 지시하거나 항공기 각 계통을 감시하고 기능이나 계통에 이상이 발생하였을 경우에는 경고 전달을 하는 장치.

11. 전파의 전달 방법 중 직접파에 대한 설명으로 틀린 것은?

㉮ 직접파의 도달거리는 가시거리 이내이다.
㉯ 송수신 안테나를 높이면 도달거리가 길어진다.
㉰ 송신 안테나로부터 직접 수신안테나에 도달되는 전파이다.
㉱ 송신출력을 2배 높이면 도달거리는 가시거리보다 2배 길어진다.

12. 그림과 같은 회로에서 저항 6Ω 의 양단전압 E는 몇 V 인가?

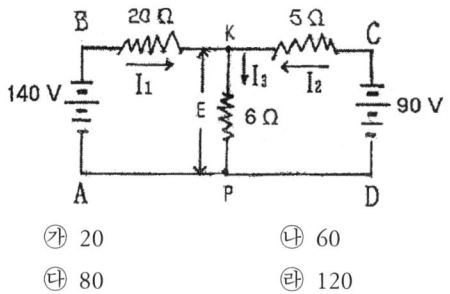

㉮ 20 ㉯ 60
㉰ 80 ㉱ 120

▶ 키르히호프의 법칙
① 키르히호프 제1법칙(KCL : 전류 법칙) : 회로망의 임의의 접속점에서 볼 때, 접속점에 흘러 들어오는 전류의 합은 흘러나가는 전류의 합과 같다는 법칙
② 키르히호프 제2법칙(KVL : 전압 법칙) : 회로망중의 임의의 폐회로 내에서 그 폐회로를 따라 한 방향으로 일주하면서 생기는 전압 강하의 합은 그 폐회로 내에 포함되어 있는 기전력의 합과 같다는 법칙

13. 드레인 포트의 방빙에 대한 설명으로 틀린 것은?

㉮ 드레인 포트의 방빙은 전기적인 방법을 사용한다.
㉯ 드레인 포트르 방빙하는 목적은 외부 온도저하로 포트의 막힘을 방지하기 위해서이다.
㉰ 드레인 포트를 방빙하는 목적은 이물질의 낌현상을 결빙방법으로 제거하기 위해서이다.
㉱ 드레인 포트는 항공기 외부에 수분이 접촉되지 않도록 마스트형의 방출구로 되어 있다.

14. 수평의는 자이로의 어떤 특성을 이용한 것인가?

㉮ 강직성과 관성
㉯ 섭동성과 직립성
㉰ 강직성과 직립성
㉱ 강직성과 섭동성

15. 공압계통에서 릴리프 밸브(Relief Valve)의 압력 조정은 일반적으로 무엇으로 하는가?

㉮ 심(Shim)
㉯ 스크류(Screw)
㉰ 중력(Gravity)
㉱ 드라이브 핀(Drive Pin)

16. 브레이크(Brake) 계통의 유압이 누출될 경우 이것은 무엇에 의해 보상될 수 있는가?

㉮ 연동장치
㉯ Piston Return Spring
㉰ Master Cylinder Reservoir
㉱ Actuating Cylinder Reservoir

17. Y결선 3상 교규발전기의 출력중 임의의 두 개 상전압을 합하면 결과되는 전압은?

㉮ 상전압의 $\sqrt{2}$ 배
㉯ 상전압의 $\sqrt{3}$ 배
㉰ 상전압의 2배
㉱ 영(零)의 전압

▶ 3상 결선
(1) Y결선의 특징
① 선간전압=√3X상전압
② 상전압=선간전압/√3
③ 선전류=상전류
④ 선간전압은 상전압의 위상보다 /6[rad]만큼 위상이 앞선다.
(2) 결선의 특징

① 선간전압=상전압
② 선전류=√3X상전류
③ 상전류=선전류/√3
④ 선전류가 상전류보다 /6[rad]만큼 위상이 뒤진다.

18. 주로 폴리머나 세라믹 소재로 제작되며 미소한 온도 변화에 의해서 전기저항의 변화에 크게 일어나도록 제작된 화재경고장치의 방식은?

㉮ 실버윈(Silver win)식
㉯ 서미스터(Thermistor)식
㉰ 서모커플(Thermocouple)식
㉱ 서멀 스위치(Thermal switch)식

▶ 서미스터
① 열적으로 민감한 저항체에서 이름 붙여진 명칭으로, 일반적으로 망간, 니켈, 코발트 등 수종의 금속의 산화물을 혼합하여 제작.
② 서미스터 온도센서는 온도계수가 음이고 온도의 제곱에 반비례한다. 백금측 온저항체와 비교하면, 10배의 저항 변화가 있고(고감도), 소형이며(즉응성), 저항값이 큰 특징이 있지만, 측정가능 최고 온도가 낮고, 측정가능 최저 온도가 높아 호환성이 없는 등의 결점이 있다.

19. 유압계통에 사용되는 축압기(Accumulator)의 기능에 대한 설명으로 틀린 것은?

㉮ 가압된 작동유를 저장한다.
㉯ 유압계통의 충격압력을 흡수한다.
㉰ 유압계통의 압력의 크기를 조절한다.
㉱ 유압계통의 서징(Surging) 현상을 완화시킨다.

20. 태양의 표면에서 폭발이 일어날 때 방출되는 강한 전자기파들이 D층을 두껍게 하여 국제통신의 파동이 약해져 통신이 두절되는 전파상의 이상 현상은?

㉮ 페이딩 현상   ㉯ 공전현상
㉰ 델린저현상   ㉱ 자기폭풍현상

▶ 전파의 전파에 관한 여러 가지 현상
① 페이딩(Fading) : 수신 전기장의 세기가 둘 이상 경로를 달리하는 전파사이의 간섭 또는 전파 경로의 상태변화 등에 의해서 시간적으로 변동하는 현상
② 에코현상(Echo) : 송신안테나에서 발사된 전파가 수신 안테나에 도달할 때까지 여러가지 통로로 각각의 성분이 도달하는 시간에 약간의 차이가 생겨 같은 신호가 여러 번 되풀이 되는 현상
③ 다중신호(Multiple signal): 송신점에서 하나의 수신점에 도달하는 전파는 여러 개가 있는데 각 전파의 도래 시각이나 도래방향이 다른 것을 다중신호라 한다
④ 자기폭풍(Magnetic storm):태양표면의 폭팔이나 흑점활동이 심할 경우 지구 자기장이 갑자기 비정상적으로 변화
⑤ 델린져현상:(HF대역 통신불가능,20Mhz보다 낮은 주파수통신)

1	2	3	4	5	6	7	8	9	10
㉮	㉯	㉮	㉰	㉰	㉰	㉮	㉰	㉯	㉰
11	12	13	14	15	16	17	18	19	20
㉱	㉯	㉰	㉱	㉯	㉰	㉮	㉯	㉰	㉰

2010년도 산업기사 2회 항공장비

1. 인공위성을 이용하여 통신, 항법, 감시 및 항공관제를 통합 관리하는 항공운항지원시스템의 명칭은?

   ㉮ 위성 항행 시스템
   ㉯ 항공 운행 시스템
   ㉰ 위성 통합 시스템
   ㉱ 항공 관리 시스템

2. 객실 여압계통에서 대기압이 객실안의 기압보다 높은 경우 객실로 자유롭게 들어오도록 사용하는 장치로 진공밸브라고도 하는 것은?

   ㉮ 부압 릴리프 밸브
   ㉯ 객실 하강율 조절기
   ㉰ 압축비 한계 스위치
   ㉱ 슈퍼차져 오버스피드 밸브

   ▶ 객실 압력 안전 밸브
   ① 객실 압력 릴리프 밸브
   ② 부압 릴리프 밸브
   ③ 덤프 밸브

3. 압력조절기에서 킥인(Kick-in)과 킥아웃(Kick-out) 상태는 어떤 밸브의 상호작용으로 하는가?

   ㉮ 체크밸브와 릴리프밸브
   ㉯ 체크밸브와 바이패스밸브
   ㉰ 흐름조절기와 릴리프밸브
   ㉱ 흐름평형기와 바이패스밸브

▶ 압력조절기의 kick-in, kick-out
① kick-in : 계통의 압력이 규정값보다 낮을 때 계통으로 유압을 보내기 위하여 귀환관에 연결된 바이패스 밸브가 닫히고 체크밸브가 열려 있는 상태
② kick-out: 계통의 압력이 규정값보다 높을 때 펌프에서 배출되는 작동유를 계통으로 들어가 열리고 체크 밸르가 닫히는 과정"

4. 다음 중 소형 항공기의 연속 전기부하가 아닌 것은?

   ㉮ 착륙등   ㉯ 기관 계기
   ㉰ VHF 수신기   ㉱ 연료펌프

5. 항공기 기관의 구동축과 발전기축 사이에 장착하여 주파수를 일정하게 만들어주는 장치는?

   ㉮ 출력 구동 장치
   ㉯ 변속 구동 장치
   ㉰ 정속 구동 장치
   ㉱ 주파수 구동 장치

6. 항공기를 지상에서 자차수정 할 때의 주의사항으로 틀린 것은?

   ㉮ 조종계통을 중립위치로 할 것
   ㉯ 항공기를 수평 상태로 유지할 것
   ㉰ 기관계통은 작동 상태로 놓을 것
   ㉱ 전기계통은 OFF 위치에 놓을 것

▶ 자차의 수정

(2) 컴파스 로즈(compass rose)를 건물에서 50m, 타 항공기에서 10m 떨어진 곳에 설치
(3) 항공기의 자세는 수평, 조종 계통 중립, 모든 기내의 장비는 비행상태로 유지
(4) 엔진은 가능한 한 작동
(5) 컴퍼스 로즈(compass rose)의 중심에 항공기를 위치시키고, 항공기를 회전시키면서 컴퍼스 로즈와 자기 컴퍼스 오차를 측정하여 비자성 드라이버로 돌려 수정.

7. 다음 중 항공기의 내부조명등에 해당하지 않는 것은?

㉮ 계기등 ㉯ 객실 조명등
㉰ 항법등 ㉱ 화물실 조명등

8. 전기저항식 온도계의 온도 수감부(Temperature bulb)가 단선되었을 때 지시값의 변화로 옳은 것은?

㉮ 단선 직전의 값을 지시한다.
㉯ 지시계의 지침은 0 값을 지시한다.
㉰ 지시계의 지침은 저온측의 최소값을 지시한다.
㉱ 지시계의 지침은 고온측의 최대값을 지시한다.

● 전기 저항식 온도계
① 금속은 온도가 증가하면 저항이 증가하는데 이 저항에 의한 전류를 측정함으로써 온도 측정
② 외부 대기온도, 기회기의 공기온도, 윤활유 온도, 실린더 헤드 등의 측정에 사용.

9. 항공기에 사용되는 축전지의 충전에 대한 설명으로 옳은 것은?

㉮ 정전류 충전법은 병렬연결을 기본으로 한다.
㉯ 정전압 충전법은 직렬연결을 기본으로 한다.
㉰ 납축전지는 전해액의 비중으로 충전상태를 알 수 있다.
㉱ 정전압 충전법은 충전 완료시기를 예측할 수 있는 장점이 있다.

● 축전지의 충전방법
① 정전압 충전법 : 충전 완료시간을 알 수 없고, 여러 개의 축전지를 동시에 충전할 경우 용량에 관계없이 병렬로 연결하여 사용
② 정전류 충전법 : 축전지의 요구사항에 대하여 충전율을 조절할 수 있고, 여러 개의 축전지를 충전할 경우 전압에 구애받지 않고 직렬로 연결하여 사용하고 충전 완료시간을 알 수 있으나 지나치면 과충전될 우려가 있음.

10. 항공기 전기, 전자 장비품을 전기적으로 본딩(Bonging)하는 이유로 옳은 것은?

㉮ 이,착륙시 진동을 흡수하게 하기 위해서
㉯ 정전하(Static Charge)의 축적을 허용하기 위하여
㉰ 항공기 장비품의 구조를 보완하고 진동을 줄이기 위해
㉱ 전기, 전자 장비품에 대전되어 있는 정전기를 방전하기 위하여

● 본딩 와이어
① 양단간의 전위차를 제거해 줌으로써 정전기 발생을 방지
② 전기회로의 접지회로로서 저 저항 형성
③ 무선 방해를 감소하고 계기의 지시 오차를 제거
④ 화재의 위험성이 있는 항공기 각 부분간의 전위차 제거

11. 다음 전기회로에서 총저항과 축전지가 부담하는 전류는 각각 얼마인가?

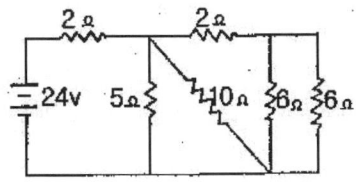

㉮ 2, 12A   ㉯ 4Ω, 8A
㉰ 4, 6A   ㉱ 6Ω, 4A

12. 항공기 계기에 대한 설명으로 틀린 것은?

㉮ 선회계는 섭동성만을 이용한 계기이다.
㉯ 방향지시계는 강직성을 이용한 계기이다.
㉰ 수평지시계는 기수 방향에 대한 수직인 자이로 축을 갖고 있다.
㉱ 회전체의 회전수를 지시하는 계기는 강직성과 섭동성을 모두 이용한 계기이다.

13. 다음 중 피토압에 영향을 받지 않는 계기는?

㉮ 속도계   ㉯ 고도계
㉰ 승강계   ㉱ 선회 경사계

14. 신호에 따라 반송파의 진폭을 변화시키는 변조방식은?

㉮ PCM 방식   ㉯ FM 방식
㉰ AM 방식   ㉱ PM 방식

15. 활주로 진입로 상공을 통과하고 있다는 것을 조종사에게 알리기 위한 지시장치는?

㉮ 대지접근경보장치(GPWS)
㉯ 로컬라이저(Localizer)
㉰ 마커 비콘(Marker beacon)
㉱ 글라이드 슬로프(Glide slope)

● 계기 착륙장치(instrument landing system)
ILS는 수평 위치를 알려주는 로컬라이저(localizer)와 활강 경로, 즉 하강 비행각을 표시해주는 글라이더 슬로프(glide slope), 거리를 표시해주는 마커 비컨(marker beacon)으로 구성된다.

16. 대기 속도계의 색표시에서 플랩을 조작하는 것과 가장 관계가 깊은 색은?

㉮ 녹색   ㉯ 황색
㉰ 백색   ㉱ 적색

17. 작동유의 점성이 클수록 흐름과 압력손실은 각각 어떠한가?

㉮ 흐름은 느리고 압력손실은 크다.
㉯ 흐름은 느리고 압력손실은 작다.
㉰ 흐름은 빠르고 압력손실은 크다.
㉱ 흐름은 빠르고 압력손실은 작다.

● 작동유의 성질
①윤활성이 우수할 것 ②점도가 낮을 것 ③화학적 안정성이 높을 것 ④인화점이 높을 것 ⑤발화점이 높을 것 ⑥부식성이 낮을 것 ⑦체적계수가 클 것 ⑧거품성 기포가 잘 발생하지 않을 것 ⑨독성이 없을 것 ⑩열전도율이 좋을 것

18. 비행상태에 따른 객실고도에 대한 설명으로 틀린 것은?

㉮ 착륙시 지상고도와 일치시킨다.
㉯ 순항시 객실고도는 8500ft를 유지한다.
㉰ 하강시 객실고도는 일정비율로 감소시킨다.
㉱ 상승시 객실고도는 일정비율로 증가시킨다.

▶ 객실고도
객실 안의 기압에 해당되는 고도를 객실고도로 미연방항공국의 규정에 의하면 고고도를 비행하는 항공기는 객실 내의 압력을 8000ft에 해당하는 기압으로 유지하도록 하고 있다

19. 다음 중 공기식 제빙장치가 사용되는 곳이 아닌 곳은?

㉮ 조종날개
㉯ 수직 안정판 앞전
㉰ 날개 앞전
㉱ 프로펠러 깃의 앞전

▶ 프로펠러의 방빙 및 제빙
① 화학적 방법으로는 이소프로필 알코올과 에틸렌글리콜과 알코올을 섞은 용액을 사용하며 프로펠러의 회전부분에는 슬리거 힐을 장착하고 각 블레이드 앞전에는 홈이 있는 슈를 붙이고 방빙액이 이것을 따라 흘러 방빙
② 전기적인 방법에는 블에이드 앞전 부분에 전열선을 붙이고 슬립 링과 브러시를 통하여 블레이드에 전력을 공급하여 제빙

20. 면적이 2in2인 A 피스톤과 10in2인 B 피스톤을 가진 실린더가 유체역학적으로 서로 연결되어 있을 경우 A 피스톤에 20lbs 의 힘이 가해질 때 B 피스톤에 발생되는 압력은 몇 psi 인가?

㉮ 5　　　　㉯ 10
㉰ 20　　　㉱ 100

1	2	3	4	5	6	7	8	9	10
㉮	㉮	㉯	㉱	㉰	㉱	㉰	㉱	㉰	㉱
11	12	13	14	15	16	17	18	19	20
㉰	㉱	㉱	㉰	㉰	㉮	㉯	㉱	㉯

2010년도 산업기사 4회 항공장비

1. 그림에서 압력계에 나타나는 압력은 몇 kgf/cm² 인가?

   (단, A측의 단면적은 2cm², B측은 10cm²이며, A측에 작용하는 힘은 50kgf, B측은 250kgf 이다.)

   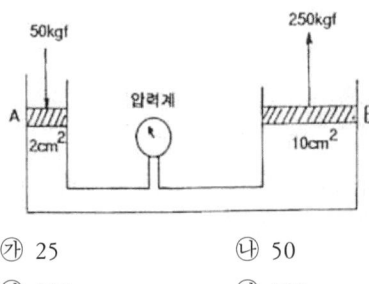

   ㉮ 25 ㉯ 50
   ㉰ 100 ㉱ 250

2. 항공기에 많이 사용되는 납축전지의 전압과 셀의 수를 옳게 짝지은 것은?

   ㉮ 12V - 2개, 24V - 4개
   ㉯ 12V - 4개, 24V - 8개
   ㉰ 12V - 6개, 24V - 12개
   ㉱ 12V - 12개, 24V - 24개

3. 대기속도계의 배관 누설시험 방법으로 가장 옳은 것은?

   ㉮ 정압공에 부압, 피토관에 정압을 준다.
   ㉯ 정압공에 정압, 피토관에 부압을 준다.
   ㉰ 정압공 및 피토관 모두에 부압을 준다.
   ㉱ 정압공 및 피토관 모두에 정압을 준다.

● 피토 정압계통의 시험 및 작동점검
  피토 정압 시험시(MB-1 tester)를 사용하여 피토 정압계통이나 계기 내의 공기 누설을 점검하며 탑재된 속도계와 고도계의 눈금 오차도 동시에 시험할 수 있고 피토 정압 계기의 마찰 오차시험, 고도계의 오차시험, 승강계의 0점 보정 및 지연시험, 그리고 속도계의 오차 시험 등을 실시

4. 배터리 터미널(Terminal)에 부식을 방지하기 위한 방법으로 가장 옳은 것은?

   ㉮ 증류수로 씻어낸다.
   ㉯ 터미널에 납땜을 한다.
   ㉰ 터미널에 페인트로 얇은 막을 만들어 준다.
   ㉱ 터미널에 그리스(Grease)로 얇은 막을 만들어 준다.

5. 압력을 기계적 변위로 변환하는 것이 아닌 것은?

   ㉮ 벨로우 ㉯ 다이아프램
   ㉰ 브르돈 튜브 ㉱ 차동 싱크로

6. 승강계의 모세관 저항이 커짐에 따라 계기의 감도와 지시지연은 어떻게 변화하는가?

   ㉮ 감도는 증가하고 계기의 지시 지연도 커진다.
   ㉯ 감도는 증가하고 계기의 지시 지연은

작아진다.
㉰ 감도는 감소하고 계기의 지시 지연은 커진다.
㉱ 감도는 감소하고 계기의 지시 지연도 작아진다.

7. 병렬 운전하는 교류 발전기의 유효 출력은 무엇에 의해서 제어되는가?

㉮ 발전기의 여자 전류
㉯ 발전기의 출력 전압
㉰ 발전기의 출력 전류
㉱ 정속 구동 장치(CSD)의 회전수

▶ 정속 구동장치(CSD ; constant speed drive)
① 교류 발전기에서 기관의 구동축과 발전기축 사이에 장착되어 기관의 회전수에 상관없이 일정한 주파수를 발생.
② 교류 발전기를 병렬 운전할 때 각 발전기에 부하를 균일하게 분담시켜 주는 역할.

8. 장시간 사용하지 않고 저장되었던 니켈-카드뮴 축전지의 전해액 높이에 대한 설명으로 옳은 것은?

㉮ 정상보다 낮게 나타낸다.
㉯ 정상보다 높게 나타낸다.
㉰ 정상 상태의 높이를 나타낸다.
㉱ 온도에 따라서 높게 또는 낮게 나타낸다.

9. 항공기 사고원인 규명 또는 사고 대비를 위한 장치가 아닌 것은?

㉮ CVR   ㉯ GPS
㉰ ELT   ㉱ DFDR

10. 정전 용량식 액량계에서 사용되는 콘덴서의 용량과 가장 관계가 먼 것은?

㉮ 극판의 넓이
㉯ 중간 매개체의 유전율
㉰ 극판간의 거리
㉱ 중간 매개체의 절연율

▶ 전기 용량식(electric capacitance type) 액량계
① 고공 비행하는 제트 항공기에 사용되는 것으로 연료의 양을 무게로 지시
② 액체의 유전율과 공기의 유전율이 서로 다른 것을 이용하여 연료탱크 내의 축전지의 극 판사이의 연료의 높이에 따른 전기 용량으로 연료의 부피를 측정하고 여기에 밀도를 곱하여 무게로 지시
③ 전원은 115V, 400Hz 단상 교류 사용.

11. 항공기에서 객실 공기압력 진공 릴리프 밸브를 사용하는 때는?

㉮ 객실압력이 외부압력 보다 높을 때
㉯ 객실압력이 진공상태가 되었을 때
㉰ 객실압력을 진공상태로 유기할 때
㉱ 외부압력이 객실압력보다 높을 때

12. 항공기 유압회로에 퍼지밸브(Purge valve)의 기능은?

㉮ 회로내에 오염된 기름을 제거한다.
㉯ 회로내에 부족한 압력을 보상시킨다.
㉰ 회로내에 유입된 공기를 배출시킨다.
㉱ 회로내에 과대한 압력을 귀환회로로 보낸다.

▶ 퍼지 밸브
항공기 비행의 자세의 흔들림이나 온도의 상승으로 인하여 펌프의 공급관과 출구 쪽에 거품이 생긴 작동유를 레저버로 배출되게 하여 공기를 제거하는 밸브

13. A.C.M 에서 수분 분리기의 주된 역할은?

㉮ 공기와 수분을 분리한다.
㉯ 공기의 습도를 조절한다.
㉰ 수분을 객실내에 공급한다.
㉱ 기체내부의 결로현상을 방지한다.

▶ 수분분리기
항공기의 pneumatic manifold에서 공기는 ACM 의 turbine을 통과하면서 공기는 저온, 저압의 상태이며 수분 분리기를 지나면서 수분이 제거되고 더운 공기와 혼합되어 객실 내부로 공급.

14. 항공기 VHF 통신 장치에 관한 설명 중 틀린 것은?

㉮ 근거리 통신에 이용된다.
㉯ vhf 통신 채널 간격은 30kHz 이다.
㉰ 수신기에는 잡음을 없애는 스퀠치회로를 사용하기도 한다.
㉱ 국제적으로 규정된 항공 초단파 통신주파수 대역은 108 ~ 136MHz 이다.

▶ 통신장치
(1) HF 통신장치
  ① VHF 통신장치의 2차 통신 수단이며 주로 국제 항공로 등의 원거리 통신에 사용
  ② 사용 주파수 범위는 3~30MHz
(2) VHF 통신장치
  ① 국내 항공로 등의 근거리 통신에 사용
  ② 사용 주파수 범위는 30~300MHz이며 항공 통신 주파수 범위는 118~136.975MHz

15. 전파고도계(Radio Altimeter)에 대한 설명으로 틀린 것은?

㉮ 전파고도계는 지형과 항공기의 수직거리를 나타낸다.
㉯ 항공기 착륙에 이용하는 전파 고도계의 측정범위는 0 ~ 2500 ft 정도이다.
㉰ 절대고도계라고도 하며, 높은 고도용의 FM형과 낮은 고도용의 펄스형이 있다.
㉱ 항공기에서 지표를 향해 전파를 발사하여, 그 반사파가 되돌아올 때 까지의 시간을 측정하여 고도를 표시한다.

▶ 전파 고도계(radio altimeter)
① 항공기에서 전파를 대지를 향해 발사하고 이 전파가 대지를 향해 반사되어 돌아오는 신호를 처리함으로써 항공기와 대지 사이의 절대 고도를 측정
② 고도가 낮으면 펄스가 겹쳐서 정확한 측정이 곤란하기 때문에 비교적 높은 고도에서는 펄스 고도계가 사용
③ 저고도용에는 FM형 절대 고도계가 사용되며 측정범위는 0~2500 ft이다.

16. 항공기에서 직류를 교류로 변환시켜 주는 장치는?

㉮ 정류기(Rectifier)
㉯ 인버터(Inverter)
㉰ 컨버터(Converter)
㉱ 변압기(Transformer)

17. 다음 중 유압작동 피스톤의 작동속도를 증가시키는 것은?

㉮ 공급유량 감소
㉯ 펌프 회전수 증가
㉰ 작동 실린더의 직경 증가
㉱ 작동 실린더의 tm트로크(stroke) 감소

18. 여압 계통기에 대한 설명으로 틀린 것은?

㉮ 여압의 비율과 객실고도는 조종실에서 설정이 가능하며 최대 차압의 설정은

조절기로 행해진다.
㈏ 자동조절에서 기체가 지상에 있으면 여 압제어밸브는 열려 있다.
㈐ 최대 차압이 큰 기체 일수록 객실 고도는 높아진다.
㈑ 객실여압 중 급격한 강하를 하면 외기압보다 객실 압력이 낮아진다.

● 비행고도와 객실고도
실제 비행하는 고도의 대기압과 객실 안의 기압이 서로 다른데 실제 비행하는 고도를 비행고도라 하고 객실 안의 기압에 해당되는 기압고도를 객실고도라 함. 비행고도와 객실고도와의 차이로 인하여 기체 외부와 내부에는 다른 압력이 작용하는데 이를 차압이라 하며 비행기 구조가 견딜 수 있는 차압은 설계할 때에 설정된다

19. 수평의(VG)의 자이로 축에 발생하는 오차에 대한 설명으로 가장 옳은 것은?

㈎ 항공기가 가속, 감속하면 오차가 생기지만 선회에 의해서는 오차가 생기지 않는다.
㈏ 항공기가 가속, 감속 그리고 선회시 모두 오차를 일으킨다.
㈐ 항공기가 가속, 감속, 선회시에는 오차가 생기지 않는다.
㈑ 항공기가 가속, 감속에서는 오차가 생기지 않지만 선회시에는 오차가 생긴다.

● 자이로 계기
① 선회계(turn indicator)
② 방향 자이로 지시계
   (directional gyro indicator, 정침의)
③ 자이로 수평지시계
   (gyro horizon indicator, 인공 수평의)
④ 경사계(bank indicator)

20. 적절한 기관 추력 세팅을 위한 온도에 대한 정보를 조종사에게 제공하는 계기는?

㈎ TAT   ㈏ VSI
㈐ LRRA ㈑ DME

1	2	3	4	5	6	7	8	9	10
㈎	㈐	㈎	㈑	㈑	㈎	㈑	㈎	㈏	㈑
11	12	13	14	15	16	17	18	19	20
㈑	㈐	㈎	㈏	㈐	㈏	㈏	㈐	㈏	㈎

2011년도 산업기사 1회 항공장비

1. 글라이드 슬로프(Glide slope)의 주파수는 어떻게 선택하는가?

㉮ VOR 주파수 선택시 자동 선택됨
㉯ DME 주파수 선택시 자동 선택됨
㉰ VHF 주파수 선택시 자동 선택됨
㉱ LOC 주파수 선택시 자동 선택됨

▶ 글라이드 슬로프 수신기
VHF 항법용 수신장치에서 로컬라이저 주파수를 선택할 때 동시에 글라이드 슬로프 주파수가 선택.

2. SSB 통신 방식의 장점이 아닌 것은?

㉮ 소비전력이 적다.
㉯ 주파수 이용효율이 높다.
㉰ 변조 전력이 적기 때문에 변조기가 소형이다.
㉱ 송신 장치와 수신 장치가 간단하고 가격이 저렴하다.

▶ SSB:(single side band) 장점
① 점유주파수 대역폭이 1/2로 감소
② 송신전력이 DSB방식보다 적다
③ 페이딩의 영향이 적다
④ 수신기 출력에서 신호대 잡음비(S/N)이 개선 비트(Beat)의 방해가 일어나지 않는다.
⑤ DSB방식보다 소형제작이 가능
⑥ 회로구성이 DSB보다 복잡하여 비싸다.(단점)

3. 항공기의 시동용 전동기에 가장 적합한 전동기의 형식은?

㉮ 분권식   ㉯ 직권식
㉰ 복권식   ㉱ 스플릿(Split)식

4. 화재탐지장치 중 온도상승을 바이메탈(Bimetal)로 탐지하는 것은?

㉮ 용량형(Capacitance Type)
㉯ 서머커플형(Thermo Couple Type)
㉰ 저항루프형(Resistance Loop Type)
㉱ 서멀스위치형(Thermal Switch Type)

5. 대형 항공기 공압계통에서 공통 매니폴드에 공급되는 공기 공급원의 종류가 아닌 것은?

㉮ 터빈기관의 압축기(Compressor)
㉯ 전기 모터로 구동되는 압축기
   (Electric motor compressor)
㉰ 기관으로 구동되는 압축기
   (Super charger)
㉱ 그라운드 뉴메틱 카트
   (Ground pneumatic cart)

6. 관성항법장치(INS)에서 안정대(Stable platform) 위에 가속도계를 설치하는 주된 이유는?

㉮ 지구자전을 보정하기 위하여
㉯ 각가속도도 함께 측정하기 위하여
㉰ 항공기에서 전해지는 진동을 차단하기 위하여
㉱ 가속도를 적분하기 위한 기준좌표계를 이용하기 위하여

7. 항공기에서 사용된 물을 방출하는 드레인 마스트(Drain mast)의 방빙 방법은?

㉮ 마스트 주변에 알코올을 분사한다.
㉯ 마스트 주변에 배기가스를 공급하여 방빙한다.
㉰ 마스트 주변의 파이프에 제빙부츠를 장착하여 이용한다.
㉱ 항공기가 지상에 있을 때는 저전압, 비행 중에는 고전압을 공급하는 전기히터를 이용한다.

▶ 관성항법장치의 구성
가속도계, 적분기, 플랫폼(Platform), 짐벌(gimbal) 기구

8. 축전지의 충전 방법과 [보기]의 설명이 옳게 짝 지어진 것은?

| A. 충전 완료 시간을 미리 예측할 수 있다. |
| B. 충전 시간이 길고 폭발의 위험성이 있다. |
| C. 일정 시간 간격으로 충전 상태를 확인한다. |
| D. 초기 과도한 전류로 극판 손상의 위험이 있다. |

㉮ 정전류 충전 - A,B 정전압 충전 - C,D
㉯ 정전류 충전 - A,C 정전압 충전 - B,D
㉰ 정전류 충전 - B,C 정전압 충전 - A,D
㉱ 정전류 충전 - C,D 정전압 충전 - A,B

9. 계기의 색표지 중 흰색 방사선의 의미는?

㉮ 안전 운용 범위
㉯ 최대 및 최소 운용 한계
㉰ 플랩 조작에 따른 항공기의 속도 범위
㉱ 유리판과 계기케이스의 미끄럼방지 표시

10. 위성항법장치를 이용하여 항공기의 위치와 고도를 알기위해서 최소 몇 개의 위성이 필요한가?

㉮ 2개   ㉯ 3개
㉰ 4개   ㉱ 5개

▶ 위성 항법 장치
① GPS(global positioning system)
② INMARSAT
   (international marine satellite organization)
③ GLONASS(global navigation satellite system)

11. 대형 항공기에서 직류보다 교류를 많이 사용하는 이유가 아닌 것은?

㉮ 전압의 변화를 쉽게 할 수 있다.
㉯ 브러쉬 없는 전동기를 사용할 수 있다.
㉰ 같은 용량에서 볼 때 전선의 무게를 줄일 수 있다.
㉱ 유도작용으로 무선통신설비에 잡음 등의 장애를 줄여준다.

12. 감도가 10mA이고 내부저항이 2Ω인 계기로 50V까지 측정할 수 있는 전압계를 만들기 위해서 배율기는 몇 Ω으로 해야 하는가?

㉮ 4.998   ㉯ 49.98
㉰ 499.8   ㉱ 4998

13. 다음 중 공함을 이용한 계기가 아닌 것은?

㉮ 고도계   ㉯ 속도계
㉰ 동조계   ㉱ 승강계

14. 객실여압 계통의 아웃플로우 밸브(Outflow Valve)의 가장 기본적인 기능은?

㉮ 객실의 온도 조절
㉯ 객실의 균형 조절
㉰ 객실의 습도 조절
㉱ 객실의 압력 조절

▶ outflow valve
동체의 여압을 위해 객실의 공기를 밖으로 배출시키는 밸브로 소형기에는 한 개의 outflow valve를, 대형기에는 두 개의 outflow valve를 사용하여 필요한 공기의 유출량을 얻기 위해 사용.

15. 비행 중에는 사용하지 않고 정비를 위한 통화 목적으로 사용하는 Interphone System 은?

㉮ Flight Interphone
㉯ Cabin Interphone
㉰ Service Interphone
㉱ Galley 와 Galley 상호간 통화

16. 발전기의 병렬운전 조건으로 옳은 것은?

㉮ 전압, 전류, 상이 같아야 한다.
㉯ 전압, 주파수, 상이 같아야 한다.
㉰ 전압, 주파수, 출력이 같아야 한다.
㉱ 전압, 주파수, 전류가 같아야 한다.

17. 다음 중 보조동력장치(APU)가 오일계통의 잘못으로 FAULT LIGHT가 점등되는 경우가 아닌 것은?

㉮ 오일량 부족
㉯ 오일 온도 초과
㉰ 오일 압력 저하
㉱ 오일 밀도 상승

18. 코일로부터의 유도에 의한 와전류를 이용한 스위치는?

㉮ 토글 스위치(Toggle switch)
㉯ 릴레이 스위치(Relay switch)
㉰ 마이크로 스위치(Micro switch)
㉱ 근접 스위치(Proximity switch)

19. 브레이크를 작동할 때 일시적으로 작동유의 공급량을 증가시켜 신속하게 제동되도록 하는 장치는?

㉮ 퍼지밸브(Purge Valve)
㉯ 디부스터밸브(Debooster Valve)
㉰ 프라이오리티밸브(Priority Valve)
㉱ 감압밸브(Pressure Reducing Valve)

20. 직류를 교류로 변환시키는 장치는?

㉮ 인버터
㉯ DC 발전기
㉰ 컨버터
㉱ 바이브레이터

1	2	3	4	5	6	7	8	9	10
라	나	라	나	라	라	라	가	라	다
11	12	13	14	15	16	17	18	19	20
라	라	다	라	다	나	라	라	나	가

2011년도 산업기사 2회 항공장비

1. Pitot-Static & Temperature Probe Anti-Icing System 에 결빙이 생기지 않도록 이용되는 것은?

   ㉮ Patch Heater
   ㉯ Electric Heater
   ㉰ Gasket Heater
   ㉱ Hot Pneumatic Air

2. 다음 중 VHF 계통의 구성품이 아닌 것은?

   ㉮ 조정 패널 ㉯ 안테나
   ㉰ 송·수신기 ㉱ 안테나 커플러

   ▶ VHF 통신장치
   조정 패널, 송·수신기, 안테나로 구성.

3. 압력조절기가 너무 빈번하게 작동하는 것을 방지하며, 갑작스럽게 계통압력이 상승할 때 압력을 흡수하는 유압 구성품은?

   ㉮ 레저버 ㉯ 체크 밸브
   ㉰ 축압기 ㉱ 릴리프 밸브

4. 정전용량 $10\mu F$, 인덕턴스 0.01H, 저항 5Ω이 직렬로 연결된 교류회로가 공진이 일어났을 때 전원전압이 20V라면 전류는 몇 A 인가?

   ㉮ 2 ㉯ 3
   ㉰ 4 ㉱ 5

5. 항공기 소화기의 소화제로 사용되는 질소에 대한 설명으로 틀린 것은?

   ㉮ 중량이 비교적 무겁다.
   ㉯ 불활성가스로 독성이 낮다.
   ㉰ 밀폐된 장소에 사용하면 위험성이 있다.
   ㉱ 질소를 액화하여 저장하는데 -30℃ 만 유지하면되기 때문에 모든 항공기에서 사용한다.

6. 일반적으로 니켈-카드뮴 축전지의 1셀당 기전력은 약 몇 V 인가?

   ㉮ 0.2 ㉯ 1.0
   ㉰ 1.2 ㉱ 2.4

7. 유압 작동유 중 붉은색이며, 인화점이 낮아 항공기 유압계통에는 사용되지 않고 착륙장치의 완충기에 사용되는 작동유는?

   ㉮ 식물성유 ㉯ 합성유
   ㉰ 광물성유 ㉱ 동물성유

   ▶ 광물성유
   원유로 제조되며 붉은색이며 광물성유의 사용 온도 범위는 -54℃~ 71℃으로 인화점이 낮아 과열되면 화재의 위험이 있어 현재 항공기의 유압계통에는 사용되지 않으나 착륙장치의 완충기나 소형 항공기의 브레이크 계통에 사용되고 합성 고무실을 사용한다.

8. 관성항법장치에서 항공기의 방향, 진행 속도 및 위치를 계산하는 것은?

   ㉮ 가속도계와 로란
   ㉯ 가속도계와 도플러
   ㉰ 자이로와 도플러
   ㉱ 자이로와 가속도계

▶ 관성 항법 장치의 특징
   ①완전한 자립 항법 장치로서 지상 보조 시설이 필요없다. ②항법 데이터(위치, 방위, 자세, 거리)등이 연속적으로 얻어진다. ③조종사가 조작할 수 있으므로 항법사가 필요하지 않다.

9. 비상조명계통(Emergency light system)에 대한 설명으로 옳은 것은?

   ㉮ 비상조명계통은 비행시에만 작동된다.
   ㉯ 비행시 비상조명스위치의 정상위치는 On 위치이다.
   ㉰ 비상조명스위치는 off, Test, Arm, On 의 4Position Toggle Switch 이다.
   ㉱ 항공기에 전기공급을 차단할 때는 비상조명스위치를 Off에 선택해야 배터리의 방전을 방지할 수 있다.

10. 고도계의 오차 중 탄성오차에 대한 설명으로 틀린 것은?

    ㉮ 재료의 피로현상에 의한 오차이다.
    ㉯ 백래시(Backlash)에 의한 오차이다.
    ㉰ 크리프(Creep) 현상에 의한 오차이다.
    ㉱ 온도변화에 의해서 탄성계수가 바뀔 때의 오차이다.

11. 그림과 같은 Wheatstone bridge가 평형이 되려면 X의 저항은 몇 Ω 이 되어야 하는가?

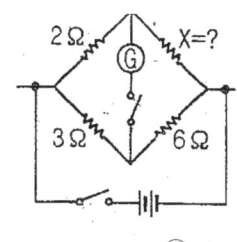

   ㉮ 3   ㉯ 4
   ㉰ 5   ㉱ 6

12. 마커 비컨(Marker beacon)에서 Inner marker 의 주파수와 등 (Light)의 색은?

    ㉮ 1300Hz, White   ㉯ 3000Hz, White
    ㉰ 1300Hz, Amber   ㉱ 3000Hz, Amber

13. 항공계기와 그 계기에 사용되는 공함이 옳게 짝지어진 것은?

    ㉮ 고도계-진공 공함, 속도계-차압 공함
    ㉯ 고도계-진공 공함, 속도계-진공 공함
    ㉰ 고도계-차압 공함, 속도계-진공 공함
    ㉱ 고도계-차압 공함, 속도계-차압 공함

14. 다음 중 지상원조 시설이 필요한 항법 장치는?

    ㉮ 오메가 항법
    ㉯ 도플러레이더
    ㉰ 관성항법장치
    ㉱ 펄스식 전파고도계

15. 미국 연방항공국(FAA)의 규정에 명시된 고고도 비행항공기의 객실고도는 약 몇 ft인가?

    ㉮ 6000   ㉯ 7000
    ㉰ 8000   ㉱ 9000

16. 솔레노이드 코일의 자계세기를 조정하기 위한 요소가 아닌 것은?
   ㉮ 철심의 투자율
   ㉯ 전자석의 코일 수
   ㉰ 도체를 흐르는 전류
   ㉱ 솔레노이드 코일의 작동 시간

17. 20해리(Nautical mile) 떨어진 물체를 레이더가 감지하는데 걸리는 시간은 약 몇 μs인가?
   ㉮ 247   ㉯ 124
   ㉰ 12   ㉱ 6

18. 다음 중 교류 전동기가 아닌 것은?
   ㉮ 직권 전동기   ㉯ 동기 전동기
   ㉰ 유도 전동기   ㉱ 유니버설 전동기

   ▶ 교류 전동기의 종류
      ① 교류 정류자 전동기(universal motor)
      ② 유도 전동기(induction motor)
      ③ 동기 전동기(synchronous motor)

19. 주전원이 직류인 항공기에서 교류를 얻기 위해서 사용되고, 교류가 주전원인 경우에는 비상 교류전원으로 사용되는 장치는?
   ㉮ 정류기   ㉯ 감쇠변압기
   ㉰ 인버터   ㉱ 교류 전압 조절기

20. 항공기 비행 상태를 알기위한 목적으로 고도, 속도 자세 등을 지시하는 항공계기는?
   ㉮ 비행계기   ㉯ 기관계기
   ㉰ 항법계기   ㉱ 통신계기

1	2	3	4	5	6	7	8	9	10
㉯	㉱	㉰	㉰	㉱	㉯	㉱	㉯	㉱	㉯
11	12	13	14	15	16	17	18	19	20
㉯	㉯	㉮	㉮	㉰	㉱	㉮	㉮	㉰	㉮

2011년도 산업기사 4회 항공장비

1. 고도계에서 압력을 증가시켰다 다시 감소하면 출발점을 전후한 위치에서 오차가 발생하는데 이를 무엇이라 하는가?
   - ㉮ 잔류효과
   - ㉯ DRIFT
   - ㉰ 온도오차
   - ㉱ 밀도오차

   ▶ 고도계의 탄성오차
   히스테리시스(hisrterisis), 편위(drift), 잔류 효과(after effect)와 같이 일정한 온도에서의 탄성체 고유의 오차로서 재료의 특성 때문에 발생

2. 항공기 유압계통에서 축압기(Accumulator)의 사용 목적으로 틀린 것은?
   - ㉮ 비상용 압력원으로 사용하기 위하여
   - ㉯ 계통 작동시 충격 완화 역할을 위하여
   - ㉰ 펌프 출력 유압유의 맥동 방지를 위하여
   - ㉱ 유압유 내에 있는 공기를 저장하기 위하여

3. 항공기에서 사용되는 공기압 계통에 대한 설명 중 가장 관계가 먼 내용은?
   - ㉮ 공기압의 재활용으로 귀환관이 필요하나 유압계통보다는 계통이 단순하다.
   - ㉯ 소형 항공기에서는 브레이크장치, 플랩 작동장치 등을 작동시키는데 사용한다.
   - ㉰ 적은 양으로 큰 힘을 얻을 수 있고, 깨끗하며 불연성(Non-inflammable)이다.
   - ㉱ 대형 항공기에는 주로 유압계통에 대한 보조수단으로 사용한다.

4. 지자기의 3요소 중 복각에 대한 설명으로 옳은 것은?
   - ㉮ 지자력의 지구 수평에 대한 분력을 의미한다.
   - ㉯ 지자기 자력선의 방향과 수평선 간의 각을 말하며, 양극으로 갈수록 90°에 가까워진다.
   - ㉰ 지축과 지자기축이 서로 일치하지 않음으로써 발생되는 진방위와 자방위의 차이를 말한다.
   - ㉱ 지자력의 지구 수평에 대한 분력을 말하며 적도부근에서는 최대이고 양극에서는 0°에 가깝다.

   ▶ 지자기의 3요소
   ① 편차 : 지축과 지자기 축이 일치하지 않아 생기는 지구 자오선과 자기 자오선 사이의 오차각
   ② 복각 : 지자기의 자력선이 지구 표면에 대하여 적도 부근과 양극에서의 기울어지는 각
   ③ 수평 분력 : 지자기의 수평 방향의 분력

5. 항공기의 조난 위치를 알리고자 구난 전파를 발신하는 비상 송신기는 지정된 주파수로 몇 시간 동안 구조신호를 계속 보낼 수 있도록 되어 있는가?
   - ㉮ 48시간
   - ㉯ 24시간
   - ㉰ 15시간
   - ㉱ 8시간

6. 항공기의 대형화에 따라 지시부와 수감부 간의 거리가 멀어져 원격 지시계기의 일종으로 발전

하게 된 것으로 기계적인 직선 또는 각 변위를 수감하여 전기적인 양으로 변환한 다음 조종석에서 기계적인 변위로 재현시키는 계기는?

㉮ 자기계기 ㉯ 싱크로계기
㉰ 회전계기 ㉱ 자이로계기

▶ 원격 지시 계기
  수감부의 기계적인 각 변위 또는 직선 변위를 전기적인 신호로 바꾸어 멀리 떨어진 지시부에 같은 크기의 변위를 나타내는 계기이고, 각도나 회전력과 같은 정보의 전송을 목적으로 한다.

7. HF 통신방식을 DSB 방식과 비교하여 주로 SSB 방식으로 하는 이유가 아닌 것은?

㉮ 신호대 잡음비가 DSB방식보다 개선된다.
㉯ 송신기의 소비전력이 DSB방식보다 적게 든다.
㉰ 회로 구성이 DSB방식보다 간단하여 제작 가격이 저렴하다.
㉱ DSB방식보다 점유 주파수 대역폭이 1/2로 줄어든다.

8. 다음 중 압력측정에 사용하지 않는 것은?

㉮ 자이로(Gyro)
㉯ 아네로이드(Aneroid)
㉰ 벨로즈(Bellows)
㉱ 다이아프램(Diaphragm)

9. 교류회로에서 전압계는 100V, 전류계는 10A, 전력계는 800W를 지시하고 있다면 이 회로에 대한 설명으로 틀린 것은?

㉮ 유효전력은 800W 이다.
㉯ 피상전력은 1kVA 이다.
㉰ 무효전력은 200Var 이다.
㉱ 부하는 800W를 소비하고 있다.

10. 항공기용 회전식 인버터의 속도제어를 하는 방법은?

㉮ 직류전원의 전압을 변화하여
㉯ 교류발전기의 전압을 변화하여
㉰ 교류발전기의 출력전류를 변화하여
㉱ 직류전동기의 분권계자 전류를 제어하여

11. 지상 관제사가 공중 감시장치(ATC)계통을 통해서 얻는 정보가 아닌 것은?

㉮ 편명 및 진행방향
㉯ 위치 및 방향
㉰ 상승률 또는 하강률
㉱ 고도 및 거리

▶ 항공교통관제 트랜스폰더
  (air traffic control transponder)
  SSR에서 질문신호를 발사하면 질문신호에 대한 응답신호를 발사하는 장치

12. 등가대기속도에 고도 변화에 따른 공기밀도를 수정한 속도는?

㉮ CAS   ㉯ EAS
㉰ IAS   ㉱ TAS

13. 비상시 사용되는 배터리의 DC 전원을 AC 전원으로 전환시켜주는 장치는?

㉮ GPU(Ground Power Unit)
㉯ APU(Auxiliary Power Unit)
㉰ 스태틱 인버터(static Inverter)
㉱ TRU(Transformer Rectifier Unit)

14. 다음 중 직류의 전압을 높이거나 낮출 때 사용되는 장치는?

㉮ 정류기(Rectifier)

㉯ 다이나모터(Dynamotor)
㉰ 인버터(Inverter)
㉱ 변압기(Transformer)

▶ Dynamotor
직류 전압을 승압 또는 감압하는 장치

15. 미리 설정된 정격값 이상의 전류가 흐르면 회로를 차단하는 것으로 재사용이 가능한 회로보호 장치는?

㉮ 퓨즈(Fuse)
㉯ 릴레이(Relay)
㉰ 서킷 브레이커(Circuit braker)
㉱ 서큘라 커넥터(Circular connector)

16. 유압계통에서 리저버(Reservoir)내의 배플(Baffle)과 핀(Fin)의 가장 중요한 역할은?

㉮ 작동유의 열을 식힌다.
㉯ 펌프 안에 공기가 유입되는 것을 방지한다.
㉰ 리저버(Reservoir)안에 공기가 잘 가압되도록 한다.
㉱ 작동유의 온도상승에 따른 가압공기의 온도를 낮춘다.

17. 다음 중 400Hz의 교류 전원을 필요로 하지 않는 것은?

㉮ 마그네신
㉯ 전기식 수직 자이로
㉰ 전기식 회전계
㉱ 전기 용량식 연료량계

18. ILS(Instrument Landing System)를 구성하는 장치로만 나열된 것은?

㉮ ADF, M/B
㉯ LRRA M/B
㉰ VOR, Localizer
㉱ Localizer, Glide Slope

19. 기상 레이더(Weather radar)의 본래 목적인 구름이나 비의 상태를 보기 위한 안테나 패턴(Antenna Pattern)은?

㉮ Pencil beam
㉯ Tilt angle beam
㉰ Control beam
㉱ Cosecant square beam

▶ 기상레이더 (Weather radar)
① 악천후 영역을 탐지하여 비행함으로써 안전 운행과 악천후 영역을 피해 비행함으로 비행시간의 단축과 연료절감
② 지형의 상태(해안선,하천,산)등을 지도와 비슷한형태로 표시
③ 지향성이 높은 예리한 전자파 빔 생산하는 접시형안테나(Parabolic antenna)사용

20. 지상에 있는 항공기의 기체표면이 이미 결빙해 있을 때 분사해 주는 제빙액으로 적합한 것은?

㉮ 질소   ㉯ MIL-H-5026
㉰ 4염화탄소   ㉱ 에틸렌글리콜

1	2	3	4	5	6	7	8	9	10
㉮	㉱	㉮	㉯	㉮	㉯	㉰	㉰	㉰	㉱
11	12	13	14	15	16	17	18	19	20
㉰	㉱	㉰	㉯	㉰	㉯	㉰	㉱	㉮	㉱

2012년도 산업기사 1회 항공장비

1. 병렬회로에 대한 설명으로 틀린 것은?

   ㉮ 전체 저항은 가장 작은 1개의 저항값보다 작다.
   ㉯ 전체의 전류는 각 회로로 흐르는 전류의 합과 같다.
   ㉰ 1개의 저항을 제거하면 전체의 저항 값은 증가한다.
   ㉱ 병렬로 접속되어 있는 저항 중에서 1개의 저항을 제거하면 남아 있는 저항에 전압강하는 증가한다.

2. 다음 중 작동유의 압력에너지를 기계적인 힘으로 변환시켜 직선운동을 시키는 것은?

   ㉮ 작동실린더(Actuating Cylinder)
   ㉯ 마스터 실린더(Master Cylinder)
   ㉰ 유압 펌프(Hydraulic Pump)
   ㉱ 축압기(Accumulator)

3. 인공위성을 이용하여 통신, 항법, 감시 및 항공 관제를 통합 관리하는 항공운항지원 시스템의 명칭은?

   ㉮ 위성 항법 시스템
   ㉯ 항공 운항 시스템
   ㉰ 위성 통합 시스템
   ㉱ 항공 관리 시스템

4. TCAS 와 ACAS 의 공통점으로 옳은 것은?

   ㉮ 항공 관제 시스템이다.
   ㉯ 항공기 호출 시스템이다.
   ㉰ 항공기 충돌 방지 시스템이다.
   ㉱ 기상상태를 알려주는 시스템이다.

5. 자이로 로터축(Rotor shaft)의 편위(Drift) 원인으로 옳은 것은?

   ㉮ 각도 정보를 감지하기 위한 싱크로에 의한 전자적 결합
   ㉯ 균형 잡힌 짐발의 중량
   ㉰ 균형 잡힌 짐발 베어링
   ㉱ 지구의 이동과 공전

6. 공압계통에서 릴리프 밸브(Relief Valve)의 압력 조정은 일반적으로 무엇으로 하는가?

   ㉮ 심(Shim)
   ㉯ 스크류(Screw)
   ㉰ 중력(Gravity)
   ㉱ 드라이브 핀(Drive Pin)

7. 자이로 스코프(Gyroscope)의 섭동성에 대한 설명으로 옳은 것은?

   ㉮ 극 지역에서 자이로가 극 방향으로 기우는 현상
   ㉯ 외력이 가해지지 않는 한 일정 방향을 유지하려는 경향

㈐ 피치 축에서의 자세 변화가 롤(roll) 및 요(yaw)축을 변화 시키는 현상
㈑ 외력이 가해질 때 가해진 힘 방향에서 로터 회전방향으로 90도 회전한 점에 힘이 작용하여 로터가 기울어지는 현상

8. 다음 중 항공기에 갖추어야할 비상 장비가 아닌 것은?

㈎ 손도끼 ㈏ 휴대용버너
㈐ 메가폰 ㈑ 구급의료용품

9. 다음 중 HF 주파수대를 반사시키는 대기의 전리층은?

㈎ D층 ㈏ E층
㈐ F층 ㈑ G층

- HF 통신장치 : VHF통신장치의 2차적인 수단이며 주로 국제 항공로 등의 원거리 통신에 사용
- VHF 통신장치 : 대단히 안정된 통신이며 대부분의 국내선 및 공항 주변에서의 통신에 사용
- UHF 통신장치 : 단일통화방식에 의해 항공기와 지상국 또는 항공기 상화간의 통신에 사용, 군용항공기에 한정

10. 400Hz 의 교류를 사용하는 항공기에서 8000 rpm 으로 구동되는 교류발전기는 몇 극이어야 하는가?

㈎ 2극 ㈏ 4극
㈐ 6극 ㈑ 8극

$f = \dfrac{PN}{120} \therefore N = \dfrac{120f}{P}$

11. 비행 자세 지시계(ADI)에 대한 설명으로 틀린 것은?

㈎ 현재의 항공기 비행자세를 지시해 준다.
㈏ 미리 설정된 모드로 비행하기 위한 명령장치(FD)의 일부이다.
㈐ 희망하는 코스로 조작하여 항공기의 위치를 수정한다.
㈑ INS에서 받은 자방위 및 VOR/ILS 수신장치에서 받은 비행 코스와의 관계를 그림으로 표시한다.

12. 비행상태에 따른 객실고도에 대한 설명으로 틀린 것은?

㈎ 착륙시 지상고도와 일치시킨다.
㈏ 상승시 객실고도는 일정비율로 증가시킨다.
㈐ 하강시 객실고도는 일정비율로 감소시킨다.
㈑ 순항시 객실고도는 항공기의 고도와 일치시킨다.

- 객실고도는 객실내부의 압력을 고도로 환산한 값이다.

13. 항공기에서 화재경고에 대한 설명으로 틀린 것은?

㈎ 탐지장치는 온도, 복사열, 연기, 일산화탄소 등을 이용한다.
㈏ 화재 탐지기로부터의 신호는 음향 경고, 적색등을 이용하여 표시한다.
㈐ 화재탐지기의 고장을 예방하기 위하여 조종실에서 기능 시험을 할 수 있도록 한다.
㈑ 동력 장치에는 화재 발생시 동력 장치

와 기체와의 공급 관계를 차단하는 연소가열기를 설치한다.

14. 항공계기에서 일반적인 사용 범위부터 초과금지 사이의 경계 범위를 의미하는 것은?

㉮ 적색 방사선 ㉯ 황색 호선
㉰ 녹색 호선   ㉱ 백색 호선

● 계기의 색표지
  · 붉은색 방사선 : 최대 및 최소 운용한계
  · 녹색호선 : 안전 운용범위와 계속 운전범위
  · 노란색호선 : 경계와 경고 범위
  · 흰색호선 : 플랩조작 가능 속도범위
  · 청색호선 : 왕복기관의 상용 안전운용 범위
  · 흰색방사선 : 케이스에 계기판 정위치 표시

15. 그림과 같은 교류회로에서 임피던스는 몇 Ω 인가?

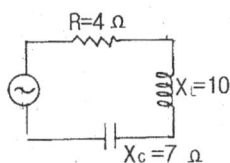

㉮ 5   ㉯ 7
㉰ 10   ㉱ 17

● 회로가 유도성 리액턴스와 용량성 리액턴스를 포함하는 경우의 임피던스는
$Z = \sqrt{R^2 + (X_L - X_C)^2}$

16. 자이로를 이용하는 계기 중 자이로의 각속도 성분만을 검출, 측정하여 사용하는 계기는?

㉮ 수평의   ㉯ 선회계
㉰ 정침의   ㉱ 자이로 컴파스

● 자이로의 성질을 이용하는 계기는 대부분 강직성과 섭동성과 관계되며, 특히 선회계는 섭동성만을 이용한 계기이다. 또한 선회계는 레이트 자이로의 일종이다.

17. 납산축전지(Lead acid battery)에 사용되는 전해액의 비중은 온도에 따라 변화하여 비중계를 사용시 온도를 고려해야 하지만 일정한 온도 범위에서는 비중의 변화가 적기 때문에 고려하지 않아도 되는데 이러한 온도범위는?

㉮ 0 ~ 30°F   ㉯ 30 ~ 60°F
㉰ 70 ~ 90°F   ㉱ 100 ~ 130°F

● 비중은 온도에 따라 변하기 때문에 비중계를 사용할 때에는 전해액의 온도을 고려해야 한다.

18. 직류 전동기는 그 종류에 따라 부하에 대한 특성이 다른데, 정격이상의 부하에서 토크가 크게 발생하여 왕복기관의 시동기에 가장 적합한 것은?

㉮ 분권형   ㉯ 복권형
㉰ 직권형   ㉱ 유도형

● 직류전동기
 1. 직권전동기 : 굵은 도선을 적게 감은 계자권선이 전기자권선과 직렬 연결되어 시동시에 큰 토크값을 발생하므로 시동기 등에 많이 사용
 2. 분권전동기 : 가는 도선을 많이 감은 계자권선과 전기자권선이 병렬로 연결되어 회전속도를 일정하게 유지하므로 일정속도로 구동되는 인버터 구동에 이용
 3. 복권형 전동기 : 직권형과 분권형 전동기를 동시에 갖추어 놓은 전동기로, 시동성과 동시에 일정한 회전 속도를 요구하는 장치의 구동에 이용

19. 항공기의 안테나(Antenna)의 방빙 시스템에 대한 설명으로 옳은 것은?

㉮ 모든 무선안테나는 기능 유지를 위해 방빙시스템을 갖추어야 한다.
㉯ 안테나의 방빙 시스템은 얼음의 박리에 의한 기관이나 기체의 손상을 방지하기 위해 필요하다.
㉰ 레이돔(Radome)은 레이더 및 안테나가 장착된 곳으로 방빙 시스템이 반드시 설치된다.
㉱ 안테나의 방빙 시스템은 구조상 기능 유지를 위해 Fin Type의 안테나에만 요구되어진다.

20. 다음 중 무선원조 항법장치가 아닌 것은?

㉮ Inertial navigation system
㉯ Automatic direction system
㉰ Air traffic control system
㉱ Distance measuring equipment system

▶ 관성항법장치는 외부의 도움 없이 가속도(관성)을 이용하여 속도와 거리를 측정할 수 있은 항법장치이다.

1	2	3	4	5	6	7	8	9	10
㉱	㉮	㉮	㉰	㉮	㉯	㉱	㉯	㉰	㉰
11	12	13	14	15	16	17	18	19	20
㉱	㉱	㉱	㉯	㉮	㉯	㉱	㉰	㉯	㉮

2012년도 산업기사 2회 항공장비

1. 항공기 나셀의 방빙에 사용되는 방법이 아닌 것은?

㉮ 제빙부츠 방식
㉯ 열 방빙 방식
㉰ 전기적 방빙 방식
㉱ 고온 공기를 이용한 방식

2. 그림과 같은 회로도에서 a, b 간에 전류가 흐르지 않도록 하기 위해서는 저항 R은 몇 Ω으로 해야 하는가?

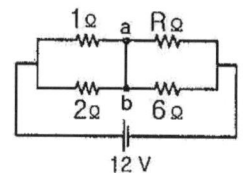

㉮ 1   ㉯ 2
㉰ 3   ㉱ 4

▶ 휘스톤 브릿지가 평형 조건은 마주보는 저항의 곱이 같다.

3. 도체를 자기장이 있는 공간에 놓고 전류를 흘리면 도체에 힘이 작용하는 것과 같은 전동기 원리에서 작용하는 힘의 방향을 알 수 있는 법칙은?

㉮ 렌츠의 법칙
㉯ 플레밍의 왼손 법칙
㉰ 페러데이 법칙
㉱ 플레밍의 오른손 법칙

4. 항공기 기관의 구동축과 발전기축 사이에 장착하여 주파수를 일정하게 만들어주는 장치는?

㉮ 변속 구동 장치   ㉯ 출력 구동 장치
㉰ 주파수 구동 장치   ㉱ 정속 구동 장치

5. 해발 500m인 지형 위를 비행하고 있는 항공기의 절대 고도가 1500m라면 이 항공기의 진고도는 몇 m 인가?

㉮ 1000   ㉯ 1500
㉰ 2000   ㉱ 2500

6. 다음 중 발연경보(Smoke warning)장치에서 감지센서로 사용되는 것은?

㉮ 바이메탈(Bimetal)
㉯ 열전대(Thermocouple)
㉰ 광전튜브(Photo tube)
㉱ 공용염(Eutectic salt)

7. 자기 컴퍼스의 구조에 대한 설명으로 틀린 것은?

㉮ 컴퍼스액은 케로신을 사용한다.
㉯ 컴퍼스 카드에는 플로트가 설치되어 있다.
㉰ 외부의 진동, 충격을 줄이기 위해 케이스와 베어링 사이에 피벗이 들어있다.
㉱ 케이스, 자기보상장치, 컴퍼스 카드 및 확장실 등으로 구성되어 있다.

8. 탄성 압력계의 수감부 형태에 해당되지 않는 것은?

㉮ 흡입형　　㉯ 부르동형
㉰ 다이아프램형　㉱ 벨로우형

9. 항공기의 화재탐지장치가 갖추어야 할 사항으로 틀린 것은?

㉮ 과도한 진동과 온도변화에 견디어야 한다.
㉯ 화재가 계속되는 동안에 계속 지시해야 한다.
㉰ 조종석에서 화재탐지장치의 기능 시험을 할 수 있어야 한다.
㉱ 항상 화재탐지장치 자체의 전원으로 작동하여야 한다.

10. 다음 중 전원 주파수를 측정하는데 사용되는 브리지(Bridge) 회로는?

㉮ 윈 브리지(Wien bridge)
㉯ 맥스웰 브리지(Maxwell bridge)
㉰ 싱크로 브리지(Synchro bridge)
㉱ 휘스톤 브리지(Wheatstone bridge)

11. SELCAL System에 대한 설명 중 가장 관계가 먼 내용은?

㉮ HF, VHF 시스템으로 송·수신된다.
㉯ 지상에서 항공기를 호출하기 위한 장치이다.
㉰ 일반적으로 코드는 4개의 코드로 만들어져 있다.
㉱ 항공기 위험 사항을 알리기 위한 비상 호출장치이다.

12. 축전지에서 용량의 표시기호는?

㉮ Ah　　㉯ Bh
㉰ Vh　　㉱ Fh

13. 전파고도계에 대한 설명으로 틀린 것은?

㉮ 송수신기, 안테나, 고도지시계로 구성된다.
㉯ 지면에 대한 항공기의 절대고도를 나타낸다.
㉰ 항공기에서 지표를 향해 전파를 발사하여 이 전파가 되돌아오는 시간차를 측정한다.
㉱ 대부분 고고도용이며, 측정 범위는 2500 ft 이상이다.

14. 다음 중 ACM(Air cycle machine) 내에서 압력과 온도를 낮추는 역할을 하는 곳은?

㉮ 팽창터빈　　㉯ 압축기
㉰ 열교환기　　㉱ 팽창밸브

▶ 뜨거운 공기 : 객실 과급기→히터→객실 믹싱 밸브
따뜻한 공기 : 객실 과급기→애프터 쿨러→객실 믹싱 밸브
차가운 공기 : 객실 과급기→애프터 쿨러→익스팬션 터빈→ 객실 믹싱 밸브

15. 공압 계통에서 공기 저장통 안에 설치되어 수분이나 윤활유가 계통으로 섞여 나가지 않도록 하는 것은?

㉮ 핀　　㉯ 스택 파이프
㉰ 배플　㉱ 스탠드 파이프

16. 정침의(DG)의 자이로 축에 대한 설명으로 옳은 것은?

㉮ 지구의 중력 방향을 향하도록 되어 있다.
㉯ 지표에 대하여 수평이 되도록 되어 있다.
㉰ 기축에 평행 또는 수평이 되도록 되어 있다.
㉱ 기축에 직각 또는 수직이 되도록 되어 있다.

17. 다음 중 공중충돌 경보장치는 무엇인가?

㉮ ATC   ㉯ TCAS
㉰ ADC   ㉱ 기상레이더

18. 항공기가 지상에서 작동 시 흡기압력계(Manifold Pressure Gage)에서 지시하는 것은?

㉮ 0(Zero)
㉯ 29.92inHg
㉰ 그 당시 지형의 기압
㉱ 30.00 inHg

19. 유압 계통의 관이나 호스가 파손되거나 기기 내의 실(Seal)에서 손상이 생겼을 때 과도한 누설을 방지하는 장치는?

㉮ 흐름 조절기
㉯ 셔틀 밸브
㉰ 흐름 평형기
㉱ 유압 퓨즈

20. 비행 중에는 조종실 내의 운항 승무원 상호간에 통화를 하며, 지상에서는 비행을 위하여 항공기가 택싱(Taxing)하는 동안 지상조업 요원과 조종실내 운항 승무원 간에 통화하기 위한 시스템은?

㉮ Cabin interphone system
㉯ Flight interphone system
㉰ Passenger address system
㉱ Service interphone system

● 서비스 인터폰 : 기체 내외부에 설치되어 있는 인터폰 잭을 이용하여 정비사가 조종실 및 객실, 그리고 인터폰 잭 상호간 정비를 위한 통화 목적으로 사용되며, 비행 중에는 사용하지 않는다.

플라이트 인터폰 : 조종실 내의 운항 승무원 상호간 통화를 하며, 지상에서는 비행을 위해 항공기가 택싱하는 동안 지상 조업 요원과 조종실 내 운항 승무원간의 통화를 위한 장비이다.

1	2	3	4	5	6	7	8	9	10
㉮	㉰	㉯	㉱	㉰	㉰	㉰	㉮	㉱	㉮
11	12	13	14	15	16	17	18	19	20
㉱	㉮	㉱	㉮	㉯	㉯	㉯	㉰	㉱	㉯

2012년도 산업기사  항공장비

1. 유량 제어장치 중 유압관 파손시 작동유가 누설되는 것을 방지하기 위한 장치는?

   ㉮ 유압 퓨즈(Fuse)
   ㉯ 흐름 조절기(Flow regulator)
   ㉰ 흐름 제한기(Flow restrictor)
   ㉱ 유압관 분리 밸브(Disconnect valve)

2. 교류 전동기 중 유도전동기에 대한 설명으로 틀린 것은?

   ㉮ 부하 감당 범위가 넓다.
   ㉯ 교류에 대한 작동 특성이 좋다.
   ㉰ 브러쉬와 정류자편이 필요없다.
   ㉱ 직류 전원만을 사용할 수 있다.

   ▶ 항공기에 사용되는 교류전동기
   1. 단상유도 전동기 : 문을 열고 닫거나 냉각장치의 개폐 등, 작은 힘으로 움직이는데 사용
   2. 3상 유도 전동기 : 시동장치, 플랩의 작동, 유압발생장치 등의 큰 힘이 요구되는데 사용
   3. 단상 동기전동기 : 전기시계 등과 같이 일정 속도의 회전을 요구하는 작은 기계를 움직이는데 사용
   4. 3상 동기전동기 : 프로펠러의 동기 장치 등과 같이 큰 힘이 요구되는 곳에 사용

3. 항공기 단파(HF)통신에 사용되는 H.F Coupler의 목적은?

   ㉮ 위성 전화를 사용하기 위해
   ㉯ 송신기의 출력을 높이기 위해
   ㉰ 송신기와 수신기의 잡음을 없애기 위해
   ㉱ 송신기와 안테나의 전기적인 매칭을 위해

4. 다음 중 외부압력을 절대압력으로 측정하는데 사용되는 것은?

   ㉮ Bellow   ㉯ Diaphragm
   ㉰ Aneroid   ㉱ Burdon tube

5. 다음 중 정류기에 대한 설명으로 틀린 것은?

   ㉮ 실리콘 다이오드가 사용된다.
   ㉯ 한 방향으로만 전류를 통과시키는 기능을 한다.
   ㉰ 교류의 큰 전류에서 그것에 비례하는 작은 전류를 얻는 기능을 한다.
   ㉱ 교류전력에서 직류전력을 얻기 위해 정류작용에 중점을 두고 만들어진 전기적인 회로 소자이다.

6. 조종실에서 산소마스크를 착용하고 통신을 할 때 다음 중 어느 계통이 작동해야 하는가?

   ㉮ Public Address
   ㉯ Flight Interphone
   ㉰ Tape Reproducer
   ㉱ Service Interphone

   ▶ 서비스 인터폰 : 기체 내외부에 설치되어 있는 인터폰 잭을 이용하여 정비사가 조종실 및 객실, 그리고 인터폰 잭 상호간 정비를 위한 통화

목적으로 사용되며, 비행 중에는 사용하지 않는다.

플라이트 인터폰 : 조종실 내의 운항 승무원 상호간 통화를 하며, 지상에서는 비행을 위해 항공기가 택싱하는 동안 지상 조업 요원과 조종실 내 운항 승무원간의 통화를 위한 장비이다.

7. 선회경사계가 그림과 같이 나타났다면, 현재 이 항공기는 어떤 비행 상태인가?

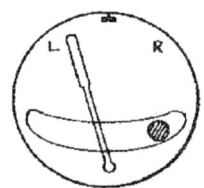

㉮ 좌선회 내활 ㉯ 좌선회 외활
㉰ 우선회 내활 ㉱ 우선회 외활

8. 유압계통에서 사용되는 압력조절기에 대한 설명으로 가장 거리가 먼 것은?

㉮ 압력조절기에서는 평형식(Balanced type)과 선택식(Selective type)이 있다.
㉯ kick-in 압력과 kick-out 압력의 차를 작동범위라 한다.
㉰ kick-out 상태는 계통의 압력이 규정값보다 낮을 때의 상태이다.
㉱ kick-in 상태에서는 귀환관에 연결된 바이패스밸브가 닫히고 체크밸브가 열리는 과정이다.

▶ 압력조절기 : 일정 용량형 펌프를 사용하는 유압 계통에 필요한 장치로 배출압력을 규정범위로 조절하고, 무부하시 펌프에 압력이 걸리지 않도록 한다.

9. 온도의 증가에 따라 저항이 감소하는 성질을 갖고 있는 온도계의 재료는?

㉮ 망간
㉯ 크로멜-알루멜
㉰ 서미스터(Thermistor)
㉱ 서모커플(Thermocouple)

10. 교류회로에서 피상전력이 1000VA 이고 유효전력이 600W, 무효전력은 800VAR 일 때 역률은 얼마인가?

㉮ 0.4   ㉯ 0.5
㉰ 0.6   ㉱ 0.7

▶ ・피상전력 : 무효전력과 유효전력을 합성한 교류의 총전력(단위는 VA)
・유효전력 : 저항에 흡수되어 실제로 소비한 전력(유효전력=피상전력$\times \cos\theta$[Watt], 역률=$\cos\theta$)
・무효전력 : 전기장 및 자기장의 변화에 의해 흡수, 반환현상으로 인한 전력(무효전력=피상전력$\times \sin\theta$ [Var])

11. 4극짜리 발전기가 1800rpm 으로 회전할 때 주파수는 몇 Hz 인가?

㉮ 60   ㉯ 120
㉰ 180   ㉱ 360

▶ $f = \dfrac{PN}{120}$

12. 편차(Variation)에 대한 설명으로 틀린 것은?

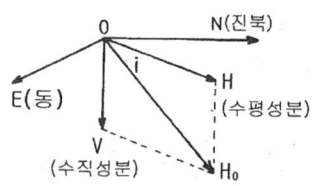

㉮ 그림에서 편차는 NOH_0 이다.
㉯ 편차의 값은 지표면상의 각 지점마다 다르다.
㉰ 편차는 자기 자오선과 지구 자오선사이의 오차각이다.
㉱ 편차가 생기는 원인은 지구의 자북과 지리상의 북극이 일치하지 않기 때문이다.

▶ 지자기 3요소
편차 : 지축과 지구자기축의 불일치로 지구자오선과 자기 자오선 사이에 생기는 오차각
복각 : 자력선과 수평선과 이루는 사이각
수평분력 : 자력선의 수평방향의 분력

13. 일반적으로 항공기내에 비치되는 비상 장비가 아닌 것은?

㉮ 구명 조끼 ㉯ GTC
㉰ 구명 보트 ㉱ 탈출용 미끄럼대

14. 자기 컴파스가 위도에 따라 기울어지는 현상은 무엇 때문인가?

㉮ 지자기의 복각
㉯ 지자기의 편각
㉰ 지자기의 수평분력
㉱ 컴파스 자체의 북선오차

15. 다음 중 Autoland system의 종류가 아닌 것은?

㉮ Dual system
㉯ Triplex system
㉰ Dual-Dual system
㉱ Single-Pole system

16. 직류발전기의 계자 플래싱(Field flashing)이란 무엇인가?

㉮ 계자코일에 배터리로부터 역전류를 가하는 행위
㉯ 계자코일에 발전기로부터 역전류를 가하는 행위
㉰ 계자코일에 배터리로부터 정방향의 전류를 가하는 행위
㉱ 계자코일에 발전기로부터 정방향의 전류를 가하는 행위

17. 방빙(Anti-Icing)장치가 되어있지 않은 것은?

㉮ 기관의 앞 카울링
㉯ 동체 리딩 에지
㉰ 꼬리날개 리딩 에지
㉱ 주 날개 리딩 에지

18. 유압계통의 Pressure Surge를 완화하는 역할을 하는 장치는?

㉮ Relief valve ㉯ Pump
㉰ Accumulator ㉱ Reservoir

▶ 축압기의 역할
- 가압된 작동유의 저장통
- 다수의 작동기 사용시 동력펌프 보조
- 동력 펌프 고장시 제한된 작동기 작동
- 유압계통의 서지 현상 방지
- 압력조절밸브의 개폐빈도을 줄임

19. 대형 항공기에서 사용하는 교류 전력 방식으로 옳은 것은?

㉮ 3상 △결선 방식이다.
㉯ 3상 Y결선 방식이다.
㉰ 3상 Y-△결선 방식이다.

㉔ 3상 2선식 Y결선 방식이다.

20. 조종사가 고도계의 보정(Setting)을 QNE 방식으로 보정하기 위하여 고도계의 기압 눈금판을 관제탑에서 불러주는 해면기압으로 맞춰 놓았을 경우 그 고도계가 나타내는 고도는?

㉮ 압력고도　　㉯ 진고도
㉰ 절대고도　　㉱ 밀도고도

▶ ・QNE 보정 : 14,000ft 이상의 고도 비행시 사용, 기압고도을 지시
・QNH 보정 : 고도 14,000ft 미만의 고도에서 사용하는 것, 일반적인 고도계 보정방법, 진고도를 지시
・QFE 보정 : 절대고도를 지시, 이착륙훈련시 사용

1	2	3	4	5	6	7	8	9	10
㉮	㉱	㉱	㉰	㉱	㉯	㉯	㉰	㉰	㉰
11	12	13	14	15	16	17	18	19	20
㉮	㉮	㉯	㉮	㉱	㉰	㉯	㉰	㉯	㉯

2013년도 산업기사 1회 항공장비

1. 1차 감시 레이더(Radar)에 대한 설명으로 옳은 것은?
   ㉮ 전파를 수신만하는 레이더이다.
   ㉯ 전파를 송신만하는 레이더이다.
   ㉰ 송신한 전파가 물체(항공기)에 반사되어 되돌아오는 전파를 스크린에 표시하는 방식이다.
   ㉱ 송신한 전파가 물체(항공기)에 닿으면 항공기는 이 전파를 수신하여 필요한 정보를 추가한 후 다시 송신하여 스크린에 표시하는 방식이다.

2. 다음 중 항공기에 외부 전원을 접속할 때 켜지는 표시등이 아닌 것은?
   ㉮ "AUTO" 표시등
   ㉯ "AVAIL" 표시등
   ㉰ "AC CONNECTED" 표시등
   ㉱ "POWER NOT IN USE" 표시등

3. 일반적으로 항공기 특정 부분에 결빙이 되었을 때 발생하는 현상이 아닌 것은?
   ㉮ 전파수신 방해
   ㉯ 계기지시 방해
   ㉰ 항력감소, 양력증가
   ㉱ 항공기의 비행성능 저하

4. 배기가스온도계에 대한 설명으로 틀린 것은?

   ㉮ 알루멜-크로멜 열전쌍을 사용한다.
   ㉯ 제트기관의 배기가스 온도를 측정, 지시하는 계기이다.
   ㉰ 열전쌍의 열기전력은 두 접합점 사이의 온도차에 비례한다.
   ㉱ 열전쌍은 서로 직렬로 연결되어 배기가스의 평균온도를 얻는다.

5. 다음 중 Ground Speed를 만들어 내는 시스템은?
   ㉮ Air data system
   ㉯ Yaw damper system
   ㉰ Global positioning system
   ㉱ Inertial navigation system

6. 축전지 터미널(Battery terminal)에 부식을 방지하기 위한 방법으로 가장 적합한 것은?
   ㉮ 납땜을 한다.
   ㉯ 증류수로 씻어낸다.
   ㉰ 페인트로 얇은 막을 만들어 준다.
   ㉱ 그리스(Grease)로 얇은 막을 만들어 준다.

7. 유압계통에서 축압기(Accumulator)의 목적은?
   ㉮ 계통의 유압 누설시 차단
   ㉯ 계통의 결함 발생시 유압 차단
   ㉰ 계통의 과도한 압력 상승 방지
   ㉱ 계통의 서지(Surge)완화 및 유압저장

8. 자기 컴파스의 오차에서 동적오차에 해당하는 것은?

   ㉮ 와동오차   ㉯ 불이차
   ㉰ 사분원오차 ㉱ 반원오차

9. 그림과 같은 브리지(Bridge)회로가 평형 되었을 때 R 의 값은? (단, 저항의 단위는 모두 Ω 이다.)

   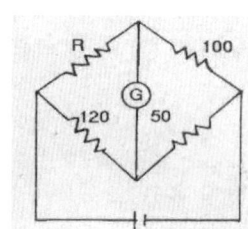

   ㉮ 60   ㉯ 80
   ㉰ 120   ㉱ 240

10. 객실의 압력을 조절하기 위한 장치는?

    ㉮ Outflow Valve
    ㉯ Recirculation Fan
    ㉰ Pressure Relief Valve
    ㉱ Negative Pressure Relief Valve

11. 공함에 대한 설명으로 틀린 것은?

    ㉮ 승강계, 속도계에도 이용이 된다.
    ㉯ 밀폐식 공함을 아네로이드라고 한다.
    ㉰ 공함은 기계적 변위를 압력으로 바꾸어 주는 장치이다.
    ㉱ 공함재료는 탄성한계 내에서 외력과 변위가 직선적으로 비례한다.

    ● 공함(collapsible chamber) : 압력에너지를 기계적인 변위로 변화시키는 역할을 함.

12. 다음 중 장거리 항법장치가 아닌 것은?

    ㉮ INS   ㉯ 지문항법
    ㉰ 오메가   ㉱ 도플러항법

13. 항공 교통 관제(ATC) 트랜스폰더(Transponder)에서 Mode C의 질문에 대해 항공기가 응답하는 비행고도는?

    ㉮ 진고도   ㉯ 절대고도
    ㉰ 기압고도 ㉱ 객실고도

    ● 항공교통관제(ATC) 트랜스폰더(transponder)는 응답 신호를 자동적으로 지상으로 송신하는 장치.

14. 항공기에서 직류를 교류로 변환시켜 주는 장치는?

    ㉮ 정류기(Rectifier)
    ㉯ 인버터(Inverter)
    ㉰ 컨버터(Converter)
    ㉱ 변압기(Transformer)

15. 항공기에서 화재탐지를 위한 장치가 설치되어 있지 않은 곳은?

    ㉮ 조종실내   ㉯ 화장실
    ㉰ 동력장치   ㉱ 화물실

16. 다음 중 지향성 전파를 수신 할 수 있는 안테나는?

    ㉮ Loop   ㉯ Sense
    ㉰ Dipole   ㉱ Probe

17. 착륙 및 유도 보조장치와 가장 거리가 먼 것은?

㉮ 마커 비컨 ㉯ 관성항법장치
㉰ 로컬라이저 ㉱ 글라이더슬로프

18. 착륙장치의 경보회로에서 그림과 같이 바퀴가 완전히 올라가지도 내려가지도 않은 상태에서 스크롤레버를 줄이게 되면 일어나는 현상은?

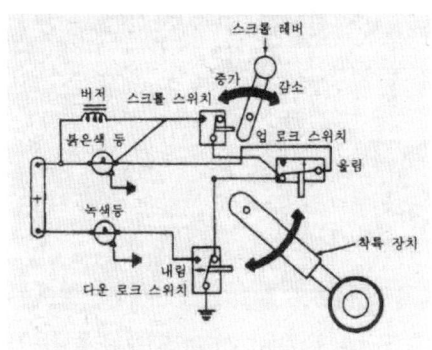

㉮ 버저만 작동된다.
㉯ 녹색등만 작동된다.
㉰ 버저와 녹색등이 작동된다.
㉱ 녹색등과 적색등 모두 작동된다.

19. 유압계통에 과도한 압력이 걸리는 원인으로 옳은 것은?

㉮ 여압계통이 오작동을 하기 때문
㉯ 압력 릴리프밸브 조절이 잘못 됐기 때문
㉰ 리저버(Reservoir)내에 작동유가 너무 많기 때문
㉱ 사용하고 있는 작동유의 등급이 적당치 못하기 때문

20. 회전계 발전기(Tacho-Generator)에서 3개의 선중 2개선이 바꾸어 연결되면 지시는 어떻게 되겠는가?

㉮ 정상지시
㉯ 반대로 지시
㉰ 다소 낮게 지시
㉱ 작동하지 않는다.

1	2	3	4	5	6	7	8	9	10
㉰	㉮	㉰	㉱	㉱	㉱	㉱	㉮	㉱	㉮
11	12	13	14	15	16	17	18	19	20
㉰	㉯	㉰	㉯	㉮	㉮	㉯	㉰	㉯	㉯

2013년도 산업기사 2회 항공장비

1. 다음 중 히스테리시스(Histerisis)로 인한 고도계의 오차는?
   - ㉮ 눈금오차
   - ㉯ 온도오차
   - ㉰ 탄성오차
   - ㉱ 기계적오차

   ● 탄성오차 : 히스테리시스(Histerisis), 편위(Drift), 잔류효과(After Effect)와 같이 일정한 온도에서의 탄성체 고유의 오차로 재료의 특성 때문에 발생

2. 유압계통에 사용되는 작동유의 기능이 아닌 것은?
   - ㉮ 열을 흡수한다.
   - ㉯ 필요한 요소 사이를 밀봉한다.
   - ㉰ 움직이는 기계요소를 윤활시킨다.
   - ㉱ 부품의 제빙 또는 방빙 역할을 한다.

3. DME의 주파수 할당에 대한 설명으로 틀린 것은?
   - ㉮ 채널 간격은 10 MHz 이다.
   - ㉯ UHF 파 126채널(Channel)로 되어 있다.
   - ㉰ 저채널에서는 상공에서 지상은 지상에서 상공보다 높다.
   - ㉱ 상공에서 지상, 지상에서 상공의 주파수 차이는 63MHz이다.

   ● DME(Distance Measuring Equipment) 거리측정장치로서 VOR Station으로부터 거리의 정보를 항행 중인 항공기 제공한다

4. 그림과 같은 Wheatstone bridge가 평형이 되려면 X의 저항은 몇 Ω이 되어야 하는가?

   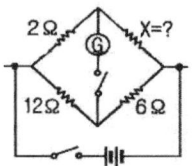

   - ㉮ 1
   - ㉯ 2
   - ㉰ 3
   - ㉱ 4

5. 유압계통에서 필터 내에 바이패스 릴리프 밸브(Bypass relief valve)의 주된 목적은?
   - ㉮ 유압유 공급 라인에 압력이 과도해지는 것으로부터 계통을 보호하기 위하여
   - ㉯ 필터 엘리먼트가 막힐 경우 유압유를 계통에 공급하기 위하여
   - ㉰ 회로 압력을 설정 값 이하로 제한하여 계통을 보호하기 위하여
   - ㉱ 필터 엘리먼트(Element) 내에 유압유 압력이 높아지면 귀환 라인으로 유압유를 보내기 위하여

6. 100V, 1000W의 전열기에 80V를 가하였을 때의 전력은 몇 W 인가?
   - ㉮ 1000
   - ㉯ 640
   - ㉰ 400
   - ㉱ 320

7. 다음 중 피토관의 동압관과 연결된 계기는?

   ㉮ 고도계 ㉯ 선회계
   ㉰ 자이로계기 ㉱ 속도계

8. 비상조명계통(Emergency light system)에 대한 설명으로 옳은 것은?

   ㉮ 비상조명계통은 비행시에만 작동된다.
   ㉯ 항공기에 전기공급을 차단할 때는 비상조명스위치를 Arm에 선택해야 배터리의 방전을 방지할 수 있다.
   ㉰ On position 에서는 전원상실에 관계없이 자체 배터리에서 전기가 공급되어 작동된다.
   ㉱ 비상조명등은 항공기 주배터리가 방전되었을 때 켜진다.

9. RMI(Radio magnetic indicator)가 지시하는 것은?

   ㉮ 비행고도 ㉯ VOR 거리
   ㉰ 비행코스의 단위 ㉱ VOR 방위

   ● RMI(Radio Magnetic Indicator) : 무선자기지시계는 자북방향에 대해 VOR 신호방향과의 각도 및 항공기의 방위각 지시한다.

10. 자여자 직류 발전기의 계자권선에 잔류 자기를 회생시키는 방법은?

    ㉮ 브러시(Brush)를 재설치한다.
    ㉯ 전기자를 계속하여 회전시킨다.
    ㉰ 정류자(Commutor) 편에 만들어진 자기를 제거한다.
    ㉱ 축전지를 사용하여 계자권선을 섬광(Flashing)시킨다.

11. 싱크로 전기기기에 대한 설명으로 틀린 것은?

    ㉮ 회전축의 위치를 측정 또는 제어하기 위해 사용되는 특수한 회전기이다.
    ㉯ 각도 검출 및 지시용으로는 2개의 싱크로 전기기기를 1조로 사용한다.
    ㉰ 구조는 고정자측에 1차권선, 회전자측에 2차권선을 갖는 회전변압기이고, 2차측에는 정현파 교류가 발생하도록 되어있다.
    ㉱ 항공기에서는 콤파스 계기상에 VOR국이나 ADF국방위를 지시하는 지시계기로서 사용되고 있다.

12. 3상 교류발전기의 보조기기에 대한 설명으로 틀린 것은?

    ㉮ 교류발전기에서 역전류 차단기를 통해 전류가 역류하는 것을 방지한다.
    ㉯ 기관의 회전수에 관계없이 일정한 출력 주파수를 얻기 위해 정속구동장치가 이용된다.
    ㉰ 교류발전기에서 별도의 직류발전기를 설치하지 않고 변압기 정류기 장치(TR unit)에 의해 직류를 공급한다.
    ㉱ 3상 교류발전기는 자계권선에 공급되는 직류전류를 조절함으로서 전압조절이 이루어진다.

13. 그림과 같이 활주로에 비행기가 착륙하고 있다면 지상 로컬라이저(Localizer) 안테나의 일반적인 위치로 가장 적당한 곳은?

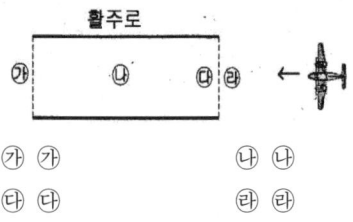

14. 비행 중 제빙기 부츠를 팽창시키기 위해 공기 압력을 팽창순서대로 가해주는 장치는?

㉮ 배출기
㉯ 분배 밸브
㉰ 진공 안전 밸브
㉱ 압력조절기와 안전 밸브

15. 발전기 출력 제어 회로에 사용되는 제너다이오드(Zener diode)의 목적은?

㉮ 정전류제어 ㉯ 역류방지
㉰ 정전압제어 ㉱ 과전류방지

16. 승객이 이용하는 비디오 정보 시스템인 에어쇼에 제공되는 입력 정보가 아닌 것은?

㉮ ADS(Air Data System)
㉯ ATC(Air Traffic Control)
㉰ FMS(Flight Management System)
㉱ INS(Inertial Navigation System)

17. 다음 중 원격 지시 컴퍼스(Compass)의 종류가 아닌 것은?

㉮ 자이로신 컴퍼스(Gyrosyn compass)
㉯ 마그네신 컴퍼스(Magnesyn compass)
㉰ 스탠드-바이 컴퍼스(Stand-by compass)
㉱ 자이로 플럭스 게이트 컴퍼스(Gyro flux gate compass)

18. 객실의 고도 상승률이 클 때 조절방법으로 옳은 것은?

㉮ 아웃플로 밸브를 빨리 닫는다.
㉯ 아웃플로 밸브를 천천히 닫는다.
㉰ 객실 압축기 속도를 감소시킨다.
㉱ 객실 압축기 속도를 증가시킨다.

● 아웃플로 밸브(Outflow Valve) : 객실로부터 빠져나가는 공기량을 조절해서 객실 압력을 유지한다.

19. 항공기가 산악 또는 지면과의 충돌 사고를 방지하는데 사용되는 장비는?

㉮ Air traffic control system
㉯ Inertial navigation system
㉰ Distance measuring equipment
㉱ Ground proximity warning system

20. 여러 개의 열스위치()와 한 개의 경고등으로 구성되어 있는 화재탐지장치의 연결방법은?

㉮ 스위치는 서로 직렬, 경고등도 직렬이다.
㉯ 스위치는 서로 병렬이고, 경고등은 직렬이다.
㉰ 스위치는 서로 병렬이고, 경고등도 병렬이다.
㉱ 스위치는 서로 직렬이고, 경고등은 병렬이다.

1	2	3	4	5	6	7	8	9	10
㉰	㉱	㉮	㉮	㉯	㉯	㉰	㉱	㉰	㉱
11	12	13	14	15	16	17	18	19	20
㉰	㉮	㉮	㉱	㉰	㉯	㉰	㉮	㉱	㉯

2013년도 산업기사 4회 항공장비

1. 다음 중 화학적 방빙(Anti-icing) 방법을 주로 사용하는 곳은?
   - ㉮ 프로펠러
   - ㉯ 화장실
   - ㉰ 피토튜브
   - ㉱ 실속경고 탐지기

2. 계기의 지시속도가 일정할 때, 기압이 낮아지면 진대기 속도의 변화는?
   - ㉮ 감소한다.
   - ㉯ 변화가 없다.
   - ㉰ 증가한다.
   - ㉱ 변화는 일정하지 않다.

3. 자세계(Attitude Director indicator: ADI)가 지시하는 4가지 요소는?
   - ㉮ 하강(Flight down) 자세, 피치(Pitch) 자세, 요(Yaw) 변화율, 미끄러짐(Slip)
   - ㉯ 롤(Roll) 자세, 선회(Left & Right turn) 자세, 요변화율, 미끄러짐
   - ㉰ 롤 자세, 피치 자세, 가수 방위(Heading) 자세, 미끄러짐
   - ㉱ 롤 자세, 피치 자세, 요 변화율, 미끄러짐
   - ● ADI(Attitude Director Indicator)는 현재의 비행 자세, 미리 설정된 모드로 비행하기 위한 명령 장치(FD : Flight Director) 컴퓨터의 출력을 지시하는 계기

4. 납산 축전지(Lead acid battery)의 양극판과 음극판의 수에 대한 설명으로 옳은 것은?
   - ㉮ 같다.
   - ㉯ 양극판이 한 개 더 있다.
   - ㉰ 양극판이 두 개 더 있다.
   - ㉱ 음극판이 한 개 더 있다.

5. 다음 중 유선통신 방식이 아닌 것은?
   - ㉮ Call System
   - ㉯ Flight Interphone System
   - ㉰ Service Interphone System
   - ㉱ Automatic Direction Finder

6. 항공계기에 요구되는 조건에 대한 설명으로 옳은 것은?
   - ㉮ 기체의 유효 탑재량을 크게 하기위해 경량이어야 한다.
   - ㉯ 계기의 소형화를 위해 화면은 작게 하고 본체는 장착이 쉽도록 크게 해야 한다.
   - ㉰ 주위의 기압과 연동이 되도록 승강계, 고도계, 속도계의 수감부와 케이스는 노출이 되도록 해야 한다.
   - ㉱ 항공기에서 발생하는 진동을 알 수 있도록 계기판에는 방진장치를 설치해서는 안된다.

7. 자이로의 섭동 각속도를 옳게 나타낸 것은?
  (단, M: 외부력에 의한 모멘트, L: 자이로 로터의 관성 모멘트이다.)

  ㉮ $\dfrac{M}{L}$ ㉯ $\dfrac{L}{M}$
  ㉰ $L-M$ ㉱ $M \times L$

8. 저항 루프형 화재 탐지계통을 이루는 장치가 아닌 것은?

  ㉮ 타임 스위치   ㉯ 써미스터
  ㉰ 경고 계전기   ㉱ 화재경고등

  ▶ 저항루프형 화재탐지기(resistance loop type fire detector)는 전기저항이 온도에 의해 변화하는 성질을 이용하여 온도 상승을 전기적으로 탐지하는 탐지기

9. 그림과 같은 회로의 회전계는?

  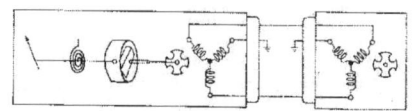

  ㉮ 기계식 회전계
  ㉯ 전기식 회전계
  ㉰ 전자식 회전계
  ㉱ 맴돌이 전류식 회전계

  ▶ 전기식 회전계(Electric Tachometer)
  주로 동기전동기식 회전계가 사용되며 기관에 의해 구동되는 3상 교류발전기를 이용하여 기관의 회전속도에 비례하도록 전압을 발생시켜 사용한다.

10. 주파수가 100Hz이고 4A의 전류가 흐르는 교류회로에서 인덕턴스 0.01H인 코일의 리액턴스는 몇 Ω인가?

  ㉮ 1π ㉯ 2π
  ㉰ 3π ㉱ 4π

11. 다음 중 교류 유도 전동기의 가장 큰 장점은?

  ㉮ 직류 전원도 사용할 수 있다.
  ㉯ 다른 전동기보다 아주 작고 가볍다.
  ㉰ 높은 시동 토크(Torque)를 갖고 있다.
  ㉱ 브러시(Brush)나 정류자편이 필요없다.

12. 다음 중 전기자 코어에서 와전류의 순환을 방지하기 위한 방법은?

  ㉮ 코어를 절연시킨다.
  ㉯ 전기자 전류를 제한한다.
  ㉰ 코어는 얇은 철판을 겹쳐서 만든다.
  ㉱ 코어 재질과 동일한 가루로 된 철을 사용한다.

13. 객실압력 조절시 객실압력 조절기에 직접적으로 영향을 받는 것은?

  ㉮ 공압계통의 압력
  ㉯ 슈퍼차져의 압축비
  ㉰ 아웃플로밸브의 개폐
  ㉱ 터보 콤프레서 속도

14. 항공기가 하강하다가 위험한 상태에 도달하였을 때 작용되는 장비는?

  ㉮ INS   ㉯ Weather Radar
  ㉰ GPWS   ㉱ Radio Altimeter

15. 다음 중 화재탐지장치에서 감지센서로 사용되지 않는 것은?

㉮ 바이메탈(Bimetal)
㉯ 열전대(Thermocouple)
㉰ 아네로이드(Aneroid)
㉱ 공융염(Eutectic salt)

16. 계기착륙장치(Instrument landing system)에 대한 설명으로 틀린 것은?

㉮ 계기착륙장치의 지상 설비는 로컬라이져, 글라이드 슬롭, 마커비콘으로 구성된다.
㉯ 항공기가 글라이드 슬롭 위쪽에 위치하고 있을 때는 지시기의 지침은 아래로 흔들린다.
㉰ 항공기가 로컬라이져 코스의 좌측에 위치하고 있을 때는 지시기의 지침은 좌우 움직인다.
㉱ 로컬라이저 코스와 글라이드 슬롭은 90Hz와 150Hz로 변조한 전파로 만들어지고 항공기 수신기로 양쪽의 변조도를 비교하여 코스 중심을 구한다.

17. 유압 장치와 공압 장치를 비교할 때 공압 장치에서 필요 없는 부품은?

㉮ 축압기   ㉯ 리듀싱 밸브
㉰ 체크 밸브 ㉱ 릴리프 밸브

18. 유압 장치의 작동기가 동작하고 있지 않은 상태에서 계통 작동유의 압력이 고르지 못할 때 압력에 대한 완충작용과 동시에 압력조절기의 작동 빈도를 낮추기 위한 장치는?

㉮ 리저버   ㉯ 축압기
㉰ 체크밸브 ㉱ 선택밸브

19. 9A의 전류가 흐르고 있는 4Ω 저항의 양끝 사이의 전압은 몇 V 인가?

㉮ 12   ㉯ 23
㉰ 32   ㉱ 36

20. 항공기 안테나에 대한 설명으로 옳은 것은?

㉮ 첨단 항공기는 안테나가 필요 없다.
㉯ 일반적으로 주파수가 높을수록 작아진다.
㉰ VHF 통신용으로는 주로 루프 안테나가 사용된다.
㉱ HF 통신용은 전리층 반사파를 이용하기 때문에 안테나가 필요 없다.

1	2	3	4	5	6	7	8	9	10
㉮	㉯	㉱	㉰	㉰	㉮	㉮	㉮	㉯	㉯
11	12	13	14	15	16	17	18	19	20
㉱	㉰	㉰	㉰	㉰	㉰	㉮	㉯	㉱	㉯

항공산업기사 - 항공장비

개정증보판 1쇄 발행 / 2014년 2월 15일

엮 은 이 / 항공산업기사 검정연구회
펴 낸 이 / 이정수
펴 낸 곳 / 연경문화사
등   록 / 1-995호
주   소 / 서울시 강서구 양천로 551-24
　　　　　 한화비즈메트로 2차 807호
대표전화 / (02)332-3923
팩시밀리 / (02)332-3928
저작권자 ⓒ 연경문화사

값 9,000원
ISBN 978-89-8298-162-3　　13550
ISBN 978-89-8298-158-6　　세트

※ 본서의 무단 복제 행위를 금하며, 잘못된 책은 바꿔 드립니다.